“十四五”普通高等院校新形态一体化系列教材

Web前端开发实践教程

李 林 杨 蓓◎编著

中国铁道出版社有限公司
CHINA RAILWAY PUBLISHING HOUSE CO., LTD.

内 容 简 介

本书为“十四五”普通高等院校新形态一体化系列教材之分册，面向Web前端网站的设计开发实际，应用“实例/项目-知识·应用”双线与双向的教学理念，实施实例/项目剖析教学法，深入剖析知识要点，以问题为导向，启迪解决问题的能力，形成新形态的一体化教材。本书注重理论与实践的紧密结合，通过丰富的实例、项目实践体验和综合项目实践，更好地帮助读者理解和掌握所学知识。通过学习本书，读者可以快速掌握Web前端网站设计开发的技术和方法，并达到一定的实际应用水平。

本书主要内容包括Web前端开发基础、单列图文网页设计、层叠样式表（CSS）、网页的布局设计、JavaScript语言基础、应用BOM与DOM编程、HTML5与CSS3高级应用以及三个教学型实践项目。

本书适合作为普通高等院校计算机类专业的教材，也可供Web前端开发爱好者自学使用。

图书在版编目（CIP）数据

Web 前端开发实践教程 / 李林，杨蓓编著. -- 北京：中国铁道出版社有限公司，2025. 6. --（“十四五”普通高等院校新形态一体化系列教材）. -- ISBN 978-7-113-31899-4

Ⅰ. TP393.092.2

中国国家版本馆 CIP 数据核字第 2025ES2054 号

书　　名：Web 前端开发实践教程
作　　者：李　林　杨　蓓

策　　划：徐海英　　　　编辑部电话：（010）63551006
责任编辑：王春霞　徐盼欣
封面设计：刘　颖
责任校对：刘　畅
责任印制：赵星辰

出版发行：中国铁道出版社有限公司（100054，北京市西城区右安门西街 8 号）
网　　址：https://www.tdpress.com/51eds
印　　刷：北京市泰锐印刷有限责任公司
版　　次：2025 年 6 月第 1 版　2025 年 6 月第 1 次印刷
开　　本：850 mm×1 168 mm　1/16　印张：17　字数：380 千
书　　号：ISBN 978-7-113-31899-4
定　　价：59.80 元

前　言

Web 前端开发是计算机类专业的一门重要课程，主要涉及 HTML5、CSS3、JavaScript 与 jQuery 几个基本的核心内容，具体章节包括 Web 前端开发基础、单列图文网页的设计、CSS、网页的布局设计、JavaScript 编程、应用 DOM 和 BOM 编程、HTML5 进阶与应用 CSS3 渲染网页效果、jQuery 基础与应用等内容。要学好这门课程是需要较多课时数的，但在学校的实际教学中，该课程往往只能分配到 32 ~ 48 学时，导致课程教学难以达到独立开发实用网站的预期目标。

针对课程的教学难点，本书在第 1 章以诗歌网页为典型案例构造出 HTML+CSS+JavaScript 的最小结构模型，并在后续章节中不断应用与强化该模型，从而使学生易于理解和掌握 HTML、CSS 和 JavaScript 的 Web 前端开发核心内容，减少学习难点内容所花费的时间，快速达到学习目标。

本书围绕 Web 前端开发课程的核心内容，从文本网页、图册网页、图文网页和表单网页四个基本的单列布局网页出发，设计了 11 个教学型项目实践体验环节，将项目与 HTML 标签巧妙结合，呈现出新颖的教学内容组织结构。先采用项目驱动方法和项目剖析教学法开展实践教学，再归纳总结课程的知识内容，以进一步提高学生的学习认知能力与水平，快速提升学生 Web 前端开发设计的能力。

为进一步提高学生的综合开发与应用能力，按照项目描述、实践目标、需求分析、开发环境、开发指导、相关知识剖析等部分编写了 3 个教学型综合实践项目，涵盖了课程的主要内容。所有的代码都集成为一个网站，方便学习与使用。

本书思政特色鲜明，注重选材，在内容、实例、项目中渗透课程思政教育的元素，弘扬优秀的社会、企业和校园文化，弘扬中华优秀传统文化，激发爱国情怀，实现润物无声、潜移默化的教育效果。

本书是全国高等院校计算机基础教育研究会 2021 年度“基于 HTML5+CSS3+JavaScript+jQuery 的 Web 前端开发技术研究”项目（2021-AFCEC-440）的研究成果。在第一部分的 7 章中，“从项目到应用、从知识到应用”体现的是双线教学，“从项目到知识、从知识到项目”体现的是双向教学，合起来就是双线双向的教学理念。在第二部分的 3 章中，通过综合项目的教学与实践，形成双线双向教学的新维度。

本书由汉口学院李林、杨蓓编著，参加编写的人员有张艳辉、王毅超等。

本书提供项目实践的视频教学内容，可扫码观看学习，另外本书还提供了所有项目的代码、课程大纲、教案、教学课件 PPT 等资源，如有需要，请到中国铁道出版社教育资料数字化平台（https://www.tdpress.com/51eds）下载。

由于编著者水平和能力有限，书中难免有疏漏和不足之处，恳请各位同仁和广大读者批评指正。

编著者

2024 年 12 月

目 录

第一部分　基础知识

第二部分 综合项目实践

第一部分

基础知识

第1章 Web前端开发基础

在这个数字化时代，互联网已经成为人们生活、学习和工作中不可或缺的一部分。无论是浏览新闻、在线购物、社交互动，还是远程办公、在线教育，Web应用都扮演着至关重要的角色。

Web前端开发是指创建和维护网站或Web应用的前端部分，即用户直接与之交互的界面。它涉及HTML、CSS和JavaScript等核心技术的运用，以及用户体验设计、响应式布局、性能优化等多个方面的知识和技能。

本章将引领读者踏入Web前端开发的大门，从最基本的HTML结构搭建、CSS样式设计，到JavaScript的交互逻辑实现，逐步构建起对前端开发的全面认知与Web前端开发知识体系，并掌握实际项目开发中所需的各项技能。

学习目标

✧掌握网页、网页文件、HTML文件等基本概念。

✧深刻理解HTML、标签与属性、CSS的含义。

✧掌握HTML5文档的HTML+CSS+JavaScript的结构与原理。

✧能够独立设计一个HTML+CSS+JavaScript结构的完整网页。

1.1 项目实践1：诗歌网页设计

项目描述

视频

项目实践1

任选一首古诗词，设计一个古诗词欣赏网页，要求有背景图像，图文并茂，做到图文匹配、诗情画意、意境表达效果佳。

要求应用Dreamweaver的面板进行操作。

软件环境

Windows 10、Dreamweaver 21.2（简称DW 21.2）、Photoshop、Edge、Chrome。

设计指导

1. 准备素材

选择诗经《蒹葭》作为网页主题，根据诗意应用Photoshop等图像软件制作背景图像，或者搜索公开发布的图片，引用图文意境匹配、效果佳的图片作为素材。将素材保存到单独的文件夹Picture中。

2. 新建站点

（1）打开Dreamweaver 21.2，单击菜单栏中的“站点”，如图1-1所示，在向下展开的菜单上单击“新建站点”，弹出“站点设置对象”对话框，如图1-2所示。

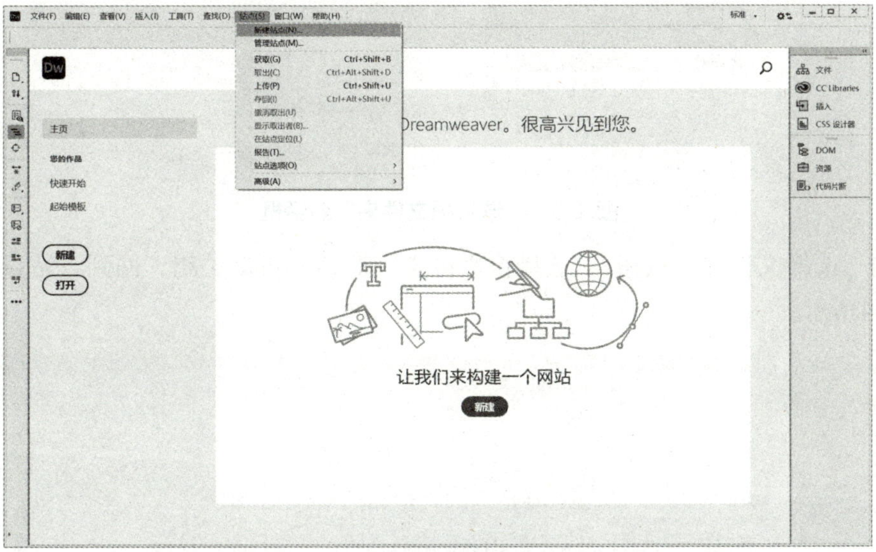

图 1-1　新建站点

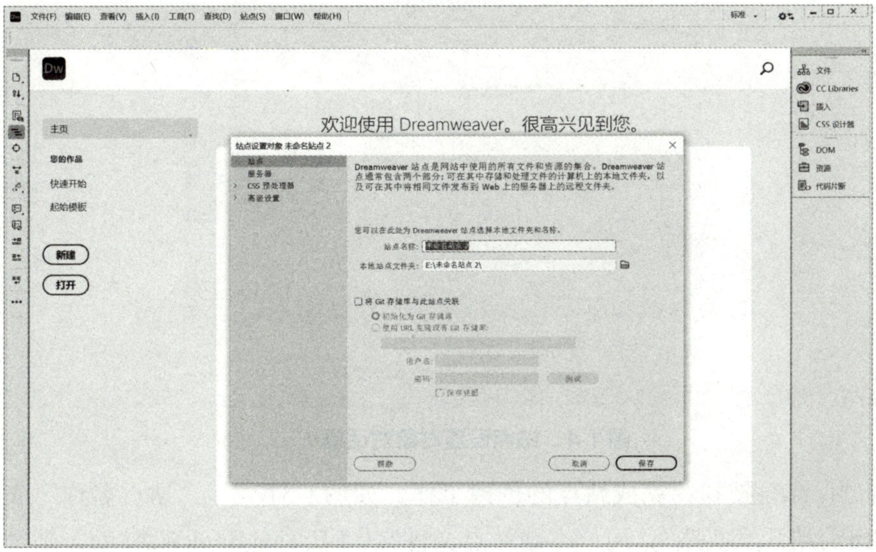

图 1-2　“站点设置对象”对话框（一）

（2）将“站点名称”命名为“Web前端开发实践”，然后单击“本地站点文件夹”右边的“浏览文件夹”按钮，弹出“选择根文件夹”对话框，选择磁盘E上预先建好的文件夹“MyBookWebSite”，如图1-3所示。

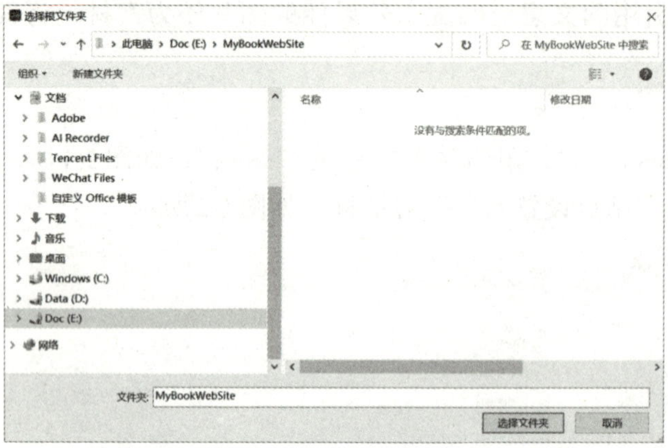

图1-3 “选择根文件夹”对话框

（3）单击“选择文件夹”按钮，“选择根文件夹”对话框自动关闭，回到“站点设置对象”对话框，如图1-4所示。

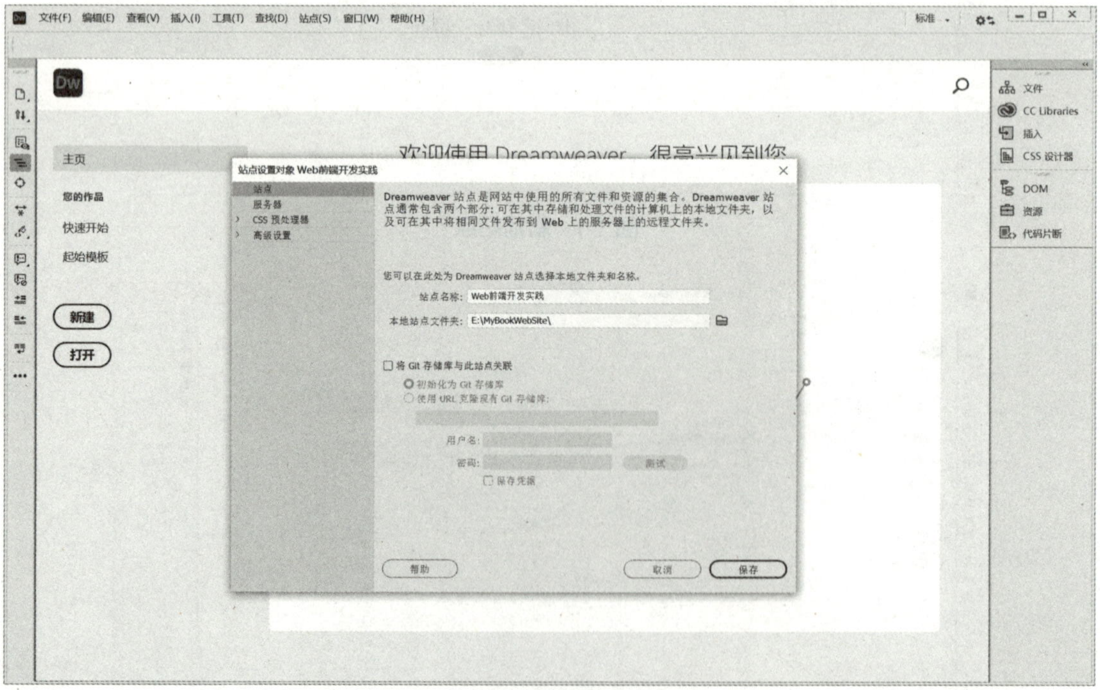

图1-4 站点设置对象对话框（二）

（4）单击“保存”按钮，完成站点的创建工作，如图1-5所示。“站点名称”表示所设计网站的主题为“Web前端开发实践”，而“本地站点文件夹”（E:\ MyBookWebSite）则是用来存储网站所有的设计文件。

图 1-5　站点创建完成

请注意： 在第（2）步中，如果没有预先准备好文件夹，也可以临时新建文件夹。在图 1-3 中，先在左边窗格选择好网站位置（如桌面、磁盘 E 等），再单击对话框左上角的“新建文件夹”按钮，在右边窗格会出现一个“新建文件夹”，如图 1-6 所示。将“新建文件夹”重命名为 MyBookWebSite，单击右下角的“选择文件夹”按钮，就会回到“站点设置对象”对话框（见图 1-4）。

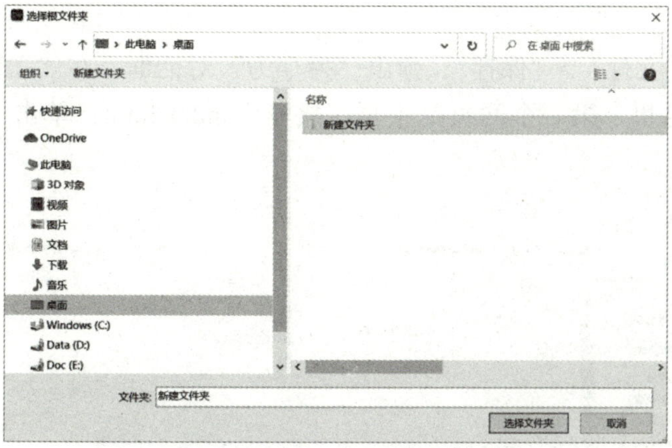

图 1-6　在站点中新建、重命名、选择文件夹

在站点创建完成后、以后再设计网页时，打开 Dreamweaver 就直接进入该站点。可以对站点进行管理，如可以将设计完成的网站移动到另外的文件夹中进行存储，以便于后面设计新的网站。

3. 新建网页

在图 1-5 中单击“新建”按钮，或者单击菜单栏中的“文件”>“新建”，弹出图 1-7 所示的“新建文档”对话框。

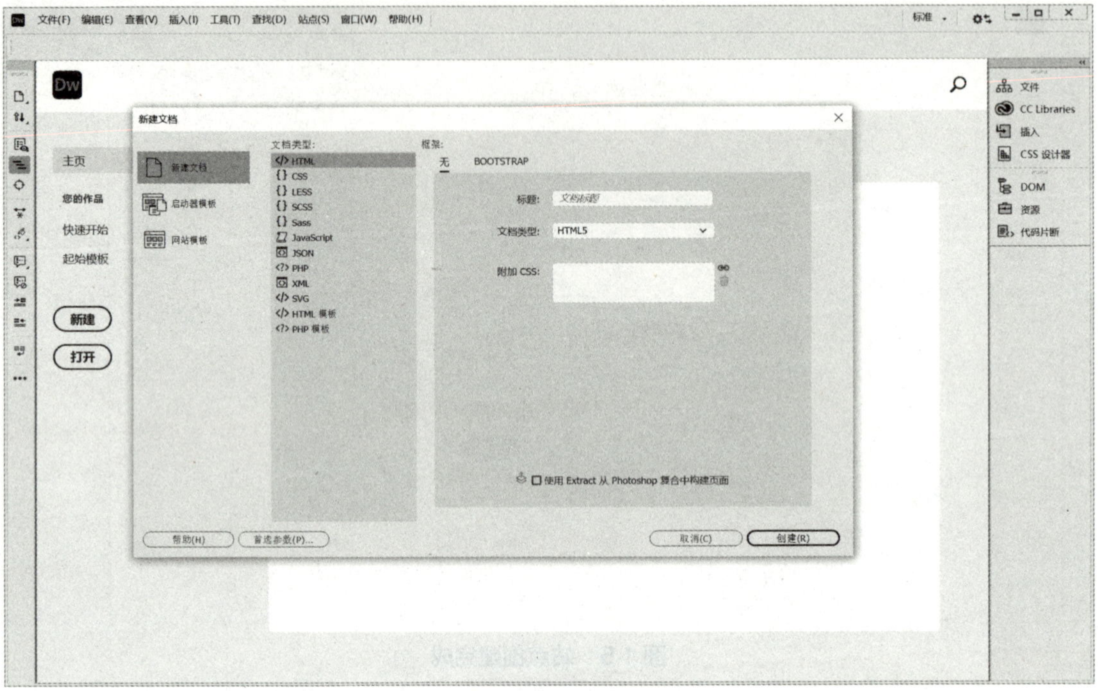

图 1-7 “新建文档”对话框

在对话框最右侧的一列中，找到“文档类型”，单击右边的下拉框，选择HTML5。在“标题”右边的文本框中，输入“蒹葭”，该标题会出现在网页顶端的标题栏中，起到标识网页主题的重要作用。然后单击“创建”按钮，创建一个新的空白网页文件Untitled-1。

4. 保存网页

单击菜单栏中的“文件”>“保存”，弹出“另存为”对话框，在“文件名”右边的文本框中输入网页的名称。在这里，第一个网页是主页，故输入index.html。单击“保存”按钮，完成操作，如图1-8所示。

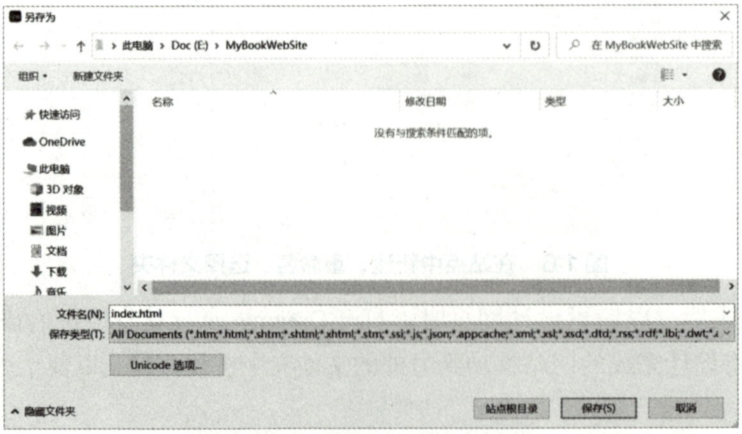

图 1-8 “另存为”对话框

此时在站点中就能看到主页文件index.html，如图1-9所示，图中显示的是index.html的“拆分”视图，即将一个视图窗口拆分为“代码窗口”和“设计窗口”两部分，分别显示“代码”视图和“设计”视图里面的内容。

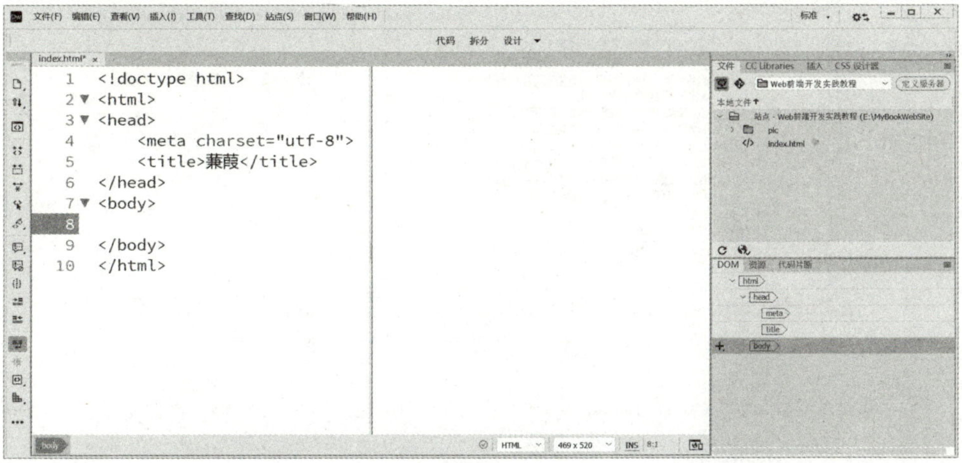

图1-9 网页的“设计”视图和“代码”视图

5. 制作网页

使用“拆分”视图，不用切换视图，就能够同时看到“代码”视图和“设计”视图的内容变化，设计过程能够看得一清二楚，对初学者来说，能够加深对HTML和CSS代码作用的理解。本实验在下面制作网页时选择“拆分”视图。在输入文本之前，先对Dreamweaver界面进行以下三个个性化设置。

一是标准工具栏设置。单击菜单栏中的“窗口”>“工具栏”>“标准”，打开标准工具栏，移动到合适位置，单击上面的按钮可以执行保存、全部保存、复制、剪切、粘贴、还原、重做等常用操作，提高设计效率。

二是属性面板设置。单击菜单栏中的“窗口”>“属性”，打开属性面板，并将其移动到合适位置（如底部且居中），单击属性面板顶部标题栏中的“>>”按钮，将面板切换为折叠状态。再次单击“>>”按钮，可将面板还原为展开状态。

三是浮动面板设置。单击浮动面板顶部标题栏中的“>>”按钮，将面板切换为折叠状态，往右边拖动左边的边框线，直到不能拖动为止，松开鼠标左键，折叠面板为纯图标状态，可为左边Dreamweaver工作区腾出更多空间。

（1）输入文本内容。在“设计”视图中输入“蒹葭”的诗词文本，每输入完一行后按【Enter】键，同时要注意观察“代码”视图中代码内容的变化情况。输完全部文本后的效果如图1-10所示。

（2）设置文本格式。在设计窗口中的“蒹葭”这一行上单击，或者在代码窗口中的第8行上单击，然后在属性面板（浮动在窗口中）上单击“HTML”按钮，找到“格式”下拉框，选中“标题1”，为诗词设计标题效果，如图1-11所示。要注意观察设计窗口中的文本与代码窗口中的代码变化情况。按照同样的操作方法，将“诗经·国风·秦风〔先秦〕”这一行效果设置为“标题2”。

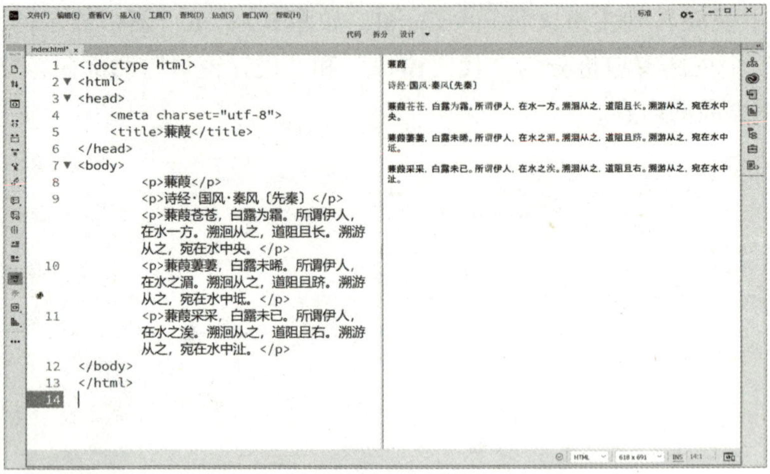

图 1-10 在网页中输入文本内容

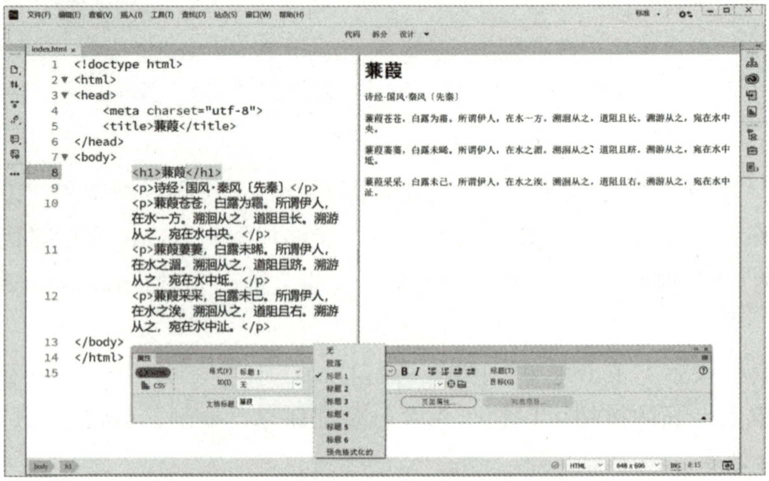

图 1-11 在属性面板上设置文本格式

单击标准工具栏中的“保存”按钮，再单击图 1-11 中右下角的“预览”按钮，网页浏览效果如图 1-12 所示。也可以使用Dreamweaver的“实时”视图随时查看网页的设计效果。

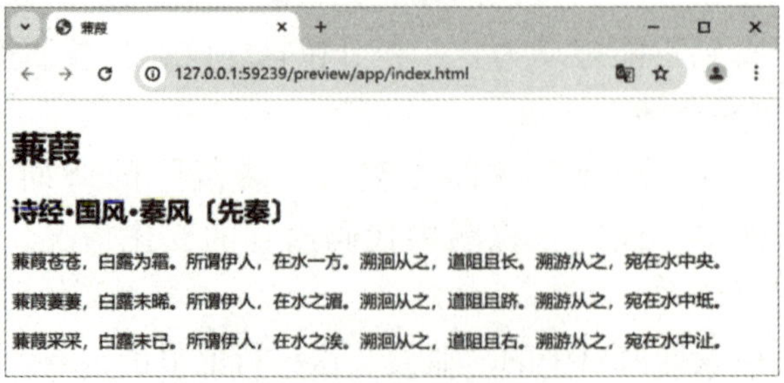

图 1-12 网页浏览效果

（3）设置文本对齐方式。单击图 1-11 中属性面板中的CSS按钮，再单击“CSS和设计器”按钮，打开CSS面板。或者单击折叠面板中的“CSS设计器”图标，同样也可以打开CSS面板。

单击CSS面板的选项“源”前面的“+”按钮，选择“在页面中定义”，在index.html文件中添加CSS源，如图1-13所示。

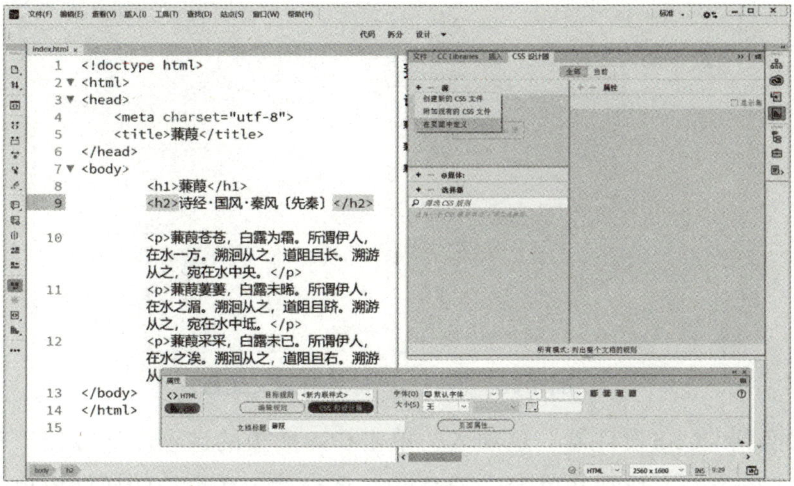

图 1-13　添加 CSS 源

单击CSS面板的选项“选择器”前面的“+”按钮，在下面的文本框中输入body标签名后按【Enter】键，添加选择器。在右边的属性窗口中，单击“文本”图标按钮：在text-align属性项右边单击“居中”图标按钮；在font-size属性项右边单击下拉文本框，单击选择文本大小单位px，直接在0的位置输入数字30后按【Enter】键。这样就为网页设置了文本居中对齐和字体大小，如图1-14所示。单击CSS面板顶部标题栏中的“>>”按钮，或者单击面板以外的区域，就能将面板隐藏起来，便于编写代码、输入文本等操作。

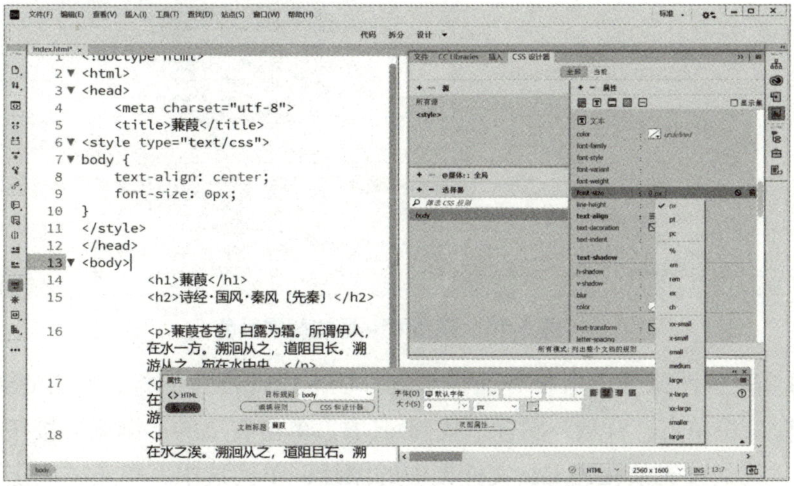

图 1-14　为选择器 body 设置 CSS 属性值

（4）设置div框背景颜色。在“代码”视图中，选中第14～18行代码，单击折叠面板中的“插入”图标，打开“插入”面板，单击Div图标，在第14～18行代码的外面套上一对div标签，在弹出对话框的Class项目右边的文本框中，输入TxtLeft类名，单击“确定”按钮，如图1-15所示。

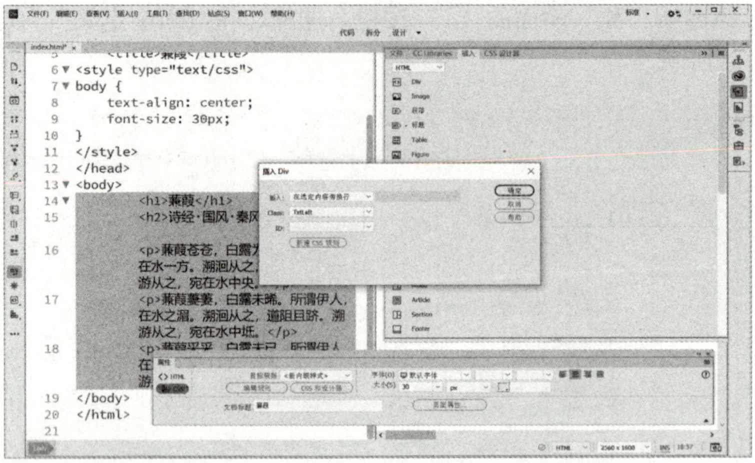

图1-15 插入div标签并定义类名

在面板上切换到“CSS设计器”选项卡，单击CSS面板的选项“选择器”前面的“+”按钮，在选项“选择器”的下面，找到并单击“.TxtLeft”选择器，在右边的属性窗口中，在background-color后面的文本框中输入“rgba(255,255,255,0.6)”，为div框设置具有透明度的背景颜色，如图1-16所示。

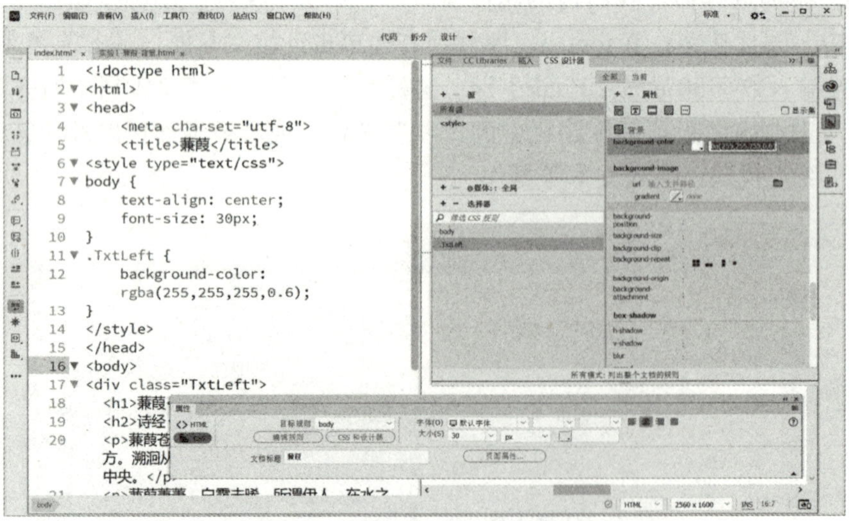

图1-16 设置div框的背景颜色

（5）设计网页背景图像。单击折叠面板中的“CSS设计器”图标，打开CSS面板，单击body选择器，在右边窗口中单击“背景”图标，找到url项，单击右边的“浏览”按钮，弹出“选择图像源文件”对话框，找到预先放在Picture文件夹中的图片，单击选中，单击“确定”按钮，如图1-17所示。

在单击“确定”按钮后，会弹出图1-18所示的对话框，表示图片资源位于本站点外，必须将其复制到本站点中。单击“是”按钮，弹出图1-19所示的对话框，将文件复制到pic文件夹中，单击“保存”按钮。

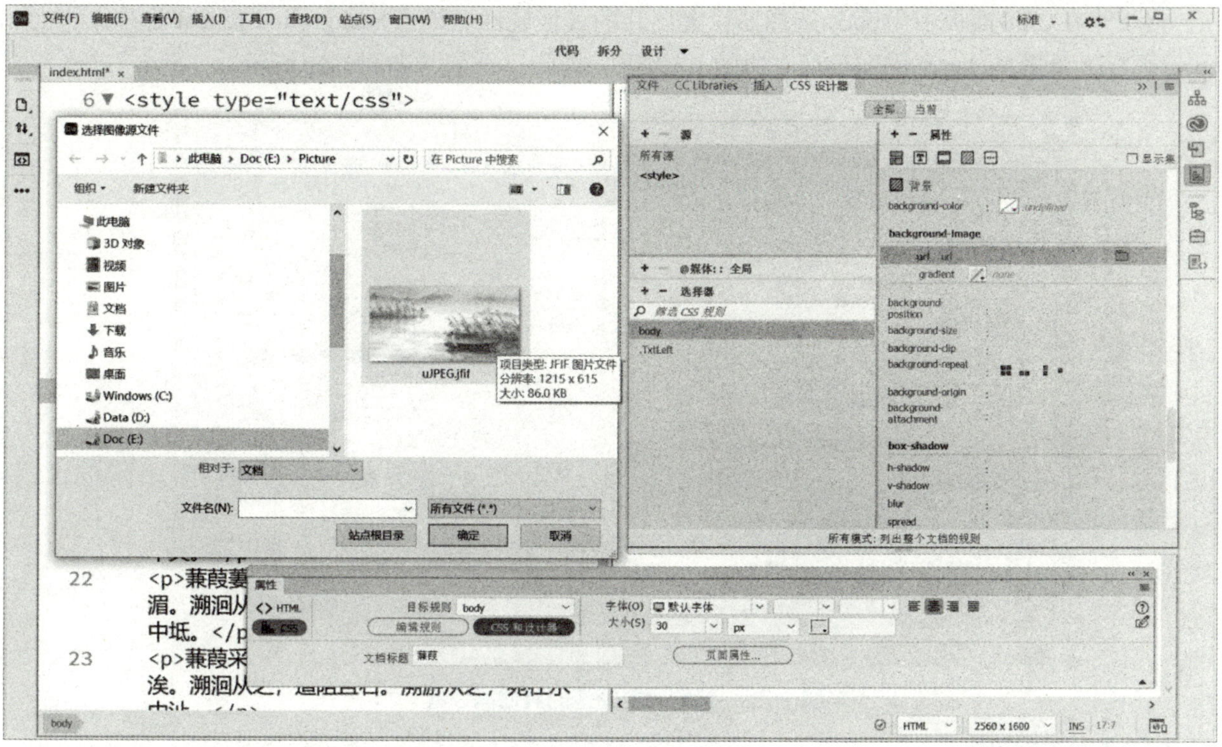

图 1-17　选择图像

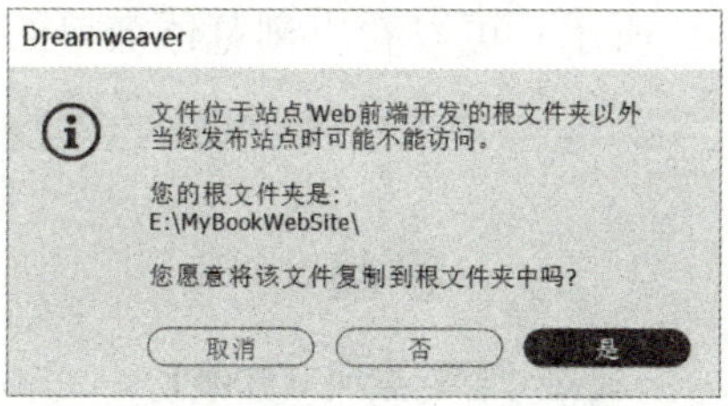

图 1-18　复制文件到站点内对话框

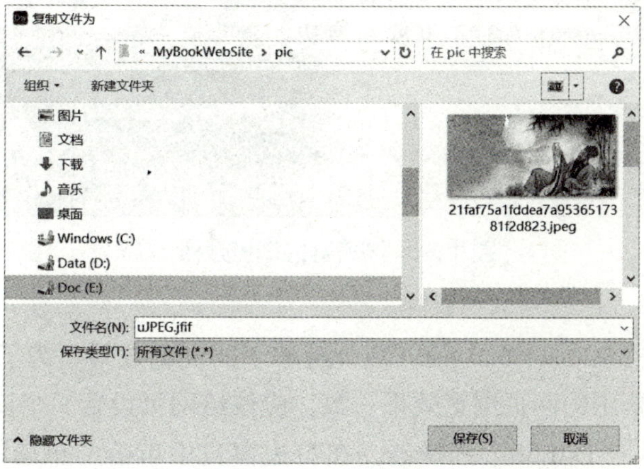

图 1-19　将站点外文件保存到站点内对话框

接下来在CCS面板中为body选择器设置图片的其他属性。单击background-repeat项右边的no-repeat图标，单击background-size项右边的下拉框，选择cover值，如图1-20所示。

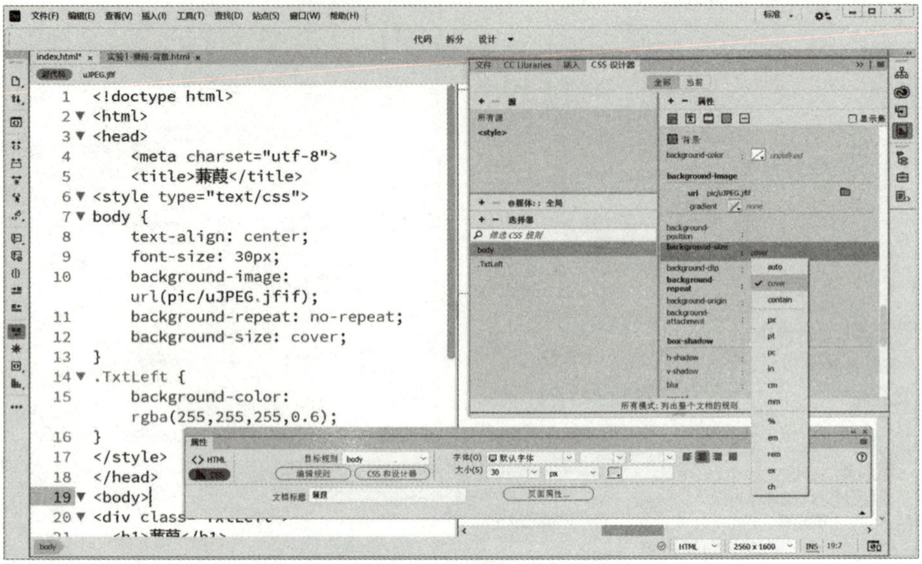

图 1-20　设置背景图像的其他属性值

6. 浏览网页效果

至此网页制作初步完成，保存文件，选择“实时”视图或单击“状态栏”右下的“浏览”按钮，浏览网页的设计效果，如图1-21所示。可以看出浏览器窗口的大小会影响网页的布局效果。

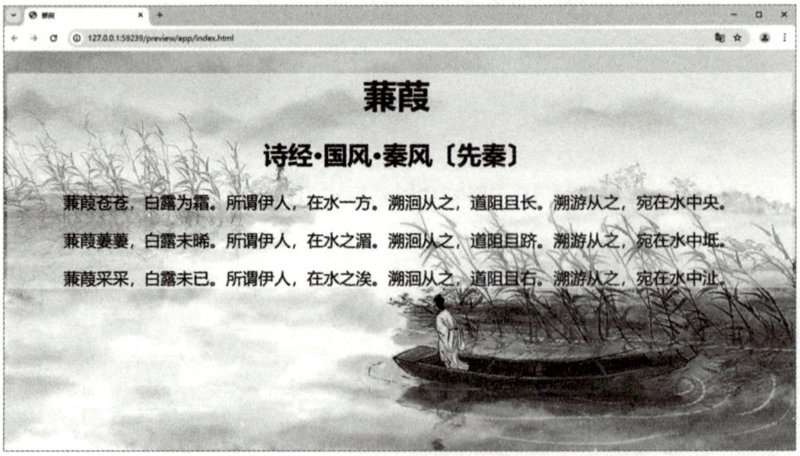

图 1-21　浏览器的浏览效果

7. 调试修改网页

图1-21中的图片是在1 920 × 1 080 px屏幕分辨率下的浏览效果。为了保证在浏览器不同大小窗口中、在不同分辨率屏幕中的网页浏览效果一致，应该给网页设置一个固定宽度。

打开CCS面板，选择“.TxtLeft”选择器，在右边窗口中单击“布局”图标，为width属性设置1 300 px的值，为margin属性设置auto值，如图1-22所示。保存文件，浏览效果基本到达要求。

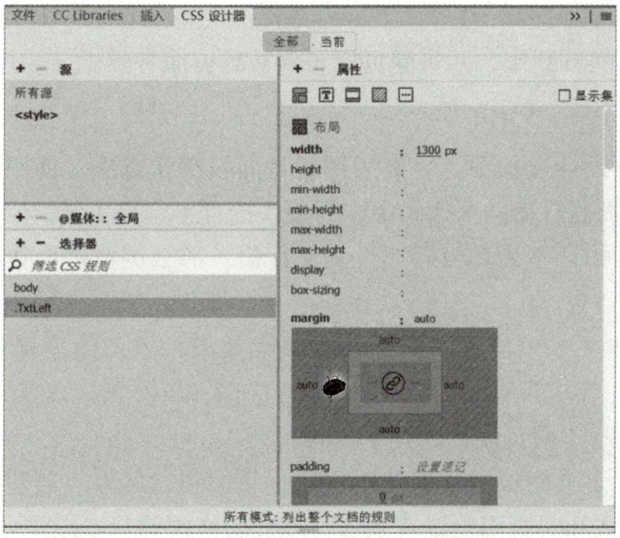

图1-22　为页面设置宽度和水平居中对齐

8. 整理代码格式

代码的格式应做到错落有致、层次分明，养成遵守编程规则的良好习惯。整理好格式后的代码如图1-23所示。请注意，缩进代码时一定不要混用【Tab】键和【Space】（空格）键，否则在Dreamweaver中看似对齐的代码，在用记事本或其他编辑器打开时，却是未对齐的代码。在图1-23中，“·”是按【Space】键的空白，“>>”是按【Tab】键的空白，两者的ASCII码值是不一样的。“¶”表示回车换行符。可以在Dreamweaver中的菜单“查看”>“代码视图选项”>“隐藏字符”中进行设置，不显示出这些符号。

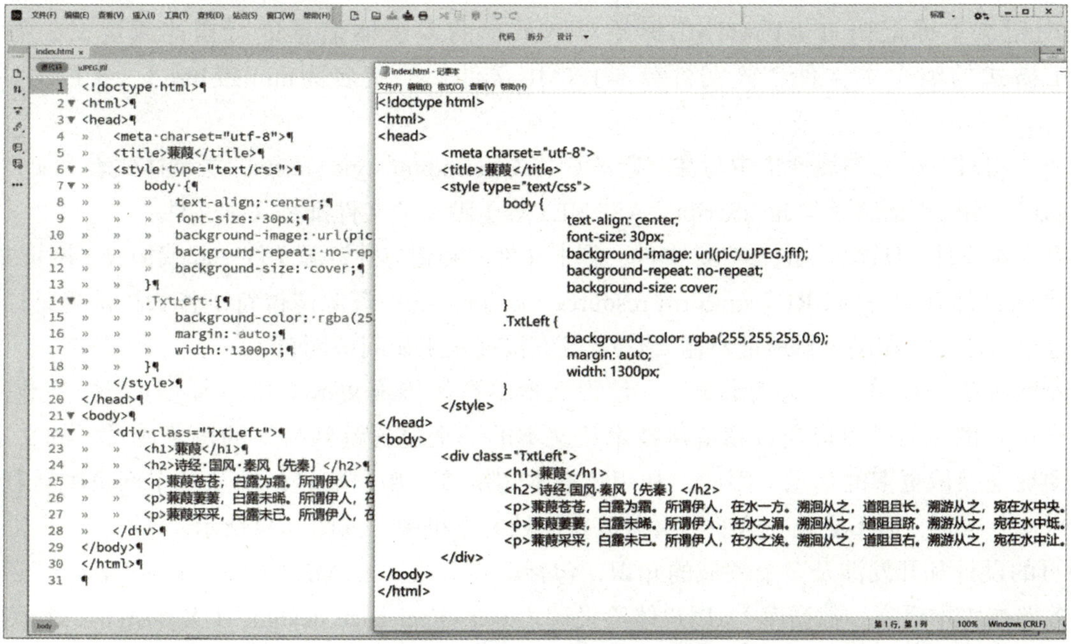

图1-23　代码格式整理

9. 发布网页

保存网页文件，完成网页制作，并将网页发布到WWW服务器上，供用户浏览。

项目总结

（1）在本项目的网页设计过程中，主要采用的是面板操作方法。使用该方法设计网页，标签和样式由Dreamweaver编辑器自动插入代码中，简单快捷且不容易出错。

（2）在使用标签时，如果不为其设置属性和属性值，那么浏览器会按默认规则（默认属性和默认属性值）来渲染网页效果。

（3）本项目展示了在文本中使用不同标签的渲染效果，以及使用样式表和使用背景的渲染效果。

（4）本项目完整地展示了网页设计的九个步骤。

（5）通过本项目，要学会面板的基本使用方法，掌握新建站点、新建网页文件、对文本应用不同标签、对文本设置格式和对页面设置背景、整理代码格式等基本操作。

1.2 网页与网站

1.2.1 网页

网页（Web page，Web页面）是用HTML（hypertext markup language，超文本标记语言）、脚本语言（scripting language）等编写的，包含超链接（hyperlink）和文字、图形、图像、音频、视频、动画等多媒体信息的文本文件及其相关的资源文件，部署在因特网的Web服务器中，用户能够通过Web浏览器进行浏览和交互的界面。

应用超文本标记语言里的HTML标签对网页中的多媒体信息进行描述或定义，得到一个HTML格式的纯文本文件，该文件就是HTML文件（扩展名为html或htm），或称为HTML文档。

此外，将HTML标签属性集中写在一起的CSS（cascading style sheets，层叠样式表）文件（扩展名为css）、用脚本语言（如JavaScript、ASP.NET等）编写的文件都是文本文件。

这些文本文件（HTML文件、CSS文件、脚本文件）和相应的资源文件一起就构成了网页文件。

每个网页都有唯一的URL（uniform resource locator，统一资源定位符）作为标准地址，用户可以通过单击链接、在浏览器地址栏输入URL或直接搜索来访问该网页。

Web网页是一种超文本信息系统，它使得文本不再像传统文本（如一本书）那样是顺序的、线性的和固定的，而是可以通过超链接技术从文本的一个位置跳到另外的位置或另外的文本中，从而更便捷地获取更多的信息。因此，利用超文本超链接，用户能轻松地从一个网页跳转到与之关联的另一个网页，而不必关心这些网页分散在何处的主机中，如图1-24所示。

网页的设计和开发涉及多个领域的知识，包括前端开发（HTML、CSS、JavaScript）、后端开发（服务器端脚本语言、数据库）、用户体验设计（user experience design，UX design）、搜索引擎优化（search engine optimization，SEO）等。

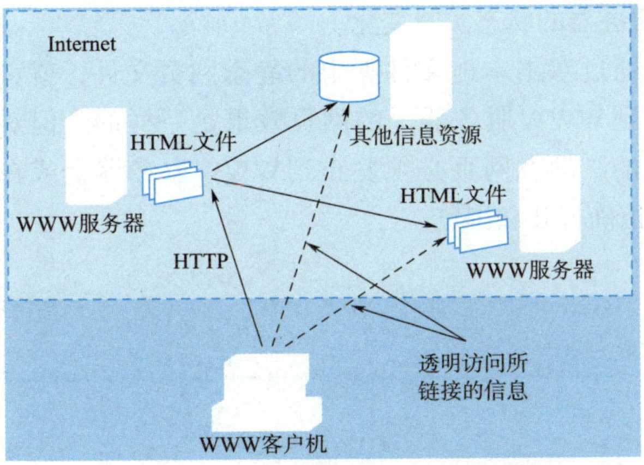

图1-24 Web网页结构（超文本信息系统）

网页基于统一的Web标准（如HTML、CSS、JavaScript）开发，HTML用于定义网页的结构和内容，CSS用于设置网页的布局和样式，而JavaScript则用于实现网页的交互功能和动态效果。随着Web技术的不断发展，还涌现出了许多新的前端技术和框架，如React、Vue、Angular等，这些技术和框架的出现极大地丰富了网页的开发方式，网页的功能和表现形式也在不断创新和丰富。

网页具有良好的跨平台性，可以在不同的操作系统、浏览器和设备上正常显示和运行。

1.2.2 网站

网站（Web site，Web站点）是由一系列逻辑相关的网页通过超链接组成的信息集合体。在网页中使用超链接与其他网页或站点（网站）之间进行链接，从而构成某个具有鲜明主题和丰富内容的网站。

在浏览器中输入网站的URL地址，打开的第一个网页称为首页或主页（homepage），在主页上面有导航栏目及其指向其他网页（站点）的链接，用户通过浏览这些链接指向的网页，可以构建出该网站的逻辑结构。一个网站通常由多个网页组成，这些网页之间通过超链接相互连接，形成一个网状结构，从而构成了我们所看到的互联网世界。

1.2.3 静态网页与动态网页

网页可以划分为静态网页和动态网页两种类型。

静态网页是指无论何种用户、无论何时何地访问，网页都会显示固定内容，除非网页更新。静态网页一般用HTML编写，文件扩展名为html或htm等。

动态网页是指网页显示的内容随着用户的不同、操作输入数据的不同和时间的不同而变化。例如，学生成绩查询网页（网站）、股市行情网页（网站）等都是动态网页的例子。在动态网页中，客户端和服务器端之间有数据交互，数据一般保存在服务器端的数据库中。

动态网页一般可用ASP（文件扩展名为asp）、ASP.NET（文件扩展名为aspx）、JSP（文件扩展名为jsp）和PHP（文件扩展名为php）等脚本语言来编写。

借助服务器端脚本语言、数据库技术和Ajax等技术，网页可以实现动态内容更新，即网页内容可以根据用户的请求或服务器的状态实时变化。

需要注意的是，通常通过双击本地文件夹中的静态网页文件，就可以打开该网页，看到的网页效果和用户浏览发布到WWW服务器上的网页效果是一样的。但对于动态网页而言，用该方法是不能正确打开网页的。动态网页必须发布到WWW服务器上或在网页集成开发环境（如Dreamweaver）中，才能被正确打开和浏览。

1.3 HTML

1.3.1 HTML是什么

1. HTML的定义

HTML是用一套标记标签（markup tag）来描述网页的标记语言，可将所需要表达的各种不同类型的信息（如文字、图形、图像、音频、视频、动画等）按某种规则写成HTML文件，WWW浏览器解析HTML文件代码并将其中的信息按照某种效果显示出来。虽然HTML文件又称HTML代码，但是这些代码与用编程语言编写的程序代码完全不同，因此HTML不是一种编程语言，而是被用作WWW信息的描述语言。

应用Windows操作系统中的记事本，将一个纯文本文件添加上一些不同的标记标签，变成一个含有标签的文本文件后，就能够用浏览器渲染出和Word文档完全一样的效果（扩展名要改为html），具体见实例1.1。

实例 1.1 用记事本编写HTML代码，设计一个简单的诗词网页。

以宋代苏轼的《水调歌头 · 明月几时有》为网页主题，打开Windows记事本，在记事本中输入如下代码：

实例 1.1– 诗词网页 .html 的核心代码：

```
<!doctype html>
<html>
<head>
     <meta charset="utf-8">
     <title>明月几时有</title>
</head>
<body>
     <h1>水调歌头·明月几时有</h1>
     <h2>苏轼〔宋代〕</h2>
     <span><i><font color="red" size="+1">丙辰中秋，欢饮达旦，大醉，作此篇，兼怀子由。</font></i></span>
     <hr>
     <p>
          明月几时有？把酒问青天。<br>
          不知天上宫阙，今夕是何年。<br>
          我欲乘风归去，又恐琼楼玉宇，高处不胜寒。<br>
          起舞弄清影，何似在人间。
     </p>
```

```
    <p>
        转朱阁，低绮户，照无眠。<br>
        不应有恨，何事长向别时圆？<br>
        人有悲欢离合，月有阴晴圆缺，此事古难全。<br>
        但愿人长久，千里共婵娟。
    </p>
</body>
</html>
```

在输入完代码后（见图 1-25），将文件保存为“实例 1.1- 诗词网页 .html”，保存类型为“所有文件（*.*）”，编码为“utf-8”。

```
<!doctype html>
<html>
<head>
    <meta charset="utf-8">
    <title>明月几时有</title>
</head>
<body>
    <h1>水调歌头·明月几时有</h1>
    <h2>苏轼〔宋代〕</h2>
    <span><i><font color="red" size="+1">丙辰中秋，欢饮达旦，大醉，作此篇，兼怀子由。</font></i></span>
    <hr>
    <p>
        明月几时有？把酒问青天。<br>
        不知天上宫阙，今夕是何年。<br>
        我欲乘风归去，又恐琼楼玉宇，高处不胜寒。<br>
        起舞弄清影，何似在人间。
    </p>
    <p>
        转朱阁，低绮户，照无眠。<br>
        不应有恨，何事长向别时圆？<br>
        人有悲欢离合，月有阴晴圆缺，此事古难全。<br>
        但愿人长久，千里共婵娟。
    </p>
</body>
</html>
```

图 1-25　含标签的文本文件在记事本中的效果

双击打开文件“实例 1.1- 诗词网页 .html”，在浏览器中即可看到图 1-26 所示的效果（需要适当调整浏览器窗口大小）。

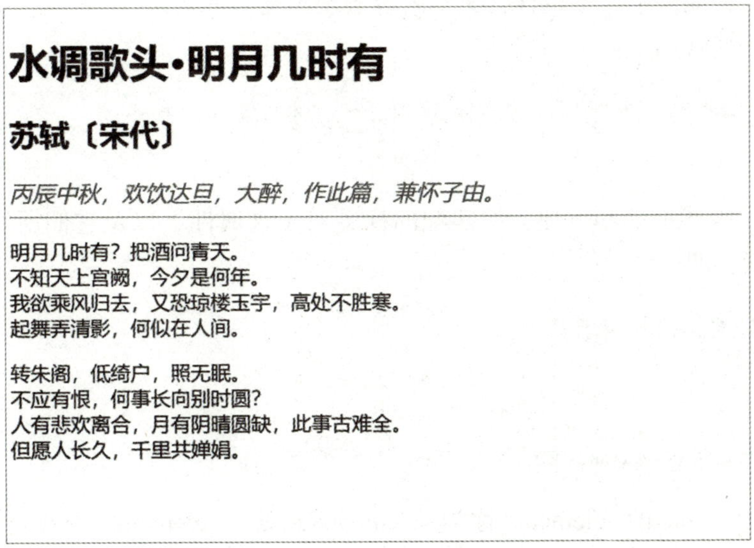

图 1-26　含标签的文本文件在浏览器中的渲染效果

2. HTML标签

HTML标记标签简称HTML标签（HTML tag），由一对尖括号包围的关键词构成，如<html>、<head>、<body>和<div>等。标签不同，其作用和效果也不同。

在HTML中，标签的名称是事先规定好的，一般不能随意定义。标签名称一般用小写字母表示。

HTML标签通常是成对出现（使用）的，如<html>...</html>、<head>...</head>、<p>...</p>和<div>...</div>等。标签对中的第一个标签称为首标签（开始标签），第二个标签称为尾标签（结束标签）。首标签和尾标签又称开放标签和闭合标签。在一对标签中可以嵌套或容纳文本信息。

少数标签只有一个标签，称为单标签，如<img/>、
和<hr/>等，它们具有完整的语义。

HTML标签可以嵌套使用，例如：

```
<span><i><font>互联网包含万维网</font></i></span>
```

就是正确的用法；但不能交叉使用，例如：

```
<span><i><font>互联网包含万维网</i></font></span>
```

就是错误的用法。

不同的标签组合在一起，起到描述文本内容层次结构和渲染不同效果的作用。

3. 标签属性

在首标签中，那些以

```
属性名称="属性值"
```

形式出现的内容，称为标签的属性。例如，在实例1.1的第10行代码<font color= "red" size="+1">中，font是标签名，size和color是属性名称，+1和red是属性值，属性值需要用双引号或单引号界定，多个属性之间要用空格分隔开来。“属性名称/属性值”一起组成属性的键值对。

给标签添加属性，能够使标签包含的文本内容表现出更多的效果。

应用标签的语法格式如下：

```
< 标签 属性 1="属性值 1" 属性 2="属性值 2"...> 文本内容 </ 标签 >
```

4. HTML元素

在本书中，为了表述准确和方便，把匹配的标签对（含属性）以及它们所容纳的文本信息称为HTML元素或元素，即

```
HTML元素=首标签+文本信息+尾标签
```

或者具体表示为

```
<element> content </element>
```

其中，<element> content </element>称为<element>元素，<element></element>称为<element>标签，element为标签名，文本信息content称为文本元素。特别地，<img>称为图像元素，文本元

素与图像元素一起合称图文元素。下面是HTML元素的一个具体例子。

```
<p>互联网包含因特网，因特网包含万维网。</p>
```

称为<p>元素，或者笼统地称为HTML元素（简称元素）。

1.3.2　HTML的发展历程

Web诞生于20世纪90年代，由TimBerners-Lee所发明。1991年，TimBerners-Lee编写了一个名为“HTML标签”的文档，里面包含大约20个用来编写网页的HTML标签，主要用于在网上发布文本信息。随着Web的迅速发展，人们希望在网上发布图文、动画、音频和视频等更多类型的信息。

1994年10月，在麻省理工学院计算机科学实验室成立了万维网联盟（World Wide Web consortium，W3C）。万维网联盟的创建者正是Tim Berners-Lee。W3C与其他标准化组织共同制定了一系列Web标准，有力地推进了Web技术的发展。

1991年HTML诞生；1993年6月互联网工程工作小组（IETF）作为工作草案发布HTML 1.0。1995年11月，W3C发布HTML 2.0；1997年1月14日，W3C发布HTML3.2。1997年12月18日，W3C发布HTML 4.0（1998年4月24日修订），允许在HTML文档中将所有元素的属性移出，写入一个独立的样式表中（把文档的表现从其结构中分离出来，实现独立控制表现层）。1999年12月24日，W3C发布HTML 4.01（微小改进）。4.0和4.01这两个版本的影响很大，在很长一段时间内，Web网页都采用这个标准。

2000年1月26日，W3C推荐XHTML 1.0以代替HTML，XHTML是以XML 1.0标准重构的HTML 4.01。虽然XHTML与HTML4.01。几乎是相同的，但是它的语法更加严格，只要网页中出现一处错误，则浏览器停止解析，而HTML不会出现这种情况。

HTML5是最新的HTML版本，是继HTML、XHTML及HTML DOM之后的又一个新标准。在Web标准研究方面，WHATWG（web hypertext application technology working group，网页超文本应用技术工作小组）致力于Web表单和应用程序，而W3C专注于XHTML 2.0，W3C的意图是要放弃HTML而力图发展XML。2006年双方决定进行合作，创建一个新版本HTML5，并建立一些规则：①新特性应该基于HTML、CSS、DOM及JavaScript；②减少对外部插件的需求（如Flash）；③更优秀的错误处理；④更多取代脚本的标记；⑤HTML5应该独立于设备；⑥开发进程应对公众透明。

2010年8月9日，W3C编辑草稿HTML5发布，经过不断完善，2014年10月28日，W3C正式发布HTML5。经过接近八年的艰苦努力，该标准规范制定完成。HTML5出现后，HTML又重新占据了主导地位。

1.3.3　HTML5标签及其属性

1. 标签分类

在网页中需要定义什么内容，就用相应的HTML标签来描述，因此要熟悉HTML的常用标签。表1-1按分类方法列出了HTML5的常用标签。

表 1-1 HTML5 常用标签

类　型	标签名称
基础标签	<!DOCTYPE>、<html>、<title>、<body>、<h1> to <h6>、<p>、 、<hr>、<!--...-->
元信息	<head>、<meta>、<base>
样式 / 节	<style>、<div>、<span>、<header>、<footer>、<section>、<article>、<aside>、<details>、<dialog>、<summary>、<hgroup>
格式	<abbr>、<address>、<b>、<bdi>、<bdo>、<blockquote>、<cite>、<code>、<del>、<dfn>、<em>、<i>、<ins>、<kbd>、<mark>、<meter>、<pre>、<progress>、<q>、<rp>、<rt>、<ruby>、<s>、<samp>、<small>、<strong>、<sub>、<sup>、<time>、<u>、<var>、<wbr>
图像	<img>、<map>、<area>、<canvas>、<figcaption>、<figure>
Audio/Video	<audio>、<source>、<track>、<video>
链接	<a>、<link>、<main>、<nav>
表格	<table>、<caption>、<th>、<tr>、<td>、<thead>、<tbody>、<tfoot>、<col>、<colgroup>
列表	<ul>、<ol>、<li>、<dl>、<dt>、<dd>、<menu>、<command>
框架	<iframe>
表单	<form>、<input>、<textarea>、<button>、<select>、<optgroup>、<option>、<label>、<fieldset>、<legend>、<datalist>、<keygen>、<output>
程序	<script>、<noscript>、<embed>、<object>、<param>

此外，根据标签在页面的占位情况，大多数 HTML 元素还可以定义为块级元素和内联元素（行内元素）两类。

块级元素（block level element）在浏览器显示时，通常会以新行来开始（和结束），如<h1>、<p>、<ul>和<div>等。

内联元素（inline element）在显示时通常不会以新行开始，如<span>、<b>、<strong>、<a>等。

2. 标签属性

标签有很多属性，可分为标准属性、可选属性和事件属性三类，应用标签还应该清楚标签有哪些属性。在网页中，如果对标签没有进行属性设置，浏览器就会按照默认的属性及属性值进行解析、渲染效果，这就是默认规则。例如：

```
<p>离离原上草，一岁一枯荣。</p>
<p align="center">野火烧不尽，春风吹又生。</p>
```

第一句没有设置属性，按默认属性（值）渲染，显示效果为左对齐；第二句设置align属性及属性值，显示效果为居中对齐。

表1-2列出了HTML5标签的一些常用属性。标签的更多属性可以参考有关的技术手册和网站。

表 1-2 HTML5 标签的一些常用属性

属　性	描　述
id	规定标签元素的 id（id 值必须唯一，不能与其他标签元素的 id 重复）
class	规定标签元素的类名（classname）
style	规定标签元素的行内样式（inline style）
title	描述了标签元素的额外信息（作为工具栏使用）
background-color	描述了标签元素的背景颜色

续表

属　性	描　述
background-image	描述了标签元素的背景图片
width	描述了标签元素的宽度
height	描述了标签元素的高度
text-align	描述了该对标签元素内文本的对齐方式
color	描述了该对标签元素内文本的颜色
font-size	描述了该对标签元素内文本的字体大小（字号）

提示：属性值应该始终被包括在引号内。双引号是最常用的，不过使用单引号也没有问题。在某些个别情况下，如属性值本身就含有双引号，那么必须使用单引号。例如：

```
name='John "ShotGun" Nelson'
```

在网页中有很多相同的标签和不同的标签，为更好地设置它们的属性，需要准确指定、选择某一个标签或某一类标签，可以事先对这些标签设置id属性和class属性。例如：

```
<div class="passage">
     <p id="pA">
     <span class="s01">...</span><br><span class="s02">...</span>
     </p>
     <p id="pB">
     <span class="s01">...</span><br><span class="passage">...</span> </p>
<div>
```

1.4 CSS

1.4.1 CSS是什么

1. CSS的定义

CSS用来控制网页的样式、为网页文档中的元素添加样式，如字体大小、字体颜色、对齐方式、背景颜色、元素的边框、间距、大小、位置和可见性等，其在网页中对元素起到布局和渲染效果的作用。

早期的HTML只含有少量的显示属性，用来设置网页和字体的效果。随着互联网的发展，为满足日益丰富的网页设计需求，HTML不断添加各种显示标签和样式属性，这就带来一个问题：当在标签中设置过多属性时，会表现出很多缺点。例如，HTML文档结构变得很复杂，网页代码变得混乱不堪，代码可读性变差，相同的属性设置会重复书写多次，代码编写工作量很大，代码冗余增加了带宽负担，代码维护也变得困难，等等。

解决问题的方法就是将这些属性设置集中书写在一起，形成一个样式表，以供引用。CSS文档的扩展名为css。

2. CSS的作用

当网页采用CSS技术后，HTML代码描述的是网页元素的内容，CSS代码描述的是网页元素的表现效果，实现了网页内容和网页表现的彻底分离。CSS是Web设计领域的一个突破。

CSS可以为每个HTML元素定义样式，并把它应用到希望的任意多的页面上，即多个网页可以同时指向同一CCS文件，使开发者有能力同时控制多个网页的样式和布局，实现统一修改和更新。如果需要做一个全局的改变，只需简单地改变样式，Web中所有元素的渲染效果都会自动更新。

应用CSS减少了重复代码的产生，减少了网页编写的工作量，使网页结构更加清晰，网页的修改和维护都很方便，同时网页文件小、下载速度更快。

1.4.2 CSS的发展历程

1994年初，哈坤·利提出设计CSS的最初建议，伯特·波斯当时正在设计一款Argo浏览器，他们一拍即合，决定共同开发CSS。1994年底，哈坤在芝加哥的一次会议上第一次展示了CSS的建议。1995年，在WWW网络会议上CSS又一次被提出，伯特·波斯演示了Argo浏览器支持CSS的例子，哈坤也展示了支持CSS的Arena浏览器。1994年W3C成立后，CSS的创作成员全部成为W3C的工作小组，并且全力以赴负责研发CSS标准，CSS的开发走上了正轨。

1996年12月，W3C推出CSS规范的第一个版本（cascading style sheets level 1，CSS1），CSS1提供有关字体、颜色、位置和文本属性的基本信息，该版本得到了当时解析HTML和XML浏览器的广泛支持。

1998年5月发布了CSS2版本，样式得到了更多的充实。CSS2是一套全新的样式表结构，采用内容和表现效果分离的方式。HTML元素可以通过CSS2的样式控制显示效果，可完全不使用以往HTML中的table和td来定位表单的外观和样式，只需使用p和li等HTML标签来分割元素，并通过CSS2样式来定义表单界面的外观。

2001年5月，W3C开始进行CSS3标准的制定，CSS3在CSS2的基础上增加了一些新的属性，提供了更多炫酷的效果，降低了对JavaScript脚本的依赖，减少了UI设计师的工作量。如圆角、阴影、透明度、背景颜色渐变、背景图片大小控制、定义多个背景图片、Web字体、2D/3D变形（旋转、扭曲、缩放）、动画等，都是CSS3新增的功能。

CSS3目前还在更新中，但是大部分功能已经可以使用了，Chrome（谷歌浏览器）、Safari（Mac OS上的浏览器）、Firefox（火狐浏览器）、Android浏览器、iOS浏览器、UC等主流浏览器对CSS3的支持已经相当不错了，只要不使用特别生僻的功能，一般都没问题。

1.5 Web标准

Web标准又称网页标准，是W3C和其他标准化组织制定的一套规范集合，它不是某一个标准，而是一系列标准的集合。这些标准大部分（如CSS、HTML、XML等）由W3C负责制定，也有一些标准是由其他标准组织制定的，如ECMA的ECMAScript标准等。

网页主要由结构（structure）、表现（presentation）和行为（behavior）三部分组成，对应的标准也划分为结构标准、表现标准和行为标准三方面。

1.5.1　结构标准

网页结构标准用于对网页元素进行组织、整理和分类，编写网页结构的语言有HTML、XML和XHTML，但属于标准结构语言的是XML和XHTML。

XML是一种可扩展标记语言，是一种能定义其他语言的语言。与HTML一样，XML同样来源于SGML。XML的最初设计目标是弥补HTML的不足，以强大的扩展性满足网络信息发布的需求。现在XML主要作为一种数据格式，用于网络数据交换和书写配置文件。

XHTML是可扩展超文本标记语言。XHTML是基于XML的标记语言，是在HTML 4.0的基础上，用XML的规则对其进行扩展建立起来的。发布XHTML的最初目的是实现HTML向XML的过渡。但HTML5出现后，HTML又重新占据了主导地位。

1.5.2　表现标准

网页表现标准用于设置网页元素的版式、颜色、大小等外观样式，主要靠CSS来实现，即以CSS为基础进行网页布局、控制网页的表现。

CSS布局与XHTML结构语言相结合，可以实现表现与结构的分离，使网站的访问及维护更加容易。

1.5.3　行为标准

网页行为标准主要对网页信息的结构和显示进行逻辑控制，实现网页的智能交互。行为标准主要包括ECMAScript、BOM和DOM三部分。

1. ECMAScript

ECMAScript是由ECMA（European ECMAScript Computer Manufacturers Association）国际联合浏览器厂商通过ECMA-262标准化（1997年7月）推出的脚本程序设计语言。它往往被称为JavaScript或JScript，规定了JavaScript的语法规则和核心内容，是所有浏览器厂商共同遵守的一套JavaScript语法标准。ECMAScript是JavaScript的一个标准，JavaScript和JScript是ECMA-262标准的实现和扩展。

ECMAScript 262和JavaScript 5.0版本的关系：ECMAScript 262是一个标准，而JavaScript 5.0是根据这个标准实现的一个具体版本。

ECMAScript 6.0（简称ES6）也被称为ECMAScript 2015（ES2015），于2015年6月正式发布。它增加了很多新的语法和功能，极大地拓展了JavaScript的开发潜力。

自ES6以来，每年都会发布新的ECMAScript标准，这标志着JavaScript的发展步伐在加快。例如，ES2021（也称ECMAScript 2021或ES12）是最新的ECMAScript标准，它包含了一些新的语法和功能，使得JavaScript更加强大和便捷。

2. BOM（浏览器对象模型）

通过BOM可以操作浏览器窗口，实现对话框弹出、导航跳转等交互效果。

3. DOM（文档对象模型）

DOM允许程序和脚本动态地访问和更新文档的内容、结构和样式。网页设计者通过DOM可以对页面中的各种元素进行操作，如设置元素的大小、颜色、位置等，从而实现用户与网页内容的交互。

1.6 HTML5 文档结构

用网页开发工具Dreamweaver创建一个基于HTML5文档类型的空白网页，得到的HTML文件就是最简单、最基本的HTML5文档，这个文档是设计网页的基础。

对实例1.1的代码进行修改和整理，就可以得到一个HTML5网页文档的典型结构，它是一个HTML+CSS+JavaScript的结构。

实例 1.2 对实例1.1的代码进行修改，为网页添加背景图片，在诗词的末位打印出当天的日期。将实例1.1-诗词网页.html复制为实例1.2-诗词网页-背景.html，用记事本打开，按照以下代码进行修改和整理：

实例 1.2- 诗词网页 – 背景 .html 的核心代码：

```
<!doctype html>
<html>
<head>
      <meta charset="utf-8">
      <title>明月几时有</title>
      <style type="text/css">
             body {
                    background-image: url(pic/d823.jpeg);
                    background-size: contain;
                    background-repeat: no-repeat;
             }
      </style>
</head>
<body>
     <h1>水调歌头·明月几时有</h1>
     <h2>苏轼〔宋代〕</h2>
     <span><i><font color="red" size="+1">丙辰中秋，欢饮达旦，大醉，作此篇，兼怀子由。</font></i></span>
     <p>     明月几时有？把酒问青天。<br>
             不知天上宫阙，今夕是何年。<br>
             我欲乘风归去，又恐琼楼玉宇，高处不胜寒。<br>
             起舞弄清影，何似在人间。
     </p>
     <p>     转朱阁，低绮户，照无眠。<br>
             不应有恨，何事长向别时圆？<br>
             人有悲欢离合，月有阴晴圆缺，此事古难全。<br>
             但愿人长久，千里共婵娟。
     </p>
```

```
28     <script>  document.write(new Date());  </script>
29 </body>
30 </html>
```

保存文件，浏览效果如图1-27所示（调整浏览器窗口至合适大小）。

图1-27　实例1.2的网页浏览效果

从上述代码中可以看出，HTML5网页文档的结构是由一些HTML标签按照嵌套的层次关系组成的。典型的文档结构应该包含以下几部分的HTML元素：

（1）<! doctype>——代码的第1行，用于说明文档使用的HTML或XHTML的特定版本，并告诉浏览器后续内容应按照什么方式进行解析。

（2）<html>元素——以<html>标签开始，以</html>标签结束，所有内容都需要放在这两个标签之间。

（3）<head>元素——以<head>标签开始，以</head>标签结束，封装其他位于文档头部的标签，如<meta>、<title>、<link>、<style>及<script>等。

（4）<body>元素——以<body>标签开始，以</body>标签结束，网页的正文即用户在浏览器主窗口中看到的信息，包括文字、图形、图像等内容，必须位于<body>…</body>标签之内。

从另外一个视角来看，在该HTML文档中，第6～12行为CSS代码，第28行为JavaScript代码，形成了一个典型的HTML＋CSS＋JavaScript的结构模型。

1.7 开发工具

Web前端开发用到的软件工具有Dreamweaver、HBuilder、Visual Studio Code、Sublime Text、WebStorm、Eclipse、Editplus、Notepad++、BrowserSync、Vim、Aptana等，如图1-28所示。

图 1-28 Web 前端开发工具

Visual Studio Code作为编写代码的工具，具有非常明显的优点。图1-29展示的是Visual Studio Code的代码视图，HTML元素框及层次结构表示得非常清楚，一目了然。Dreamweaver也有类似的效果。

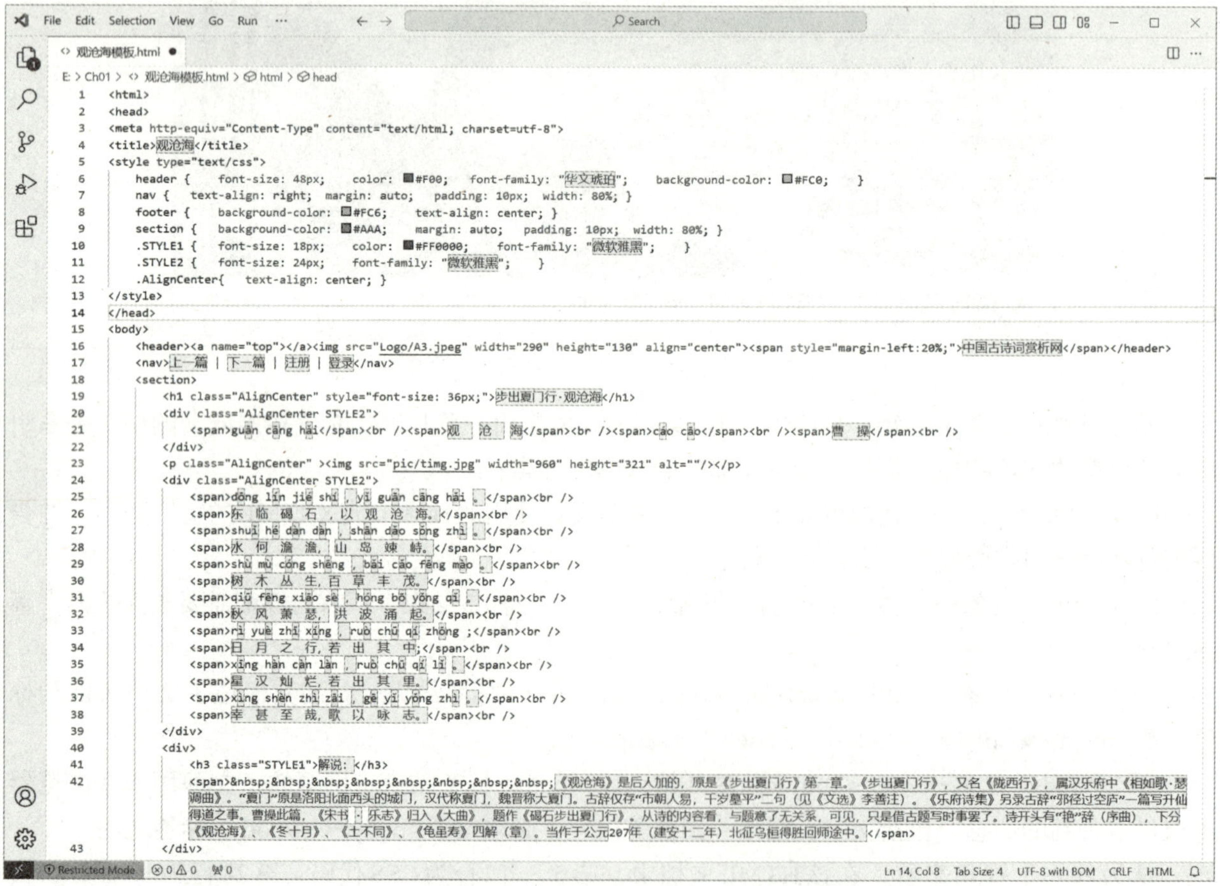

图 1-29 Visual Studio Code 的代码视图

本书选用Web前端开发工具是基于以下三点：一是可以应用面板上的按钮进行操作，快速地在网页文件中插入代码，方便初学者学习和使用，提高编写代码的效率；二是使用代码编程方式时，有代码键入智能语法提示，并自动完成填充或补全过程，方便初学者学习和使用，提高编写代码的效率；三是在代码中应用不同色彩表示标签元素、文本元素和CSS属性值，在代码排列格式方面，在代码换行模式下标签中的长文本能够与该标签同步缩进对齐，缩进的首尾标签之间有连接标识线，便于初学者分析和掌握HTML文档的结构。因此，本书选用Visual Studio Code（简称VS Code）和Dreamweaver作为开发工具。

小　结

本章主要介绍了Web前端开发的一些基本概念，主要包括网页、URL、HTML、CSS、Web标准、开发工具等内容。需要重点掌握的内容是HTML标签、标签属性、CSS的作用与基本用法，掌握HTML+CSS+JavaScript网页结构模型。最后通过实验练习，进一步加深对HTML标签与属性、CSS的理解，掌握网页设计的一般过程。

习　题

一、选择题

1. Web标准的制定者是（　　）。

　A. 微软　　B. 万维网联盟（W3C）

　C. 网景公司（Netscape）　　D. Apple公司

2. 在Dreamweaver的文件（File）菜单中，Save All命令表示（　　）。

　A. 保存动画的分帧文档　　B. 保存动画的所有分帧

　C. 保存当前窗口中的所有文档　　D. 保存当前编辑的文档

3. 设置页面背景颜色的代码是（　　）。

　A. <body bgcolor="#FF0000">　　B. <body text="#FF0000">

　C. <body link="#FF0000">　　D. <body src="#FF0000">

4. 设置页面背景颜色的代码是（　　）。

　A. <span bgcolor="#FF0000">

　B. <body style="background-color: #99C;">

　C. <body background-color="#FF0000">

　D. <body style="bgcolor: #99C;">

5. 设置页面字体颜色的代码是（　　）。

　A. <body bgcolor="#FF0000">　　B. <body text-colors="#FF0000">

　C. <body style="color:black">　　D. <body font-color="#FF0000">

6. 设置页面字体颜色的代码是（　　）。

　A. <body bgcolor="#FF0000">　　B. <body text-colors="#FF0000">

　C. <font color="#0000FF">　　D. <body colors="#FF0000">

7. 设置div字体颜色的代码是（　　）。

　A. <div bgcolor="#FF0000">　　B. <div text-colors="#FF0000">

　C. <div color="#0000FF">　　D. <div style="color:red">

8. 在下列选项中，可以添加背景颜色的代码是（　　）。

A. <body color="red">

B. <background>red</background>

C. <body bgcolor="red">

D. <body background="#F00">

9. 在HTML代码中，空格的专用符号是（　　）。

A. < >

B.

C. &npsb;

D. &spnb;

10. 在Dreamweaver中，使用浏览器预览网页的快捷键是（　　）。

A.【F9】

B.【F12】

C.【F10】

D.【Ctrl+F12】

二、简答题

1. 简述静态网页与动态网页的区别。
2. 什么是因特网和万维网？
3. Web前端技术的三大核心基础是什么？

第2章 单列图文网页设计

在数字化时代，从简单的网页浏览到复杂的单页应用（single page application，SPA），从响应式设计到动态交互体验，Web前端开发正以前所未有的速度推动着互联网的发展和用户体验的升级。

本书从简单到复杂，先介绍各种单列图文网页的设计，然后再介绍多列图文网页、平面布局网页的设计。本章始终以网页作品为主线，系统地介绍常见的HTML标签的基本语法规则与使用方法，从而达到快速掌握网页设计方法的目的。

学习目标

✧ 掌握文本网页设计的方法、应用的标签与属性。
✧ 掌握图册网页设计的方法、应用的标签与属性。
✧ 掌握图文网页设计的方法、应用的标签与属性。
✧ 掌握表单网页设计的方法、应用的标签与属性。
✧ 能够通过分析与对比中文网页与外文网页的特点，突出中文网页紧凑、整洁与美观的优点，展现网页的设计效果。

2.1 项目实践2：文本网页设计

项目描述

选用《三国演义》第一回的内容，设计一个小说正文网页，要求页面工整、美观。

软件环境

Windows 10、Dreamweaver 21.2、Photoshop、Edge、Chrome。

设计指导

（1）新建站点和文件。打开Dreamweaver，新建站点后创建一个新网页文件，文档类型为HTML5，文件保存为“项目实践2-小说正文网页.html”。

视频

项目实践2

（2）输入小说文本。选择拆分视图（水平拆分），在设计窗口中输入《三国演义》第一回的全部文字内容。图2-1是显示器屏幕分辨率为1 920 × 1 080 px的Dreamweaver界面，图2-2是显示器屏幕分辨率为1 366 × 768px的Dreamweaver界面，可见文本文字在两者中的版面是不一样的。需要注意的是，在默认情况下文本文字到达Dreamweaver编辑窗口（大小可自由设定）的右边界后会自动换行。

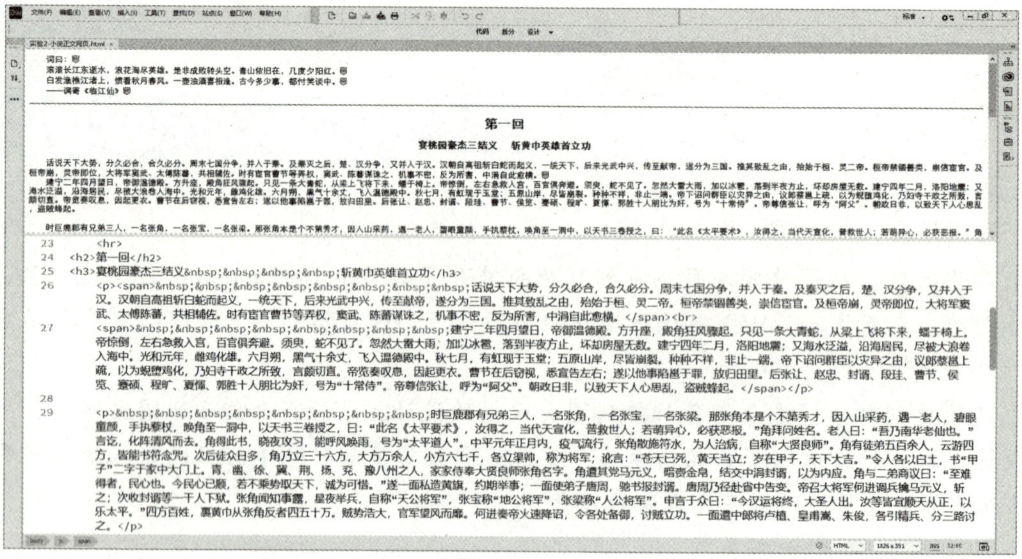

图 2-1 DW 21.2 设计网页的界面（屏幕分辨率 1 920 × 1 080 px）

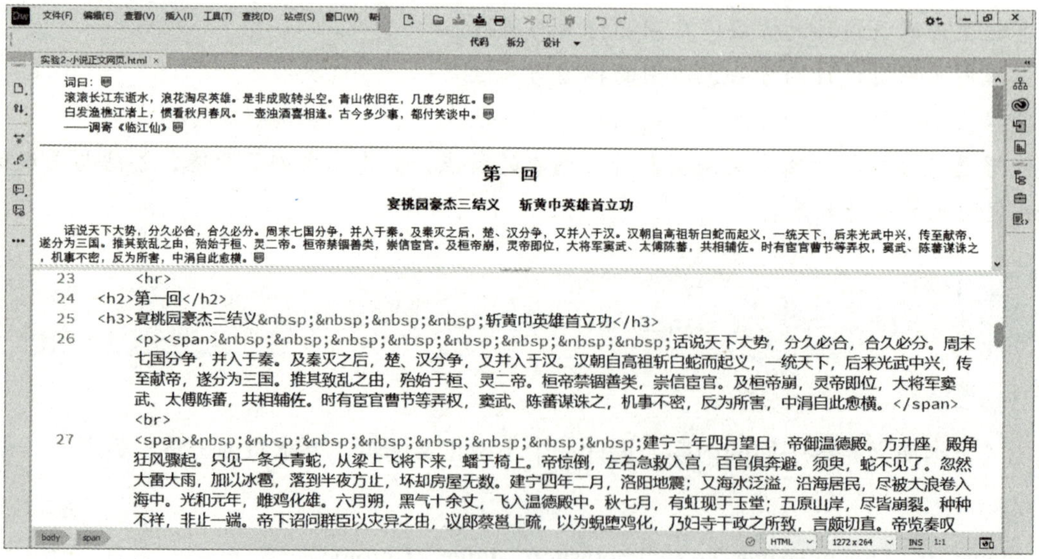

图 2-2 Dreamweaver 21.2 设计网页的界面（屏幕分辨率 1 366 × 768 px）

（3）版面布局设计。从图2-1和图2-2中可见，为了使结构清晰、层次分明，代码也是需要进行排版的。请注意，网页的渲染效果丝毫不受其影响，因为网页是靠标签在浏览器中来显示版面布局效果的。

切换到代码窗口中，应用<span>...</span>标签对小说的诗词进行排版，即每一行诗句都要嵌套在一对<span>...</span>标签中，其后再用
标签换行；小说的标题应用<h2>和<h3>标签进行排版；诗句和标题之间应用<hr>标签进行分隔布局。小说的正文是分小段落和大段落的，应用<span>...</span>
标签嵌套每一个小段落；第1、2个小段落，第3个小段落，第4 ~ 9个小段落，第10、11个小段落之间形成四个大段落，它们之间会有一个空白行，因此将上述四个大段落分别嵌套在各自的<p>...</p>标签之中即可，如图2-3所示。

```
<body>
    <span>        词曰：</span><br>
    <span>        滚滚长江东逝水，浪花淘尽英雄。是非成
败转头空。青山依旧在，几度夕阳红。</span><br>
    <span>        白发渔樵江渚上，惯看秋月春风。一壶浊
酒喜相逢。古今多少事，都付笑谈中。</span><br>
    <span>        —调寄《临江仙》</span><br>
    <hr>
<h2>第一回</h2>
<h3>宴桃园豪杰三结义    斩黄巾英雄首立功</h3>
    <p><span>        话说天下大势，分久必合，合久必分。
周末七国分争，并入于秦。及秦灭之后，楚、汉分争，又并入于汉。汉朝自高祖斩白蛇而起义，一统天下，
后来光武中兴，传至献帝，遂分为三国。推其致乱之由，殆始于桓、灵二帝。桓帝禁锢善类，崇信宦官。及
桓帝崩，灵帝即位，大将军窦武、太傅陈蕃，共相辅佐。时有宦官曹节等弄权，窦武、陈蕃谋诛之，机事不
密，反为所害，中涓自此愈横。</span><br>
    <span>        建宁二年四月望日，帝御温德殿。方升座
，殿角狂风骤起。只见一条大青蛇，从梁上飞将下来，蟠于椅上。帝惊倒，左右急救入宫，百官俱奔避。须
臾，蛇不见了。忽然大雷大雨，加以冰雹，落到半夜方止，坏却房屋无数。建宁四年二月，洛阳地震；又海
水泛溢，沿海居民，尽被大浪卷入海中。光和元年，雌鸡化雄。六月朔，黑气十余丈，飞入温德殿中。秋七
月，有虹现于玉堂；五原山岸，尽皆崩裂。种种不祥，非止一端。帝下诏问群臣以灾异之由，议郎蔡邕上疏
，以为蜺堕鸡化，乃妇寺干政之所致，言颇切直。帝览奏叹息，因起更衣。曹节在后窃视，悉宣告左右；遂
以他事陷邕于罪，放归田里。后张让、赵忠、封谞、段珪、曹节、侯览、蹇硕、程旷、夏恽、郭胜十人朋比
为奸，号为"十常侍"。帝尊信张让，呼为"阿父"。朝政日非，以致天下人心思乱，盗贼蜂起。</span></p>
```

图 2-3　在文本中应用标签

（4）设置文本样式。对小说的标题进行文本居中样式设置，文本段落开头的空白需用特殊字符“ ”来表达。最后保存文件，完成小说正文的网页设计。

（5）浏览网页效果。在屏幕分辨率为 1 920 × 1 080 px 下的浏览效果如图2-4所示，在屏幕分辨率为 1 366 × 768 px 下的浏览效果如图2-5所示，显然两者的界面浏览效果也是不同的。

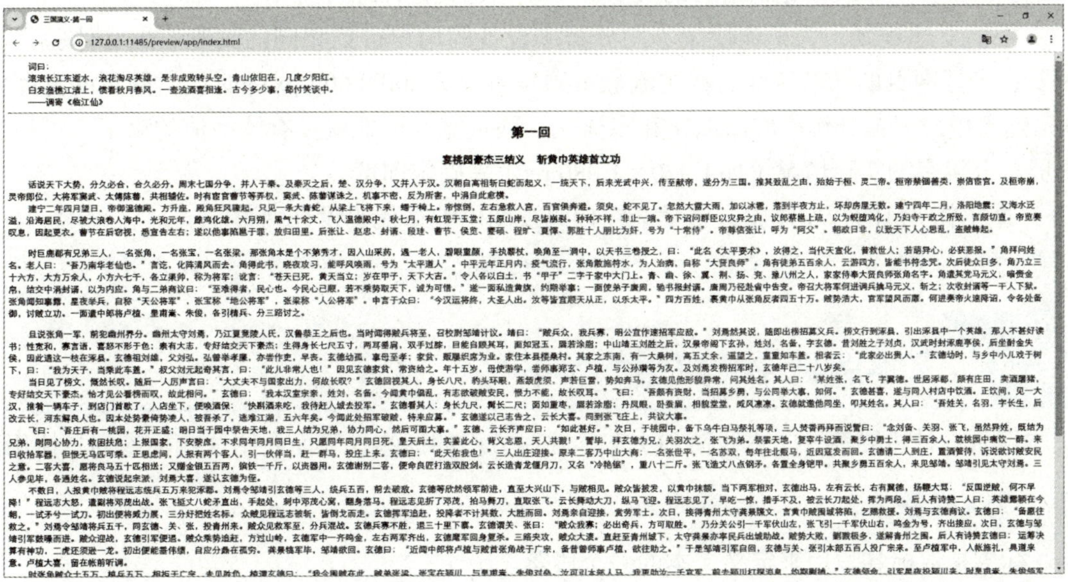

图 2-4　网页浏览效果（屏幕分辨率 1 920 × 1 080 px）

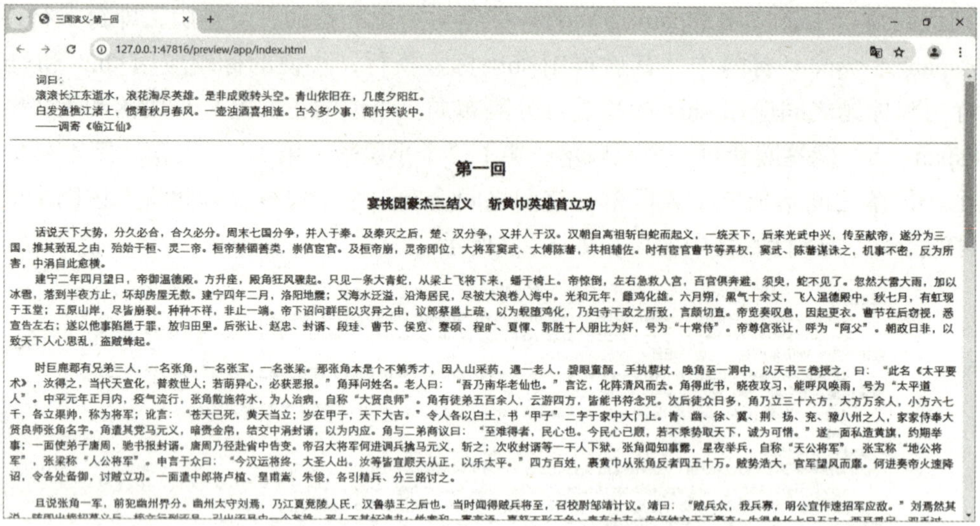

图 2-5　网页浏览效果（屏幕分辨率 1 366 × 768 px）

项目总结

（1）在本项目的网页设计过程中，主要采用的是代码编辑方法。在有些情况下，代码编辑法要比面板操作法来得简单，如在一段文本文字的外面套上<span>...</span>就是这样的。

（2）<body>标签容纳着其他标签元素和文本元素，因此是它们的父容器或祖先容器。在默认规则下（即不设置任何标签的属性，如width、height属性），<body>容器内的子标签容器的宽度不超过<body>的宽度，<body>的宽度不超过浏览器窗口的宽度，浏览器窗口的宽度（分辨率）不超过屏幕当前设置的水平宽度（分辨率）。当标签容器内文本元素的水平宽度超过容纳它的父容器宽度（即文本元素充满容器的当前行）时，文本就自动换行到新一行（使用
的情况除外）。容器的大小随着设备分辨率或浏览器窗口的大小而变化，这就是伸缩性规则。

（3）根据上述规则，为了让使用不同分辨率设备的用户得到相同的浏览效果和体验，在设计网页时要设定好网页的标准宽度。在主流显示器分辨率为800 × 600 px的时代，网页的宽度标准是800 px；随着用户屏幕分辨率的高端化和多样化，网页宽度标准就没有统一值约束了，可根据大多数用户屏幕分辨率的实际情况（如1 920 × 1 080 px）来确定即可。

（4）通过本项目的开发体验，要学会在代码视图中编写代码设计网页。

探讨：在本项目中，如果设置的网页宽度超过了屏幕的最大水平分辨率，会有什么后果？

2.2 文本网页设计应用的标签

文本网页设计主要涉及文本段落和文本样式两方面的标签，下面介绍这些标签的具体用法。

2.2.1 <p>标签

<p>标签是双标签，用来定义文本的一个段落。

在浏览器渲染时，<p>标签会自动在其前后创建一行空白，形成段落之间的空白分界。

在默认情况下，段落的宽度会与其父容器的宽度保持一致，段落的高度由文本元素内容的多少来决定。例如：

```
<body>
    <p>一段文本的内容可长可短，其内的字体可大可小。</p>
</body>
```

在上述代码中，<p> ...</p> 是文本的容器，它的宽度与其父容器<body>...</body>保持一致，它的高度是一行文本的高度，如果文本内容较多发生了换行，它的高度将是多行文本的高度和。

在浏览文本网页时，如果用户的浏览器窗口宽度或屏幕显示分辨率不一样，看到的文本网页效果就不一样。因此在文本网页中应用<p>标签要设置一些必要的属性和值。

如果想限定段落的宽度，应设置width属性；如果想文本在段落中居中，应设置text-align属性，例如：

```
<style type="text/css">
    p { width: 800px; text-align: center; }
</style>
```

此外，在设计中还可以设置<p>标签的背景属性和边框属性。设置了背景和边框属性，标签的区块特性在网页中就可以一目了然。

实例 2.1 设置<p>标签的边框和背景，并在不同的窗口宽度下浏览网页的效果。

操作过程：

（1）打开Dreamweaver 21.2，新建一个HTML5文档，保存为“实例2.1-p标签的边框和背景设置.html”。

（2）在代码窗口中输入“<p id="p01">教育的本质</p>”和“<p>传递知识文化、激发创新能力、培育综合素质</p>”。

（3）单击折叠面板中的“CSS设计器”图标，打开CSS面板。单击“源”前面的“+”，选择“在页面中定义”，如图2-6所示。

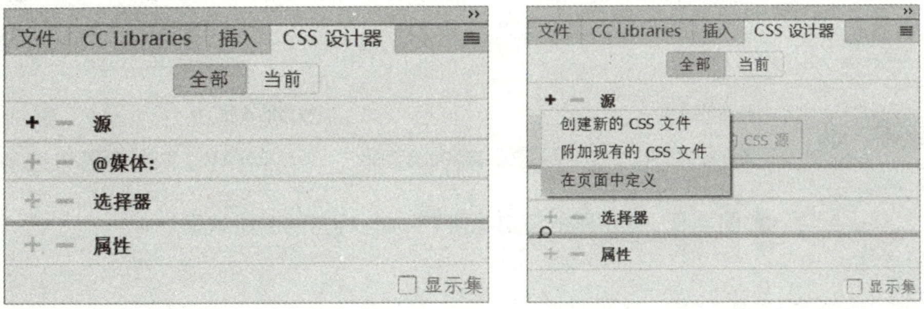

图 2-6　打开 CSS 面板

（4）单击“选择器”前面的“+”，在文本框中输入p，然后按两次【Enter】键。单击“属性”栏目下面的“边框”按钮，设置width为1 px，style为solid，color为#FF0000，如图2-7所示。

（5）单击“文本”按钮，设置font-size为36 px；单击“背景”按钮，设置background-color为#FFFF00，如图2-8所示。

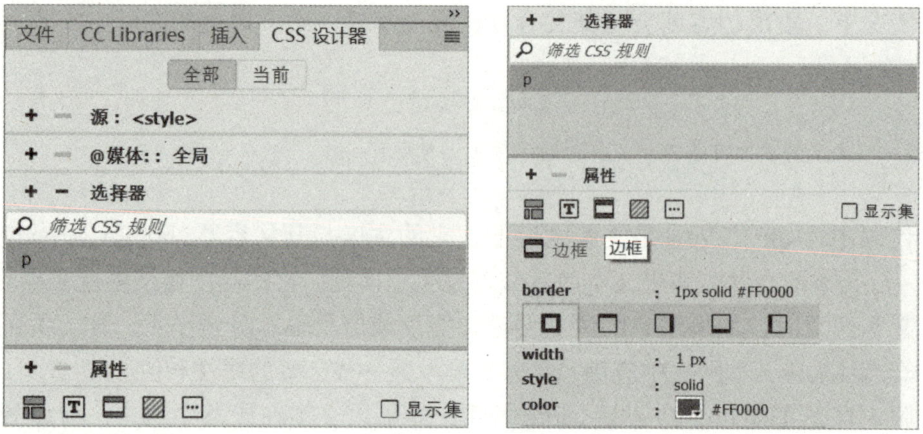

图 2-7　设置 <p> 标签的属性（边框）

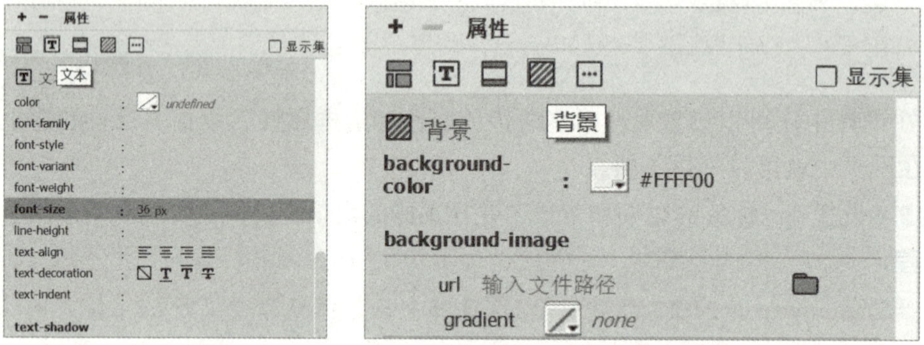

图 2-8　设置 <p> 标签的属性（字号和背景颜色）

（6）在代码视图中，选中“<p id="p01">教育的本质</p>”这一行，单击“选择器”前面的“+”，在文本框中自动出现“#p01”，按【Enter】键，设置background-image为选定图像“Pics/backgroundimg.GIF”。

（7）保存文件，在不同的窗口宽度下，网页浏览效果如图2-9所示。

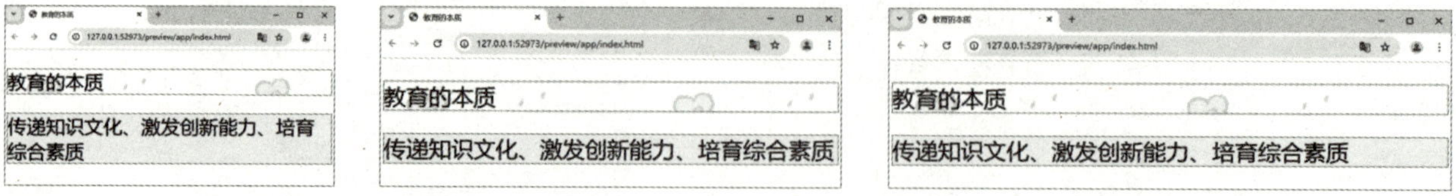

图 2-9　在不同的窗口宽度下 <p> 标签的浏览效果

实例总结：

在本实例中，第（5）步操作为<p>标签设置了背景颜色，所有的<p>标签都会显示黄色背景。第（6）步操作为第一行“<p>教育的本质</p>”设置背景图片，先给该行设置一个值为p01的id属性，得到的<p id="p01">标签和第2行的<p>标签就有区别了，再对“id=p01”的<p>标签设置背景图片，图片背景属性就只对该行<p>标签有效。

在标签中同时设置背景的图片和颜色时，颜色会被图片覆盖掉，而且文字总在背景的前面。

探讨：在本实例中，如果背景的图片尺寸比<p>标签的边框尺寸小，网页浏览的效果是什么样？如果背景的图片尺寸比<p>标签的边框尺寸大，网页浏览的效果又是什么样？

2.2.2　<h1> ~ <h6>标签

<h1> ~ <h6>标签是双标签，用来定义文本的标题（加粗显示）。

在浏览器渲染时，<h1> ~ <h6>标签也会自动在其前后创建一行空白，形成段落之间的空白分界。

在默认情况下，在大多数浏览器中<h1>、<h2>、<h3>元素内容的显示尺寸大于普通文本在网页中的默认尺寸，<h4>元素内容的显示尺寸与默认文本的大小基本相同，而<h5>和<h6>元素内容的显示尺寸要较小一些。

<h1> ~ <h6>标签和<p>标签的区别仅在于文字样式的区别，<h1> ~ <h6>标签可以看作特殊的<p>标签。

2.2.3　<hr>标签

<hr>标签是单标签，可以在页面中产生一条水平线，用来将文本内容分开为上、下两个区域。

在默认情况下，<hr>标签和<p>标签一样具有伸缩性，即水平线从窗口左边一直画到右边，与其父容器的宽度保持一致。

<hr>标签的属性见表 2-1。

表 2-1　<hr>标签的属性

属性名	含　义	属 性 值
align	设置水平线的对齐方式	有 left、right 和 center 三种值，默认为 center，居中对齐
size	设置水平线的粗细	以像素为单位，默认为 2 px
color	设置水平线的颜色	可用颜色名称、十六进制 #RGB 和 rgb(r,g,b) 表示
width	设置水平线的宽度	用像素值表示，或用浏览器窗口宽度的百分比，默认为 100%

例如，可以为<hr>标签设置水平线的长度，线条的颜色和线条的宽度如下：

```
<hr color="#FF0000" align="left" size="15" width="800">
```

表示该水平线长 800 px，靠左对齐，红色线条，线条宽 15 px。

2.2.4　
标签

标签是单标签，也是空标签，不设置属性。

在网页中，一段文本文字会从左到右依次排列，直到父容器的右端，然后自动换行。如果希望在中间某处强制换行显示，就需要使用换行标签
。

请注意：在 Dreamweaver 的设计视图中，如果按【Enter】键换行，使用的就是<p>标签。

标签与<p>标签不同，换行不会在段落的前后产生空白行。两个
标签连用，才会产生一个空白行的效果。

标签可与<span>标签连用，将一段连续的文本折断成几行在浏览器中显示。例如：

```
<span>绝句</span><br><span>杜甫</span><br><span>两个黄鹂鸣翠柳，</span>
<br><span>一行白鹭上青天。</span><br><span>窗含西岭千秋雪，</span><br>
<span>门泊东吴万里船。</span>
```

2.2.5 <span>标签

<span> 标签是双标签，用来给一串文本添加标签，为文本设置CSS提供基础。

在默认情况下，给一串文本外套一对<span>...</span>标签，与没有加标签的效果是一样的。但是，一旦给<span>标签设置属性后，就可以渲染出任何想要的效果。

<span>标签可以单独使用，也可以和<p>标签配合使用，从而形成不同风格的文本段落。

在<span>...</span>标签之中不能嵌套<p>...</p>标签，但<span>...</span>标签可以被嵌套在<p>...</p>标签之中使用，即：

正确用法：<p><span>...</span></p>

错误用法：<span><p>...</p></span>

此外，在<span>...</span>标签之中还可以嵌套文本格式标签。

2.2.6 列表标签

在HTML页面中，使用列表将相关信息放在一起，会使内容显得更具有条理性。HTML中的列表有以下三种类型，即

✧ 有序列表：使用一些数值或字母作为编号。

✧ 无序列表：使用项目符号作为编号。

✧ 定义列表：列表中的每个项目与描述配对显示。

1. 有序列表

在有序列表中，每一项的前缀可以通过数字或字母进行编号。

在HTML中应用<ol>标签来实现有序列表，使用一些数值或字母作为编号。

有序列表的语法格式如下：

```
<ol>
    <li>  ...  </li>
    ...
</ol>
```

其中，<ol>中允许包含多个列表项<li>，每一个列表项都要嵌入在<ol>...</ol>之间；<li>标签用于展示某一列表项，其内容包含在<li>...</li>之间。

有序列表的编号默认以阿拉伯数字1开始编号。通过type属性可以指定有序列表编号的样式，取值方式有如下几种：

✧ “1”代表阿拉伯数字（1，2，3，…）；

✧ “a”代表小写字母（a，b，c，…）；

✧ “A”代表大写字母（A，B，C，…）；

✧ “i”代表小写罗马数字（i，ii，iii，…）；

✧ “I”代表大写罗马数字（I，II，III，…）。

还可以通过start属性指定列表序号的开始位置。例如，start="5"表示从5开始编号。

2. 无序列表

无序列表与有序列表不同，无序列表每一项的前缀显示的是图形符号，而不是编号。

在HTML中，应用<ul>标签实现无序列表。

无序列表的语法格式如下：

```
<ul>
    <li>  …  </li>
    …
</ul>
```

其中，每一个列表项<li>要嵌入在<ul>...</ul>之间，使用方式基本与有序列表一致；type属性用于设置列表的图形前缀，取值可以是circle（圆）、disc（点）、square（方块）、none等类型；当省略type属性时，大部分浏览器默认是disc类型。

3. 定义列表

定义列表是一种特殊列表，将项目与描述成对显示，使用<dl>标签来实现。

```
<dl>
    <dt>  …  </dt>
    <dd>  …  </dd>
    …
</dl>
```

其中，一个定义列表中可以包含1 ~ n个子项；每一子项都由两部分构成：标题（dt）和描述（dd），且成对出现；<dt>...</dt>标签用于存放标题内容；<dd>...</dd>标签用于存放描述内容。

有序列表、无序列表和定义列表是可以相互嵌套使用的。

实例 2.2 有序列表、无序列表和定义列表是可以相互嵌套使用的。试设计一个网页，包含这三种列表标签。

操作过程：

在本网页的设计中，采用代码编写方法。打开Dreamweaver，新建一个HTML5文档，保存为“实例2.2-列表网页.html”，在代码视图中输入下列代码，完成网页设计：

实例 2.2- 列表网页 .html 的核心代码：

```
<!doctype html>
<html>
<head>
    <meta charset="utf-8">
    <title>列表</title>
</head>
<body>
    <h3>线上学习资源介绍</h3>
    <hr>
    <dl>
```

```
        <dt>RUNOOB.COM（一）</dt>
        <dd>
            <ol type="1">
                <li>HTML/CSS
                    <ul type="circle">
                        <li>HTML</li>
                        <li>HTML5</li>
                        <li>CSS</li>
                        <li>CSS3</li>
                    </ul>
                </li>
                <li>JavaScript</li>
                <li>服务端</li>
                <li>数据库</li>
                <li>移动端</li>
            </ol>
        </dd>
        <dt>RUNOOB.COM（二）</dt>
        <dd>
            <ol type="1" start="6">
                <li>XML教程</li>
                <li>ASP.NET</li>
                <li>Web Service</li>
                <li>开发工具</li>
                <li>网站建设</li>
            </ol>
        </dd>
        <dt>W3school.com.cn</dt>
        <dd>
            <ul type="square">
                <li>HTML</li>
                <li>XHTML</li>
                <li>HTML5</li>
                <li>CSS</li>
                <li>CSS3</li>
                <li>TCP/IP</li>
            </ul>
        </dd>
    </body>
</html>
```

列表网页浏览效果如图2-10所示。

2.2.7 <marquee>标签

<marquee>标签是双标签，控制文本的滚动方向。基本语法格式如下：

```
<marquee>滚动对象</marquee>
```

在默认情况下，页面效果是对象从右至左循环滚动。可以设置一些属性，控制文本的滚动。例如，要控制滚动的速度，需要设置scrollamount属性（对象滚动步进像素间距）；要定义滚动区域大小及背景颜色，需要设置width、height及bgcolor属性。

在网站首页中，通常含有向上滚动的新闻，此时除了需要设置大小属性外，还需设置方向属性，即direction="up"。当鼠标经过时会停止滚动，这是通过定义marquee对象的事件及事件处理方法实现的。

如果将<marquee>标签嵌入表格的单元格标签内，此时对象就在单元格内滚动。另外，在<marquee>和</marquee>之间定义的滚动对象，除了文字外，还可以是一组图片（电影胶片效果）。

<marquee>标签还有align等属性。

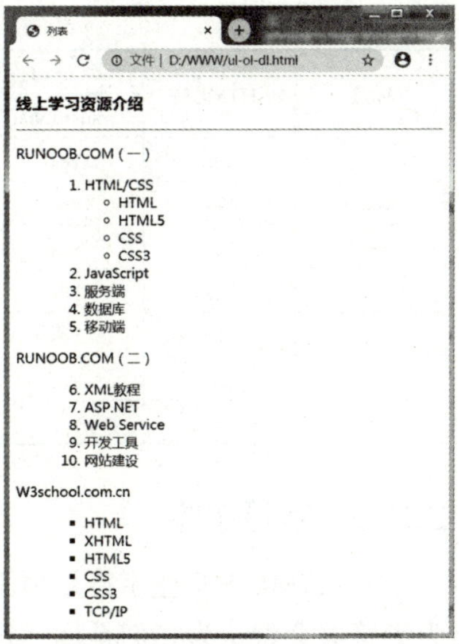

图 2-10　列表网页浏览效果

2.2.8　文本格式标签

在网页中有时需要为文本文字设置粗体、斜体或下划线、删除线等效果，这时就需要应用到文本格式标签，使文字以特殊方式显示。文本格式化标签见表2-2。

表 2-2　文本格式化标签（部分）

标签	HTML5	HTML 4.01 / XHTML 1.0			XHTML 1.1	用法说明
		Transitional	Strict	Frameset		
<abbr>	Yes	Yes	Yes	Yes	Yes	定义缩写
<b>	Yes	Yes	Yes	Yes	Yes	定义粗体字
<big>	No	Yes	Yes	Yes	Yes	定义大号字
cite	Yes	Yes	Yes	Yes	Yes	定义引用（citation）
code	Yes	Yes	Yes	Yes	Yes	定义计算机代码文本
<del>	Yes	Yes	Yes	Yes	No	定义被删除文本
<dfn>	Yes	Yes	Yes	Yes	Yes	斜体，定义特殊术语或短语
<dir>	No	Yes	No	Yes	No	定义目录列表，不推荐使用
<em>	Yes	Yes	Yes	Yes	Yes	斜体，强调文本
<i>	Yes	Yes	Yes	Yes	Yes	斜体，强调文本
<ins>	Yes	Yes	Yes	Yes	No	定义被插入文本
<kbd>	Yes	Yes	Yes	Yes	Yes	定义键盘文本
<q>	Yes	Yes	Yes	Yes	Yes	定义短引用，渲染时添加引号
<rp>	Yes	No	No	No	No	浏览器不支持 ruby，显示内容
<rt>	Yes	No	No	No	No	定义 ruby 注释的解释
<ruby>	Yes	No	No	No	No	定义 ruby 注释
<s>	Yes	Yes	No	Yes	No	加删除线的文本，不推荐使用
<samp>	Yes	Yes	Yes	Yes	Yes	定义计算机代码样本
<small>	Yes	Yes	Yes	Yes	Yes	定义小号文本
<strike>	No	Yes	No	Yes	No	加删除线的文本，不赞成使用

续表

标签	HTML5	HTML 4.01 / XHTML 1.0			XHTML 1.1	用法说明
		Transitional	Strict	Frameset		
<strong>	Yes	Yes	Yes	Yes	Yes	粗体，重要文本
<sub>	Yes	Yes	Yes	Yes	Yes	定义下标文本
<sup>	Yes	Yes	Yes	Yes	Yes	定义上标文本
<track>	Yes	No	No	No	No	定义用在媒体播放器中文本轨道
<tt>	No	Yes	Yes	Yes	Yes	定义打字机文本
<u>	No	Yes	No	Yes	No	定义下划线文本，不赞成使用
var	Yes	Yes	Yes	Yes	Yes	定义文本的变量部分

2.2.9 字符实体

在HTML中某些字符是预留的。例如，文本元素不能使用小于号（<）和大于号（>），这是因为浏览器会误认为它们是标签符号。为了正确地显示预留字符、使用HTML标签语法中的某些字符作为普通文本，HTML为这些特殊字符准备专门的替代代码（字符实体），见表2-3。

表2-3　字符实体（部分）

字符实体	描　述	字符的代码	字符实体	描　述	字符的代码
	空格符		±	正负号	±
<	小于号	<	×	乘号	×
>	大于号	>	÷	除号	÷
&	和号	&	^{1}	上标 1（superscript 1）	¹
¥	人民币	¥	^{2}	上标 2（superscript 2）	²
©	版权	©	^{3}	上标 3（superscript 3）	³
®	注册商标	®	‹	单左角引号	‹
°	摄氏度	°	›	单右角引号	›

2.2.10 HTML颜色

颜色由红色（red）、绿色（green）、蓝色（blue）三种基色混合而成，简称RGB。每种颜色的最小值是0（十六进制为#00），最大值是255（十六进制为#FF）。

如果需要使用颜色，则需要使用十六进制颜色值来表示，它是以"#"打头的6位十六进制数。例如，"#FF0000"表示red（红色）颜色。请注意，"#FF0000"可以简写为"#F00"。

常用的十六进制颜色值可以用颜色名来表示。在HTML 4.0标准中，仅支持16种颜色名，它们具体是aqua、black、blue、fuchsia、gray、green、lime、maroon、navy、olive、purple、red、silver、teal、white和yellow。HTML5支持更多的颜色名集合。

在CSS中，标签背景和文本的颜色还可以使用与十六进制颜色值等效的rgb()形式。表2-4给出了九种常用颜色的表示形式。

表 2-4　十六进制颜色值及其等效的 rgb() 形式（部分）

颜色（Color）	颜色十六进制（Color HEX）	颜色 RGB（Color RGB）
	#000000	rgb(0,0,0)
	#FF0000	rgb(255,0,0)
	#00FF00	rgb(0,255,0)
	#0000FF	rgb(0,0,255)
	#FFFF00	rgb(255,255,0)
	#00FFFF	rgb(0,255,255)
	#FF00FF	rgb(255,0,255)
	#FFFFFF	rgb(255,255,255)
	#C0C0C0	rgb(192,192,192)

提示：①rgb() 的参数是十进制数，且只能作为 CSS 样式属性值，而不能作为标签属性值。②rgba() 除了表示基本色的三个参数外，还可以有第四个参数，表明不透明度。例如，rgb(0,0,0,0.5) 表示黑色的不透明度为 0.5。

2.2.11　背景属性设置实例

在网页设计中，常常要对一些 HTML 标签设置背景图片与背景颜色，增强网页的表现效果。

实例 2.3 设计一个网页，设置<body>标签的背景图像、<p>标签和<span>标签的背景颜色，设置<table>标签的背景颜色、设置<td>标签的背景颜色，设置文本的字体颜色。

操作过程：

在本网页的设计中，采用代码编写方法。准备好背景图片素材，打开 Dreamweaver，新建一个 HTML5 文档，保存为“实例 2.3- 背景和颜色的设置.html”，在代码视图中输入下面的代码，完成网页的设计。

实例 2.3- 背景和颜色的设置 .html 的核心代码：

```
<!doctype html>
<html>
<head>
  <meta charset="utf-8">
  <title>背景与颜色的设置</title>
  <style type="text/css">
  p {background-color: #FF9933;}
  span {background-color: #FF9933;}
  body {background-image: url(Pics/hhl-00.jpg);
  background-repeat:no-repeat;
  background-size:cover;
```

```
  font-size: 24px;
}
 table {background-color: #FF9966;}  <!-- 设置表格背景颜-->
  </style>
</head>
<body>
  <p>&lsaquo;p&rsaquo;标签的背景颜色（橙色）和默认宽度&lsaquo;/p&rsaquo;</p>
  <span>&lsaquo;span&rsaquo;标签背景颜色&lsaquo;/span&rsaquo;和&lsaquo;span&rsaquo;默认宽度&lsaquo;/span&rsaquo;</span><br>
  <br>
  <table>  <!-- 表格标签，背景颜色在内嵌式样式表中设置-->
    <tr>  <!-- 表格的行标签，第1行-->
      <td>2行3列的表格(背景橙色)<br>1行1列单元格,不设置背景色</td><!-- 表格单元格标签-->
      <td bgcolor="#FFFF00">1行2列单元格,背景颜色黄色</td> <!--背景色以属性方式设置-->
      <td bgcolor="#66FFFF">1行3列单元格,背景颜色青色</td>
    </tr>
    <tr>  <!-- 表格的第2行-->
      <td bgcolor="#66FFFF">2行1列,文本默认左对齐</td><!-- 不设置文本对齐，默认左对齐-->
      <td align="center" bgcolor="#AAAA00">文本居中对齐</td>
      <td align="right">2行3列,文本设置右对齐</td>
    </tr>
  </table>
</body>
</html>
```

网页的浏览效果如图2-11所示。

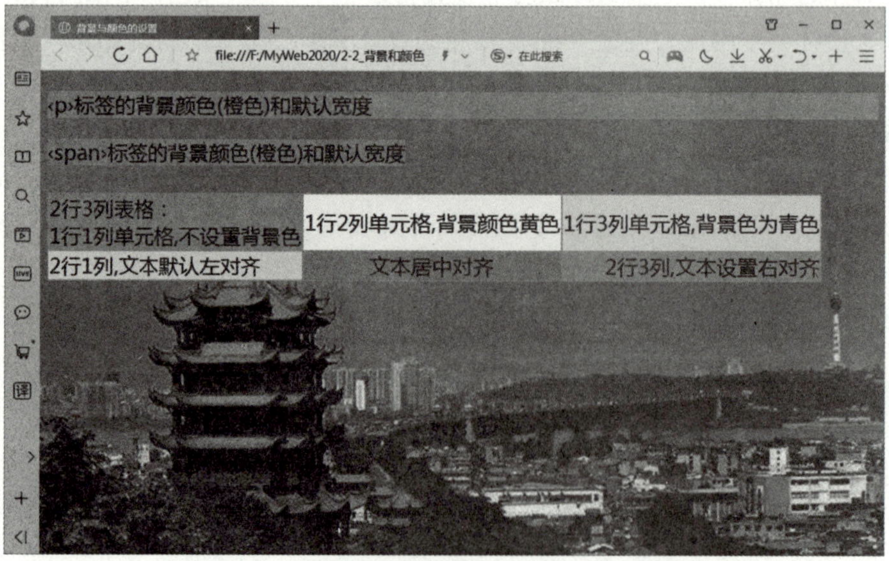

图2-11　设置标签背景和文本颜色的浏览效果

探讨：在图2-11中，<p>标签、<span>标签和<table>标签的水平宽度不一样，由此能够总结出什么规律？

2.3 项目实践3：图册网页设计

项目描述

某出版社每个学期都会去各高校展出图书。试选用一些图书图片，设计一个教师节出版社图书展网页，要求页面布局简洁。

视频

项目实践3

软件环境

Windows 10、Dreamweaver 21.2、Photoshop、Edge、Chrome。

设计指导

（1）准备素材。选择色差较大的图片，如果图片四周有白色，应用图像工具将其裁剪掉，将处理好的文件保存到专用文件夹中。

（2）新建站点和文件。打开Dreamweaver，新建站点后创建一个新网页文件，文档类型为HTML5，文件保存为“项目实践3-教师节出版社图书展.html”。

（3）选择拆分视图进行设计。在视图窗口中，输入“教师节出版社图书展”后，在属性面板的格式下拉框中选择“标题1”。然后在插入面板（对象面板）上，单击“水平线”按钮，插入水平线（见图2-12），或者切换到代码窗口中，直接输入水平线标签“<hr>”。

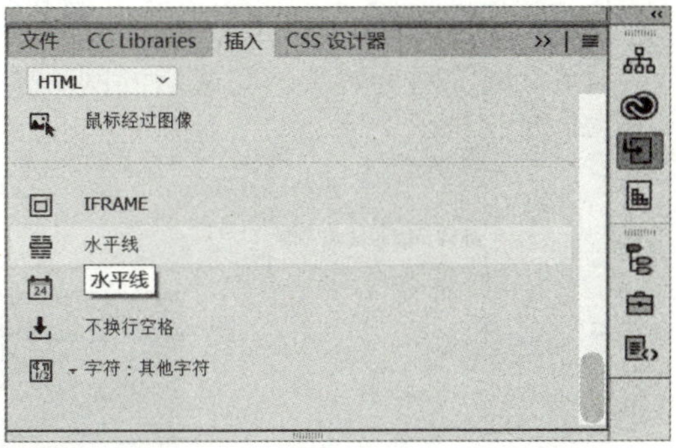

图 2-12　Dreamweaver 的插入面板（对象面板）

（4）插入图片。在插入面板上单击“图像”按钮，在“选择图像源文件”对话框中，找到希望插入的图片后，单击“确定”按钮。如果图片在站点外，会弹出图2-13所示的对话框，单击“是”按钮，将站点外的图片复制到站点内的文件夹中。反复操作，插入完成第一组图片后，然后插入水平线，再插入第二组图片。

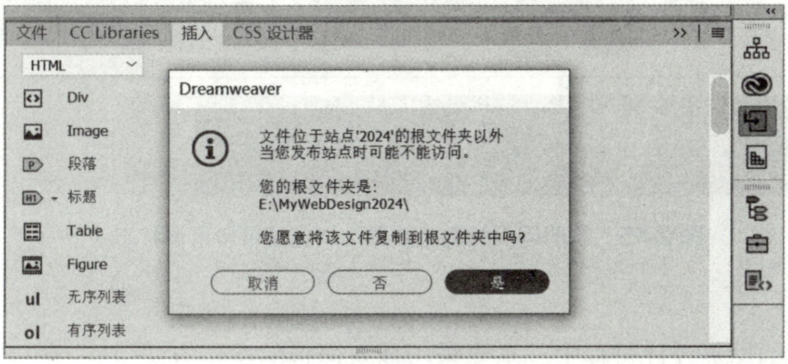

图 2-13　提示对话框

（5）整理代码格式。按照图2-14整理代码的格式，即第一组每个<img>标签各占一行，第二组<img>标签连续书写，两个<img>标签之间不要留任何空白，最后保存文件。

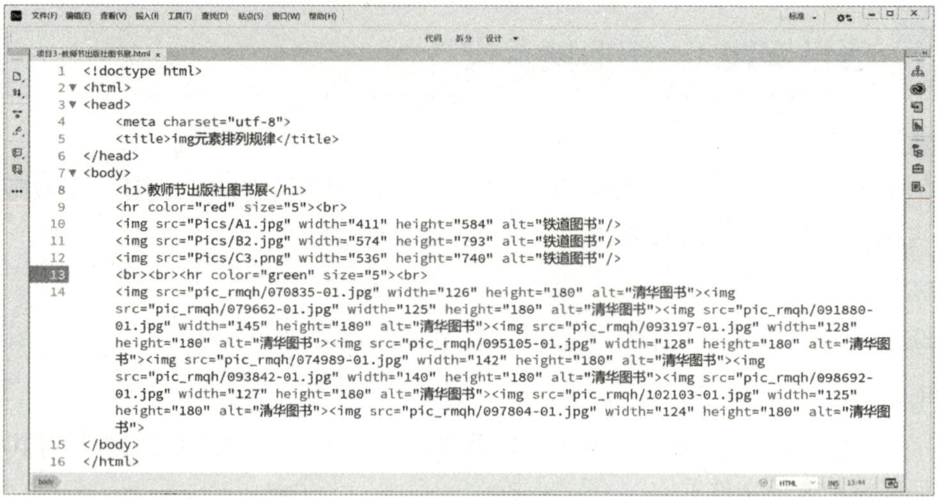

图 2-14　图册网页的编辑界面

（6）浏览网页效果。完成后的网页效果如图 2-15 所示。

图 2-15　图册网页的浏览效果（浏览器窗口可调状态）

项目总结

（1）在本项目的网页设计过程中，主要采用插入面板的操作方法。

（2）在第一组图片中，图片和图片之间存在空白间隙，在第二组图片中，图片和图片之间没有空白间隙。这与代码的排版有关，具体见图 2-14 所示的代码排版规律。

（3）<img>元素与文本元素一样，在默认情况下，从左到右依次排列，最右边剩下的空间如果比图片小，哪怕只是小 1 px，该图片都会换行、排列到下一行显示，并且在上下两行之间会有空白间隙存在（XHTML 或 HTML 4.01 文档没有间隙）。

（4）如果图片的高度不一，在默认情况下，以图片的底边对齐。

（5）对整个图片可以设置超链接，指向目标地址。

2.4 图册网页设计应用的标签

图册网页设计主要涉及图像标签和常用的容器类标签，下面主要介绍这些标签的具体用法。

2.4.1 <img>标签

<img/>或<img>标签是单标签，它只包含属性，没有闭合标签，用来定义网页中的图像。

应用<img>标签的语法格式如下：

```
<img src="图像url"  width="图像宽度"  height="图像高度"  alt="文本"/>
```

1. src属性

<img> 标签用来向网页中嵌入一幅图像，但<img> 标签并不会在网页代码中插入图像，而是在网页中链接该图像。<img> 标签创建的是被引用图像的占位空间。

要在页面上显示图像，需要使用<img>标签的源属性 src（src 表示 source），src 属性规定显示图像的 URL，即源属性的值是图像的 URL 地址（存储图像的位置）。

例如，如果名为“pulpit.jpg”的图像位于 www.runoob.com 的 images 目录中，那么其绝对 URL 为“http://www.runoob.com/images/pulpit.jpg”；如果该图像位于站点的 Pics 文件夹中，那么其相对 URL 为“Pics/pulpit.jpg”。

浏览器将图像显示在文档中图像标签<img>出现的地方。例如，如果将图像标签置于两个段落之间，那么浏览器会首先显示第一个段落，然后显示图片，最后显示第二段。

2. alt属性

<img>标签的 alt 属性规定图像的替代文本，替换文本属性的值是用户定义的。例如：

```
<img src="boat.gif" alt="Big Boat">
```

在浏览器无法载入图像时，浏览器将显示这个替代性的文本而不是图像。替换文本属性告诉浏览者失去图像的相关信息。

在设计网页时，要注意插入页面图像的路径，如果不能正确设置图像的位置，浏览器无法加载图片，图像标签就会显示一个破碎的图片。

3. width属性和height属性

width（宽度）与 height（高度）属性用于设置图像的高度与宽度，属性值的默认单位为像素。

在应用 Dreamweaver 面板操作方法插入图像时，图像的宽度和高度属性值会默认按照图像的原始大小自动加入代码中。如果对图像指定了高度和宽度，页面加载时就会保留指定的尺寸。

请注意： 如果不锁定图像宽度和高度的比例，任意设置图像的宽度和高度，那么就会显示出变形的图像效果。

探讨：在<p>标签中插入一幅图片，网页浏览的效果是什么样的？如果<p>标签设置了宽度和高度属性，网页浏览的效果又是什么样的？

表2-5给出了<img>标签的可选属性。

表2-5 <img>标签的可选属性

属性	值	描述
align	top, bottom, middle,left, right	规定如何根据周围的文本来排列图像。不推荐使用
border	pixels	定义图像周围的边框。不推荐使用
height	pixels, %	定义图像的高度
hspace	pixels	定义图像左侧和右侧的空白。不推荐使用
ismap	URL	将图像定义为服务器端图像映射
longdesc	URL	指向包含长的图像描述文档的 URL
usemap	URL	将图像定义为客户器端图像映射
vspace	pixels	定义图像顶部和底部的空白。不推荐使用
width	pixels, %	设置图像的宽度

提示：在HTML 4.01中，不推荐使用image元素的align、border、hspace及vspace属性，在XHTML 1.0 Strict DTD中，不支持image元素的align、border、hspace及vspace属性。

4. 图片格式

<img>标签支持的图像格式有jpg/jpeg、gif和png等，不支持元图bmp格式。

提示：将图片设置为背景时，图片文件名中不能有中英文括号，如timg（01）.jpg，否则在网页浏览时不会显示。

探讨：在网页中插入一幅图片（不是背景），怎样使图片在网页中居中？

2.4.2 <map>和<area>标签

<map>标签用于客户端图像映射。图像映射是指一幅图像带有可单击的区域。<area>标签定义图像的映射区域。<area>元素始终嵌套在<map>标签内部。

<img>中的usemap属性引用<map>中的id或name属性（取决于浏览器），所以应同时向<map>添加id和name属性。

实例 2.4 图2-16展示的是一个艺术型网页（主页），试在网页上制作导航链接。

操作过程：

在Dreamweaver中打开网页“实例2.4-艺术型网站主页.html”，在属性面板上单击“绘制椭圆热点”按钮，画一个圆，将“沙龙岛图标”完全覆盖，在属性面板“链接”右边的文本框中，输入要链接的网页；单击“绘制矩形热点”按钮，在“中文版”图标附近，画一个矩形，将“中文版”图标完全覆盖，并在属性面板上输入要链接的网页。按照同样的方法，在导航栏目区域，绘制7个矩形热点，并输入相应的链接网页，这样就做好了网页的导航链接。

图 2-16　艺术型网站主页导航栏目的制作

实例 2.4- 艺术型网站主页 .html 的核心代码：

```
<!doctype html>
<html>
<head>
  <meta charset="utf-8">
  <title>图像热点的导航设计</title>
</head>
<body>
  <img src="Pics/SP-00.jpg" width="1024" height="565" usemap="#Map">
  <map name="Map">
  <area shape="circle" coords="191,80,73" href="#index_salon.html" target="_blank">
  <area shape="rect" coords="776,459,885,496" href="#index_English.html" target="_blank">
  <area shape="rect" coords="776,424,885,461" href="#index_chinese.html" target="_blank">
  </map>
</body>
</html>
```

提示：<img>标签中的usemap属性与<map>标签中的name属性相关联，以创建图像与映射之间的关系。

2.4.3　<table>、<tr>和<td>标签

<table>、<tr>和<td>标签是嵌套的组合标签，不单独使用而是一起使用，用来定义HTML表格。<table>、<tr>和<td>标签都是双标签。

简单的HTML表格由<table>元素及一个或多个<tr>和<td>元素嵌套组成，<table>界定表格的范围，<tr>元素定义表格的行，<td>元素定义表格的单元格（列）。

应用<table>、<tr>和<td>标签的语法格式如下：

```
<table
    <tr><td> 文本 </td>...<td> 文本 </td></tr>
    ...
    <tr><td> 文本 </td>...<td> 文本 </td></tr>
</table>
```

如果表格有表头，那么第一行的所有<td>标签应用<th>标签来代替。

更复杂的HTML表格也可能包括<caption>、<col>、<colgroup>、<thead>、<tfoot>及<tbody>元素。

在网页中使用表格可以将数据有效地组织在一起，并以网格的形式进行显示。此外，应用表格对简单的网页或网页的局部进行布局，非常简便。图2-17是应用表格对小说目录的布局效果，图2-18是应用表格对图册进行布局的效果。

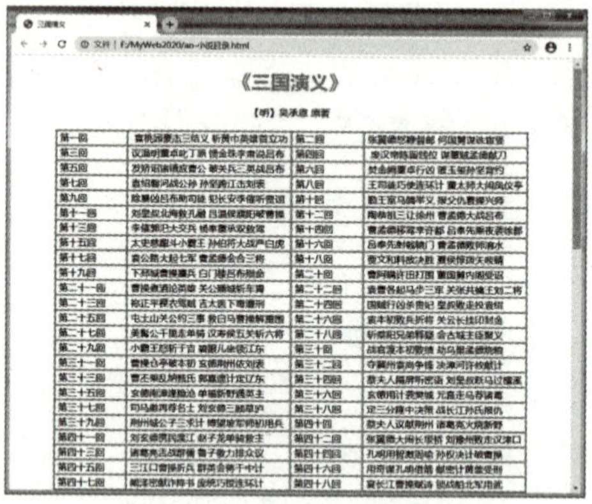

图 2-17 小说目录网页

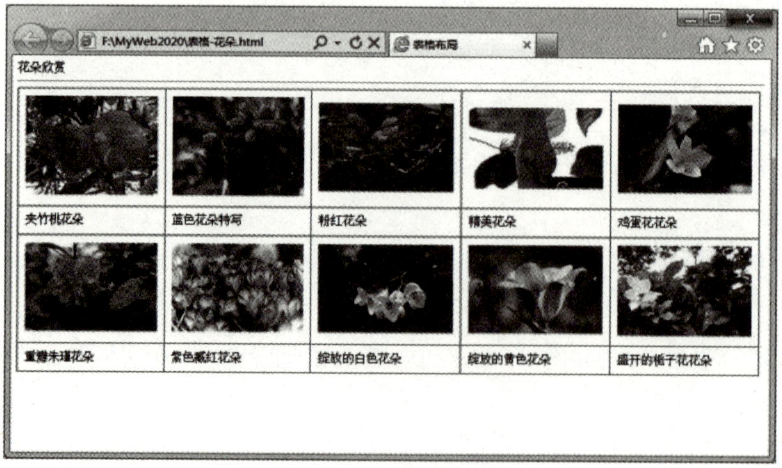

图 2-18 花朵图册网页

1. <table>的属性

表格的常用属性有宽度、高度、边框、背景颜色和对齐方式等，具体见表2-6。在网页设计中，通常在<table>标签中书写属性的设置，也可以写在CSS中。

表 2-6　table 常用属性

属　性	值	描　述
align	left，center，right	相对周围元素对齐方式，宜用样式代替
bgcolor	rgb(x,x,x)，#xxxxxx，colorname	规定表格的背景颜色
border	pixels	规定表格边框的宽度
cellpadding	pixels，%	规定单元边沿与其内容之间的空白
cellspacing	pixels，%	规定单元格之间的空白
frame	void，above，below，hsides，lhs，rhs，vsides，box，border	规定外侧边框的哪个部分是可见的
height	%，pixels	规定表格的高度
rules	none，groups，rows，cols，all	规定内侧边框的哪个部分是可见的
summary	text	规定表格的摘要
width	%，pixels	规定表格的宽度

请注意： 属性 cellpadding 表示单元格边界与单元格内容之间的距离，cellspacing 表示单元格与单元格之间的距离。

2. <tr>的属性

表格由一行或多行组成，一行可以包含一个或多个单元格，即<tr>元素包含一个或多个<th >或<td>元素。除单元格有合并的情况外，表格每行的单元格标签个数一般是相等的。对表格行进行属性设置，该行所有单元格就具备同样的属性。表 2-7 是行标签的常用属性。

表 2-7　行标签的常用属性

属　性	值	描　述
align	right，left，center，justify，char	定义表格行的内容对齐方式
bgcolor	rgb(x,x,x)，#xxxxxx，colorname	规定表格行的背景颜色，宜用样式代替
char	character	规定根据哪个字符来进行文本对齐
charoff	number	规定第一个对齐字符的偏移量
valign	top，middle，bottom，baseline	规定表格行中内容的垂直对齐方式

3. <td>的属性

单元格是表格的基本单元，通过<td>和<th>标签来创建。所有的文本元素就是放在单元格标签中的。可以对单元格的属性进行设置，表 2-8 是常用的单元格属性。

表 2-8　单元格标签的常用属性

属　性	值	描　述
align	left，right，center，justify，char	规定单元格内容的水平对齐方式
bgcolor	rgb(x,x,x)，#xxxxxx，colorname	规定单元格的背景颜色，宜用样式代替
colspan	number	规定单元格可横跨的列数
height	pixels，%	规定表格单元格的高度。宜用样式代替
nowrap	nowrap	规定单元格中的内容是否换行，宜用样式代替
rowspan	number	规定单元格可横跨的行数
valign	top，middle，bottom，baseline	规定单元格内容的垂直排列方式
width	pixels，%	规定表格单元格的宽度，宜用样式代替

请注意： 单元格的水平跨度 colspan 是指表格内的某个单元格在水平方向上跨越单元格的列数，垂直跨度 rowspan 是指单元格在垂直方向上跨越单元格的行数。

探讨： 在<table>、<tr>和<td>标签中，都可以设置颜色，当它们设置不同的颜色时，网页会是什么效果？

2.5 项目实践4：图文网页设计

项目描述

选用《西游记》中三打白骨精的故事，设计图文并茂的连环画网页，要求排版工整、美观。

视频

项目实践4

软件环境

Windows 10、Dreamweaver 21.2、Photoshop、Edge、Chrome。

设计指导

（1）素材准备。对小说的文本进行加工，将故事划分为若干场景，文字表述做到精简紧凑；再根据场景准备好配图。

（2）新建站点和文件。打开Dreamweaver，新建站点后创建一个新网页文件，文档类型为HTML5，文件保存为“项目实践4-连环画网页.html”。

（3）首先在<body></body>中插入一对<div class="box"></div>进行页面的整体布局，设置其宽度为图片的宽度，设置边框线（便于看清效果），设置在网页中居中。

（4）应用嵌套的<div id="b01"> <div></div> <div></div> </div>，将故事的封面和文字放进去。

（5）应用嵌套的<div id="b02"> <span></span> </div>，将故事第1段的图片和文字放进去。

（6）应用嵌套的<dl id="b03"> <dt></dt> <dt></dt> </dl>，将故事第2段的图片和文字放进去。

（7）应用嵌套的<div id="b04"> <p></p> </div>，将故事第3段的图片和文字放进去。

（8）应用嵌套的<figure id="b05"> <figcaption></figcaption> </figure>，将故事第4段的图片和文字放进去。

（9）应用嵌套的<dl id="b06"> <dt></dt> <dd></dd> </dl>，将故事第5段的图片和文字放进去。

（10）故事第6段至结束，应用嵌套的<div> <span></span> </div>，将图片和文字放进去。

（11）测试修改，保存文件。

项目实践 4- 连环画网页 .html 的核心代码：

```
<!doctype html>
<html>
<head>
   <meta charset="utf-8">
   <title>《西游记》选</title>
   <style type="text/css">
      div.box {
         width: 691px;  border: 1px solid #f00;  text-align: left;
```

```
            margin-top: 0px;  margin-right: auto;  margin-bottom: 0px;  margin-left: auto;
        }
    </style>
</head>
<body>
    <div class="box">
    <div id="b01">
        <div><img src="pic/u=296940508,3433333292&fm=173&app=25&f=JPEG.jpg" width="691" height="800"></div>
        <div style="text-align:center;">《西游记》选</div>
    </div>
    <br>
    <div id="b02">
        <img src="pic/u=3424212723,1628815047&fm=173&app=25&f=JPEG.jpg" width="691" height="800">
        <span>1.唐僧师徒四人去西天取经......顺便采撷些野果给大家吃。</span>
    </div>
    <dl id="b03">
        <dt><img src="pic/u=2555253221,3776835105&fm=173&app=25&f=JPEG.jpg" width="691" height="800"></dt>
        <dt>2.此山上的妖精白骨精听说吃了唐僧肉能长生不老......碰得白骨精眼冒金星。</dt>
    </dl>
   <div id="b04">
        <img src="pic/u=148273152,3607796860&fm=173&app=25&f=JPEG.jpg" width="691" height="800"><br>
        <p>3.那妖精没有办法......让她到山上寺庙里去送斋。</p>
    </div>
    <figure id="b05">
        <img src="pic/144703674_5_20180919114527473.jpg" width="691" height="896">
        <figcaption>4.师徒三人正要跟那女子去寺庙......悟空随后便追。</figcaption>
    </figure>
    <dl id="b06">
        <dt><img src="pic/144703674_6_20180919114527582.jpg" width="691" height="888"></dt>
        <dd>5.见出了人命......老妇应声倒下，死了。</dd>
    </dl>
    <div>
        <img src="pic/144703674_7_20180919114527785.jpg" width="691" height="904"><br>
        <span>6.白骨精仍不甘心......倒地乱滚。</span>
    </div>
    ......
    <div>

        <img src="pic/144703674_13_20180919114528848.jpg" width="685" height="888">
        <span>12.唐僧羞愧万分......继续向前。</span>
    </div>
    </div>
</body>
</html>
```

（12）网页浏览的效果如图 2-19 所示。

图 2-19　网页浏览效果（部分截图，分成左、中、右三列显示）

项目总结

（1）在本项目的网页设计过程中，采用了多种合适的标签组合进行故事块的设计。

（2）标签不同，效果略有差别。

（3）标签组 <figure>... <figcaption>...</figcaption> </figure> 默认将内容左边留白。

（4）标签组 <dl> <dt>...</dt> <dd>...</dd> </dl> 中的 <dd>...</dd> 会将内容左边留白。

（5）采用标签组 <div> <img>
 <span></span> </div> 和 <dl> <dt></dt> <dt></dt> </dl> 效果更佳。

2.6 图文网页设计应用的标签

图文网页含有图像和文本等界面元素。图文网页设计主要涉及图像、文本和布局的容器类标签，下面主要介绍这些标签的具体用法。

2.6.1　<div>标签

<div>标签是双标签，默认情况下没有任何格式、没有特定的含义，属于块级元素（block-level）。通常用来定义文档中的区域、分区或节（division/section）。

在HTML中，<div>标签被定义为一个块级元素，这意味着它会独占一行，并在其前后自动添加换行符，从而形成一个独立的区域。在Dreamweaver的设计视图中，<div> 标签用虚线框标识出来了，这对设计十分有益，如图2-20所示。

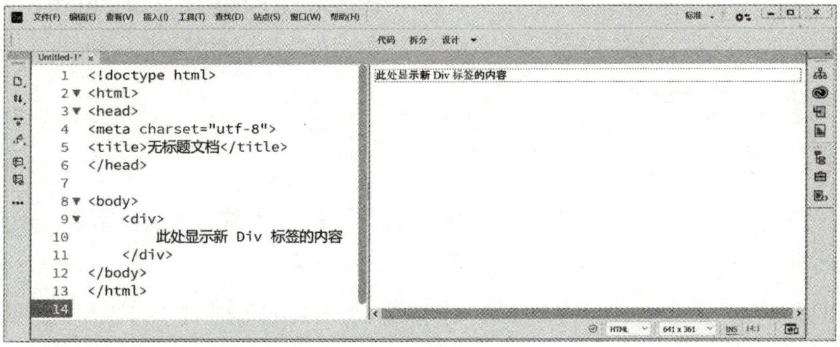

图 2-20　设计视图中的 <div> 标签

可以对<div>标签可以进行字体大小、字体颜色、背景、边框、宽度和高度等样式设置。

<div>标签一般当作容器来使用，其内可以嵌套<p>标签、<span>标签等，也可以直接插入文本和<img>标签。其应用场景一般如下：

（1）页面布局：利用<div>标签可以创建页面的主要结构，如页眉、页脚、侧边栏和内容区域。通过CSS样式和布局技术（如浮动、定位、flexbox等），可以轻松地实现各种复杂的页面布局。

（2）内容分组：将相关的内容或元素分组在一起，以便在视觉上形成统一的整体。这有助于提升页面的可读性和用户体验。

（3）样式应用：通过CSS为div元素及其子元素应用特定的样式，如背景色、边框、阴影等。这些样式可以使页面更加美观和具有吸引力。

（4）响应式设计：结合媒体查询和CSS框架（如Bootstrap、Foundation等），使用<div>标签可以创建响应式布局，以适应不同设备和屏幕尺寸。

<div> 标签之间可以相互嵌套使用。为了区分不同层次的<div> 标签，有必要用 id 或 class 来标记不同的 <div>标签，该标签的作用会变得更加有效。如果某个<div>标签不需要单独设置任何样式，也不必为其加上id 或 class。

例如，下面的代码表示了<div>标签的一般用法：

```
<body>
    <div id="box">
         <div class="Header">
                <span class="s01">...</span><br>
                <span class="s02">...</span>
         </div>
         <div class="Article">
```

```
                <div> <span class="s01">...</span> </div>
                p> <img src="..."/> </p>
                <span class="s02">...</span><br>

          </div>
          <div class="Footer">...</div>
      <div>
   </body>
```

在HTML5中，出现了一些新的语义标签，如<header>、<nav>、<section>、<article>、<aside>和<footer>标签等，它们可以用来代替<div>标签，使用语义更加明确。例如，用<header>标签代替<div class = "Header">就比较好。

2.6.2 <figure>标签

<figure>与<figcaption>标签是嵌套的组合标签，用来定义独立的流内容（图像、图表、照片、代码等）。<figure>与<figcaption>标签都是双标签。

<figure>元素的内容应该与主内容相关，同时元素的位置相对于主内容是独立的。如果被删除，则不应对文档流产生影响。

<figcaption>元素被用来为<figure>元素定义标题。

<figure>与<figcaption>标签默认是有左边距（空白）的，两者左边是对齐的，右边则与父容器的设置有关。

2.6.3 <a>标签

<a>标签是双标签，通常用来定义超链接，用于从一个页面链接到另一个页面。应用<a>标签的语法格式如下：

```
<a href="URL" target="目标窗口"> 文本 </a>
```

<a>标签最重要的属性是href属性，它指定链接的目标。在所有浏览器中，链接的默认外观如下：

（1）未被访问的链接带有下划线而且是蓝色的。

（2）已被访问的链接带有下划线而且是紫色的。

（3）活动链接带有下划线而且是红色的。

例如，下面的代码：

```
<a href="http://www.artsdome.com/sgyy/001.htm" target="目标窗口">
      宴桃园豪杰三结义 斩黄巾英雄首立功</a>
```

表示单击文本“宴桃园豪杰三结义 斩黄巾英雄首立功”可以链接到网站的页面上，在新窗口中显示页面。

提示：①如果没有使用href属性，则不能使用hreflang、media、rel、target及type属性。②通常在当前浏览器窗口中显示被链接页面，除非规定了其他target。③应使用CSS来改变链接的样式。

在HTML 4.01中，<a>标签既可以是超链接，也可以是锚；但在HTML5中，<a>标签是超链接，假如没有href属性，它仅仅是超链接的一个占位符。

HTML5有一些新的属性，同时不再支持一些HTML 4.01的属性。<a>标签的常用属性见表2-9。

表 2-9 <a>标签的常用属性

属 性	值	描 述
charset	char_encoding	HTML5 不支持。规定目标 URL 的字符编码
coords	coordinates	HTML5 不支持。规定链接的坐标
download	filename	指定下载链接
href	URL	规定链接的目标 URL
hreflang	language_code	规定目标 URL 的基准语言。仅在 href 属性存在时使用
media	media_query	规定目标 URL 的媒介类型。默认值为 all。仅在 href 属性存在时使用
name	section_name	HTML5 不支持。规定锚的名称
rel	alternate, author, bookmark help, license, next nofollow, noreferrer prefetch, prev, search, tag	规定当前文档与目标 URL 之间的关系。仅在 href 属性存在时使用
rev	text	HTML5 不支持。规定目标 URL 与当前文档之间的关系
shape	default, rect circle, poly	HTML5 不支持。规定链接的形状
target	_blank _parent _self _top framename	规定在何处打开目标 URL。仅在 href 属性存在时使用。 _blank：新窗口打开。 _parent：在父窗口中打开链接。 _self：默认，当前页面跳转。 _top：在当前窗体打开链接，并替换当前的整个窗体（框架页）
type	MIME_type	规定目标 URL 的 MIME（multipurpose internet mail extensions) 类型。仅在 href 属性存在时使用

实例 2.5 设计一个篇幅比较长的网页，实现从页首跳到页尾、从页尾返回到页首的效果。

操作过程：

以三国演义小说的目录为素材设计网页，应用<a>标签的name属性设置锚点，再在链接中应用锚点即可。

实例 2.5- 返回页首 .html 核心代码：

```
<!doctype html>
<html>
<head>
  <meta charset="utf-8">
  <title>三国演义 （Artsdome）</title>
</head>
<BODY text=#000000 vLink=#3300cc aLink=#ff0000 link=#0000ee bgColor=#ffffff>
  <P><A name = "pageheader" href = "#pagefooter">跳到目录页尾</A></P>
  <TABLE style="BORDER-COLLAPSE: collapse" borderColor=#111111  width=
750 border=0>
  <TR>
    <TD><H1><FONT face=楷体_GB2312 color=#006699>《三国演义》</FONT></H1>></TD>
  </TR>
  <TR>
    <TD></TD>
  </TR>
```

```
16   <TR>
17 <TD><CENTER><FONT POINT-SIZE="14"><FONT face=宋体>〖</FONT>明<FONT
      face=宋体>〗</FONT>罗贯中 原著</FONT></CENTER></TD>
18   </TR>
19   </TABLE>
20   <HR align=left width=750>
21   <TABLE cellPadding=3>
22   <TR>
23     <TD><FONT POINT-SIZE="12">第 一 回 </FONT></TD>
24 <TD><FONT POINT-SIZE="12"><A href="http://www.artsdome.com/sgyy/001.htm">宴桃园
豪杰三结义 斩黄巾英雄首立功 </A></FONT></TD>
25     <TD><FONT POINT-SIZE="12">第 二 回 </FONT></TD>
26 <TD><FONT POINT-SIZE="12"><A href="http://www.artsdome.com/sgyy/002.htm">张翼德
怒鞭督邮 何国舅谋诛宦竖</A></FONT></TD>
27   </TR>
28   ……
29   </TABLE>
30   <HR align=left width=750>
31   <P><A name = "pagefooter" href = "#pageheader">返回目录页首</A></P>
32   <P><FONT face=Verdana>&copy; Artsdome.com</FONT></P>
33   <!-- Google Analytics Starts Here --><!-- Google Analytics Ends Here -->
34 </BODY>
35 </HTML>
```

实例总结：

在代码的第8行中，锚点名称为name = "pageheader"；在代码的第31行中，链接属性为href = "#pageheader"，单击此处的超链接，就能返回页首。同样，在代码的第31行中，锚点名称为name = "pagefooter"；在代码的第8行中，链接属性为href = "# pagefooter "，单击此处的超链接，就能跳到页尾。效果如图2-21所示。

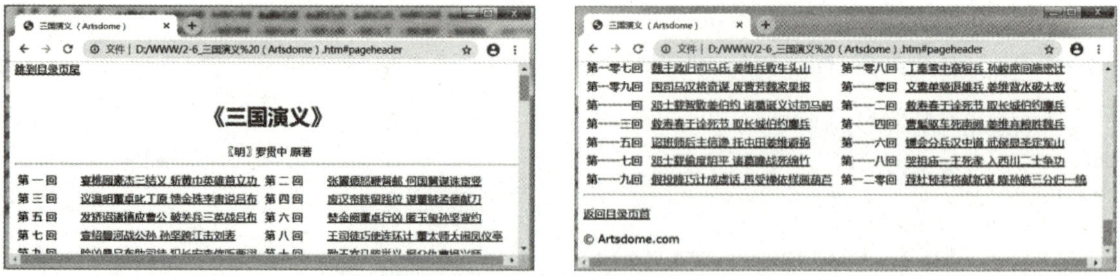

图 2-21 页面内跳动到锚点处

超链接<a>标签除了应用在文本上以外，还可应用在其他界面元素上。

超链接<a>标签应用在图像上的语法格式如下：

```
<a href="URL" target="目标窗口">  <img src="图像URL"/>  </a>
```

超链接<a>标签应用在文件下载的语法格式如下：

```
<a href="下载文件的URL">  下载文件  </a>
```

超链接<a>标签应用在电子邮件上的语法格式如下：

```
<a href="mailto: Email地址" >  写电子邮件  </a>
```

2.7 项目实践5：表单网页设计

项目描述

应用表单元素，设计一个用户注册网页，输入框中有提示。要求排版工整、美观。

视 频

项目实践5

软件环境

Windows 10、Dreamweaver 21.2、Photoshop、Edge、Chrome。

设计指导

（1）新建站点和文件。打开Dreamweaver，新建站点后创建一个新网页文件，文档类型为HTML5，文件保存为"项目实践5-用户注册网页.html"。

（2）选用合适的表单元素设计网页，测试修改，完成后的代码如下：

项目实践 5- 用户注册网页设计 .html 的核心代码：

```
<!doctype html>
<html>
<head>
  <meta charset="utf-8">
  <title>用户注册网页</title>
  <style type="text/css">
        #s1{ width:800px; margin-left:50px; }
        #s2{ font-size:24px; font-weight:bold; text-align:center; width:600px; }
  </style>
</head>
<body>
  <div id="s1">
  <div id="s2">用户注册<hr size="1" noshade="noshade" color="#000000"  align="left"></div>
  <form action="#" method="post">
        <table width="536" border="0">
        <tr>
              <td width="108">用  户  名：</td>
             <td width="418"><input type="text" value="请输入用户名" style="color:#999999"></td>
        </tr>
        <tr>
             <td>设置密码：</td>
             <td><input type="password" id="psw1" ></td>
        </tr>
        <tr>
             <td></td>
             <td style="font-size:12px;color:#999999">6-20个字符，由字母，数字和符号的两种以上组合</td>
```

```
    </tr>
    <tr>
        <td>确认密码：</td>
        <td><input type="password" id="psw2"></td>
    </tr>
    <tr>
        <td>邮箱地址：</td>
        <td><input type="text" value="请输入邮箱地址" style="color:#999999"></td>
    </tr>
    <tr>
        <td>真实姓名：</td>
        <td><input type="text" value="请输入真实姓名" style="color:#999999"></td>
    </tr>
    <tr>
        <td>您的性别：</td>
        <td><input type="radio" name="sex" checked="checked">男
            <input type="radio" name="sex">女</td>
    </tr>
    <tr>
        <td>上传头像：</td>
        <td><input type="file"></td>
    </tr>
        <tr><td>您的手机：</td>
        <td><input type="text" value="请输入您的手机号" style="color:#999999"></td>
    </tr>
    <tr>
        <td>单位名称：</td>
        <td><input type="text" value="请输入单位名称" style="color:#999999"></td>
    </tr>
    <tr>
        <td>单位地址：</td>
        <td>
            <select>
                <option>请选择省份</option>
                <option>湖北省</option>
                <option>北京市</option>
            </select>
            <select>
                <option>请选择城市</option>
                <option>武汉市</option>
                <option>荆州市</option>
                <option>宜昌市</option>
            </select>
            <select>
                <option>请选择县区</option>
                <option>武昌区</option>
                <option>汉口区</option>
                <option>汉阳区</option>
                <option>江夏区</option>
            </select>
```

```
            </td>
        </tr>
        <tr>
            <td>您的爱好：</td>
            <td><input type="checkbox">读书
                <input type="checkbox">购物
                <input type="checkbox">美食
                <input type="checkbox">影视
            </td>
          </tr>
          <tr>
            <td>其他说明：</td>
            <td><textarea cols="30" rows="3"></textarea></td>
          </tr>
          <tr>
            <td> </td>
            <td><input type="reset" value="重填"><input type="submit" value="提交
"></td>
          </tr>
          </table>
      </form>
      </div>
</body>
</html>
```

（3）网页的浏览效果如图2-22所示。

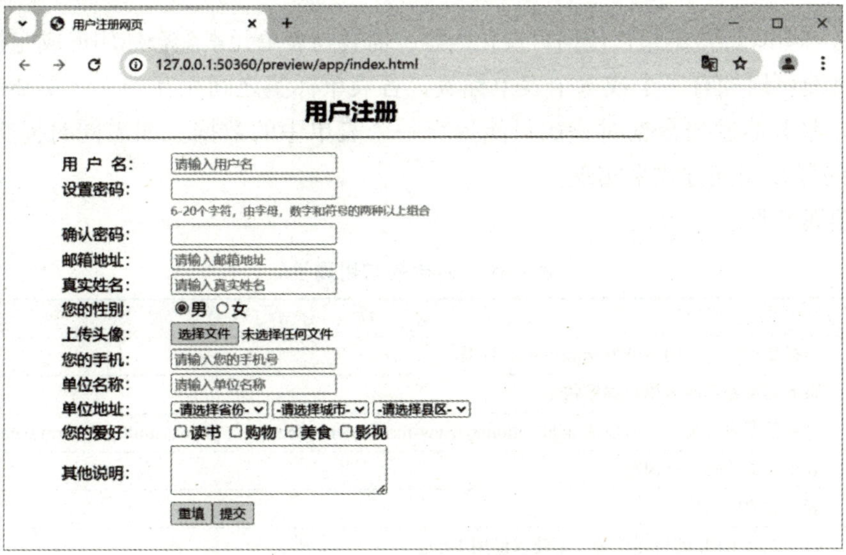

图 2-22　网页的浏览效果

项目总结

（1）在本项目的网页设计过程中，采用多行两列表格进行布局，设计过程简单，页面整洁美观。

（2）<table>...</table>嵌套在<form>...</form>中间使用。

（3）在<form>...</form>中，大部分都是<input type="..." >表单元素。

（4）多个<select>...</select>表单元素分级连用，需要应用JavaScript代码才能显示正确选项。

2.8 表单网页设计应用的标签

表单主要用于收集用户输入或选择的数据，并将其作为参数提交给远程服务器。在表单录入数据后，可通过表单元素（如提交按钮等）将数据传递给服务器端，由服务器接收表单数据并进行处理。将数据提交给服务器后的处理不属于HTML范畴，有兴趣的读者可以另外学习PHP、JSP、ASP或ASP.NET技术。

2.8.1 表单标签<form>

表单是一个包含表单元素的区域。

表单标签<form>用于定义一个完整的表单框架，其内部可包含各式各样的表单元素，表单元素允许用户在表单中输入内容，如文本输入框、密码框、按钮、下拉列表框、单选按钮、复选框等。

表单使用表单标签<form> </form>来进行设置，其语法格式如下：

```
<form action="处理数据程序的URL地址" method="get|post" name="表单名称" … >
        表单元素
        …
</form>
```

说明如下：

（1）单纯的<form>标签不包含任何可视化内容，需要与表单元素配合使用形成完整的表单效果。

（2）一个页面可以拥有一个或多个表单标签，各表单标签之间相互独立，不能嵌套。

（3）用户向服务器发送数据时一次只能提交一个表单中的数据。如需同时提交多个表单，需使用JavaScript的异步交互方式来实现。

表单的常用属性见表2-10。

表2-10 表单的常用属性

属性	描述
action	当提交表单时，向何处发送表单中的数据
accept-charset	服务器可处理的表单数据字符集
enctype	表单数据内容类型，可以为 application/x-www-form-urlencoded、text/plain、multipart/form-data
id	表单对象的唯一标识符
name	表单对象的名称
target	打开处理 URL 的目标位置（不建议使用）
method	规定向服务器端发送数据所采用的方式，取值可以为 get、post
onsubmit	向服务器提交数据之前，执行其指定的 JavaScript 脚本程序
onreset	重置表单数据之前，执行其指定的 JavaScript 脚本程序

其中：

（1）action属性值是Web服务器上数据处理程序的URL地址或者是E-mail地址。

（2）method属性用于设置向服务器发送数据的方法，主要包括get和post两种。

get方法：提交表单数据时，get方法会将表单元素的数据转换为文本形式的参数并直接加URL地址后面，即URL由地址部分和数据部分构成，两者之间用问号“?”隔开，数据以“名称=值”的方式成对出现，且数据与数据之间通过“&”符号进行分割，例如：

```
http://www.itshixun.com/web/login.jsp?userName=admin&userPwd=123456
```

单击“提交”按钮后可以直接从浏览器地址栏看到全部内容。这种方式适用于传递一些安全级别要求不高的数据，并且有传输大小限制，每次不能超过2 KB。

post方法：这种方法传递的表单数据会放在HTML的表头中，将数据隐藏在HTTP的数据流中进行传输，不会出现在浏览器地址栏里，用户无法直接看到参数内容，适用于安全级别相对较高的数据。并且对于客户端而言没有传递数据的容量限制，完全取决于服务器的限制要求。

表单标签默认的提交方式为get方法。

（3）enctype属性用于规定表单数据传递时的编码方式，具有三种属性值：

application/x-www-form-urlencoded：该属性值为enctype属性的默认值，这种编码方式用于处理表单元素中所有的value属性值。

multipart/form-data：这种编码方式以二进制流的方式处理表单数据，除了处理表单元素中的value属性值，也可以把用于上传文件的内容也封装到参数中。该方法适合在使用表单上传文件时使用。

text/plain：这种编码方式主要用于通过表单发送邮件，适用于当表单的action属性值为mailto:URL的情况。

（4）上述这些属性中比较常用的是action和method，用于规定表单数据提交的URL地址及提交方式。其余属性无特殊情况一般可省略直接使用默认值。

2.8.2　输入标签<input>

输入标签<input>是最常用、最重要的表单元素，<input>标签的常见语法格式如下：

```
<input type="输入类型" name="名称" />
```

根据其type属性值的不同可以显示多种表单元素样式，如单行文本框、密码框、单选按钮和复选框等，见表2-11。

表2-11　<input>标签type属性的属性值

类　型	描　　述
text	定义常规文本输入
radio	定义单选按钮输入（选择多个选择之一）
submit	定义提交按钮（提交表单）
password	用于显示密码框，其中字符会被“*”代替

续表

类　型	描　述
checkbox	用于显示复选框
reset	用于显示重置按钮，清除表单中的所有数据
button	用于显示无动作按钮，需要配合 JavaScript 使用
image	用于显示图像形式的按钮
file	用于显示文件上传控件，包括输入区域和浏览按钮
hidden	用于隐藏输入字段

1. 单行文本框text

在<input>标签中，type的属性值text表示单行文本框，用于输入数据。语法格式如下：

```
<input type="text" name="名称"/>
```

在同一个表单中，单行文本框的name属性值必须是唯一的。在大部分浏览器中，单行文本框的宽度默认值为20字符，可以使用<input>标签的size属性重新规定可见字符的宽度，或者使用CSS样式定义该标签的width属性。

默认情况下，单行文本框在首次加载时内容为空，可以为其添加value属性、预设初始文本内容。例如：

```
<input type="text" name="username" value="admin" />
```

2. 密码框password

在<input>标签中，type的属性值password表示单行密码输入框，输入的字符会被密码专用符号所遮挡以保证文本的安全性。语法格式如下：

```
<input type="password" name="名称" />
```

除显示的文字内容效果不一样外，密码框其余特征均与单行文本框相同。

3. 单选按钮radio

在<input>标签中，type的属性值radio表示单选按钮，其样式为一个空心圆形区域，当用户单击该按钮时，会在空心区域中出现一个实心点。语法格式如下：

```
<input type="radio" name="组名" value="值1" />
<input type="radio" name="组名" value="值2" />
```

其中，value属性值为该表单元素在提交数据时传递的数据值。单选按钮传递的只能是事先定义好的、几个有限的value属性值。一般地，多个radio类型的按钮需要组合在一起使用，为它们添加相同的name属性值即可表示这些单选按钮属于同一个组。例如：

```
<input type="radio" name="gender" value="M" /> 男
<input type="radio" name="gender" value="F" /> 女
```

属于同一个组的单选按钮不能同时被选中，最多只能选择其中一个选项。

单选按钮可以使用checked属性设置默认选中的选项。例如：

```
<input type="radio" name="gender" value="M" checked/>男
<input type="radio" name="gender" value="F"/>女
```

其中，checked属性完整写法为checked="checked"，可简写为checked。如果没有使用checked属性，则页面首次加载时所有选项均处于未被选中状态。

4. 复选框checkbox

复选框又称多选框，在<input>标签中type的属性值checkbox表示多选框。其样式为一个可勾选的空心方形区域，当用户单击该按钮时，会在空心区域中出现一个对钩符号。其语法格式如下：

```
<input type="checkbox" name="组名" value="值1"/>
<input type="checkbox" name="组名" value="值2"/>
```

与单选按钮的用法类似，只能在事先设置的几个有限的value属性值中选择，作为提交表单时传递的数据值。一般地，多个checkbox类型的按钮需要组合在一起使用，为它们添加相同的name属性值即可表示这些复选框属于同一个组。例如：

```
<input type="checkbox" name="mygroup" value="1"/>红色
<input type="checkbox" name="mygroup" value="2" />蓝色
<input type="checkbox" name="mygroup" value="3" />绿色
<input type="checkbox" name="mygroup" value="4" />黄色
```

复选框也可以使用checked属性设置默认被选中的选项，与单选按钮不同的是，它允许多个选项同时使用该属性。

5. 提交按钮submit

在<input>标签中，type的属性值submit表示提交按钮。当用户单击该按钮时，会将当前表单中所有数据整理成名称（name）和值（value）的形式进行参数传递提交给服务器处理。语法格式如下：

```
<input type="submit" value="按钮名称"/>
```

其中，value属性值可以用于自定义按钮上的文字内容。该属性如果省略不写，则按钮默认的文字内容为Submit。

6. 重置按钮reset

在<input>标签中，type的属性值reset表示重置按钮，其样式与提交按钮完全相同。用户单击该按钮会清空当前表单中的所有数据，包括填写的文本内容和选项的选中状态等。语法格式如下：

```
<input type="reset" value="按钮名称"/>
```

其中，value属性值可以用于自定义按钮上的文字内容。该属性如果省略不写，则按钮默认的文字内容为Reset。

7. 无动作按钮button

在<input>标签中，type的属性值button表示普通无动作按钮，其样式与提交按钮、重置按钮均相同。语法格式如下：

```
<input type="button" value="按钮名称"/>
```

其中，value属性值可以用于自定义按钮上的文字内容。该属性如果省略不写，则按钮默认的文字内容为Button。

8. 文件上传域file

在<input>标签中，type的属性值file表示文件上传域，其样式为一个可单击的浏览按钮和一个文本输入框，当用户单击浏览按钮时，跳出文件选择对话框，用户可以选择需要的文件。语法格式如下：

```
<input type="file" name="自定义名称"/>
```

在默认情况下，文件上传控件支持MIME标准认可的全部文件格式。文件上传控件可以添加accpet属性用于筛选上传文件的MIME类型。例如：

```
<input type="file" accpet="image/gif"/>
```

上述代码表示只允许上传扩展名为gif的图像文件，如果写成accpet="image/*"，则表示允许上传所有类型的图片格式文件。

2.8.3 列表标签<select>

在HTML表单中，<select>标签可以用于创建单选或多选菜单，菜单的样式根据属性值的不同可显示为下拉菜单或列表框。最常见的用法是<select>元素配合若干<option>标签使用，形成简易的下拉菜单。选项标签<option>配合列表标签<select>使用的基本语法格式如下：

```
<select>
        <option value="值1">选项1</option>
        <option value="值2">选项2</option>
        …
        <option value="值N">选项N</option>
</select>
```

其中，value属性值是提交表单时传递的数据值，不显示在网页上；<option>首尾标签之间的文本才是显示在网页上的选项内容。

2.8.4 多行文本框<textarea>

多行文本框是用来输入较长内容的文本输入框。语法格式如下：

```
<textarea name="…" rows="…" cols="…" wrap="…">文本内容</textarea>
```

在HTML中，通过将<textarea>标签创建一个多行文本框，标签之间的内容会在页面加载时显示出来。

小　结

本章用通过四个实验项目分别介绍了文本网页、图册网页、图文网页和表单网页的设计过程及其相应标签的详细用法，这四种简单网页的设计是Web网站开发的基础，要重点掌握。

习 题

一、选择题

1. 在表格标签中，定义表格表头单元格的标签是（　　）。

   A. <table>　　B. <tr>

   C. <td>　　D. <th>

2. 在网页设计中，超链接应用（　　）标签来表示。

   A. <a>...</a>　　B. <p>...</p>

   C. <link>...</link>　　D. <script>...</script>

3. 在<a>标签中，应用（　　）属性表示链接的目标（URL）。

   A. src　　B. href

   C. type　　D. herf

4. 在表单网页中，<form method="get">，get含义是（　　）。

   A. 提交方式　　B. 提交的脚本语言

   C. 表单形式　　D. 提交的URL

5. 不属于标签input的type属性的取值是（　　）。

   A. text　　B. password

   C. images　　D. file

6. 在表单网页中，实现下拉菜单的标签是（　　）。

   A. <input type="radio">　　B. <input type="checkbox">

   C. <select> <option></option></select>　　D. <menu>

7. 在HTML中正确的注释标签是（　　）。

   A. <--　　-->　　B. <--　！ -->

   C. <--！　　-->　　D. <!--　　-->

8. 以下（　　）属性值不是用来设置图像映射的区域形状的。

   A. rect　　B. circle

   C. cords　　D. poly

9. <font>标签可以设置的属性有（　　）。

   A. color　　B. align

   C. sizes　　D. font-family

10. 在HTML中，正确的有序表标签是（　　）。

    A. <ul><li>...</li></ul>　　B. <ol><li>...</li></ol>

    C. <hl><li>...</li></hl>　　D. <li><ol>...</ol></li>

二、简答题

1. 简述一个HTML5文档的基本结构。
2. 简述HTML文件中<!Doctype>的作用。
3. 简述<table>、<tr>、<td>标签的作用。
4. 简述<figure>、<figcaption>标签的作用。

第3章 层叠样式表（CSS）

CSS是Web前端开发中的核心技术之一。它主要负责网页的样式和布局，使网页的内容和表现得以分离，从而极大提高了网页的可维护性和可重用性。通过CSS，开发者可以对HTML元素进行各种视觉方面的样式控制，包括文字和字体属性、颜色和背景、布局和定位等。这种技术与HTML相辅相成，共同实现了网页的排版布局与样式美化。本章将深入探讨CSS的各个方面，从基础知识到高级应用，帮助读者全面掌握这一强大的网页样式设计工具。

学习目标

- ✧ 掌握CSS的语法格式与类型。
- ✧ 掌握CSS的选择器的应用。
- ✧ 掌握CSS的常用样式属性。
- ✧ 掌握CSS优先级的规则。
- ✧ 掌握CSS框模型的应用。
- ✧ 能够针对当前大多数开发工具都没有虚拟样式表的分析功能，提出研发国产开发工具时应具备前瞻性与创新性的重要意义。

3.1 项目实践6：彩色文本网页设计

项目描述

选用苏轼的《赤壁怀古》，设计一个彩色文本的网页，要求排版工整、美观。

软件环境

Windows 10、Dreamweaver 21.2、Photoshop、Edge、Chrome。

视频

项目实践6

设计指导

（1）新建站点和文件。打开Dreamweaver，新建站点后创建一个新网页文件，文档类型为HTML5，文件保存为“项目实践6-彩色文本网页.html”。

（2）选择代码视图进行设计。

① 在<body>...</body>标签中插入一对<div>...</div>标签，然后在<div>...</div>标签中插入若干对<span>...</span>
标签，在<span>...</span>标签中间插入一行拼音或诗句，直至录完所有拼音和诗句。

② 在词的上下阕文本（含拼音）的外面各自套上一对<p></p>标签。

③ 对<div>标签设置相对宽度值、字体大小和字体居中对齐等属性。

④ 建立“.cred”等10个class属性，并设置其颜色属性。

⑤ 对所有嵌套汉字的<span>标签分别设置id属性，例如“id=hz01”，最后对每个 id 设置合适的 letter-spacing 属性值。

⑥ 对所有嵌套拼音和汉字的标签，分别应用不同的 class 属性，使其呈现出不同的颜色。

（3）保存网页，测试修改网页，完成后发布网页。

项目实践 6- 彩色文本网页 .html 的核心代码：

```
<!doctype html>
<html>
<head>
  <meta charset="utf-8">
  <title>居中彩色字音两端对齐</title>
  <style type="text/css">
  <!--
div {position: absolute; width: 90%; left: 5%; font-family: "微软雅黑"; font- size: 24px; text-align: center;}
    .cred {color: #FF0000; }
    .corange {color: #FF7F00;}
    .cyellow {color: #FFFF00;}
    .cgreen {color: #00FF00;}
    .ccyan {color: #00FFFF;}
    .cblue {color: #0000FF;}
    .cpurple {color: #FF00FF;}
    .cblack {color: #000000;}
    .ccolor{color: #9F5F9F;}
    .py {color: #999999;}
    #hz01 {letter-spacing: 7px;}
    #hz02 {letter-spacing: 6px;}
    #hz03 {letter-spacing: 8px;}
    #hz04 {letter-spacing: 6px;}
    #hz05 {letter-spacing: 8px;}
    #hz06 {letter-spacing: 7px;}
    #hz07 {letter-spacing: 8px;}
    #hz08 {letter-spacing: 9px;}
  -->
  </style>
</head>
<body>
   <div>
       <span id="p1" class="py">niàn nú jiāo · chì bì huái gǔ</span><br />
```

```
        <span id="c1" class="cblack">念 奴 娇 &#8226; 赤 壁 怀 古</span><br />
        <span id="p2" class="py">[sòng] sūshì</span><br />
        <span id="c2" class="cblack">【宋】苏轼</span><br />
        <p>
           <span id="py01" class="py">dà jiāng dōng qù  ......</span><br />
           <span id="hz01" class="cred">大 江 东 去 , 浪 淘 尽  ......</span><br />
           <span id="py02" class="py">gù lěi xī biān  ......</span><br />
           <span id="hz02" class="corange">故 垒 西 边  ......</span><br />
           <span id="py03" class="py">luàn shí chuān kōng  ......</span><br />
           <span id="hz03" class="cyellow">乱 石 穿 空  ......</span><br />
           <span id="py04" class="py">jiāng shān rú huà  ......</span><br />
           <span id="hz04" class="cgreen">江 山 如 画  ......</span><br />
        </p>
        <p>
           <span id="py05" class="py">yáo xiǎng gōng jǐn dāng nián  ......
</span><br />
           <span id="hz05" class="ccyan">遥 想 公 瑾 当 年  ......</span><br />
           <span id="py06" class="py">yǔ shàn gu ān j īn  ......</span><br />
           <span id="hz06" class="cblue">羽 扇 纶 巾  ......</span>。<br />
           <span id="py07" class="py">gù guó shén yóu  ......</span><br />
           <span id="hz07" class="cpurple">故 国 神 游  ......</span><br />
           <span id="py08" class="py">rén shēng rú mèng  ......</span><br />
           <span id="hz08" class="ccolor">人 生 如 梦  ......</span><br/>
        </p>
    </div>
</body>
</html>
```

（4）网页“项目实践6-彩色文本网页.html”的浏览效果如图3-1所示。

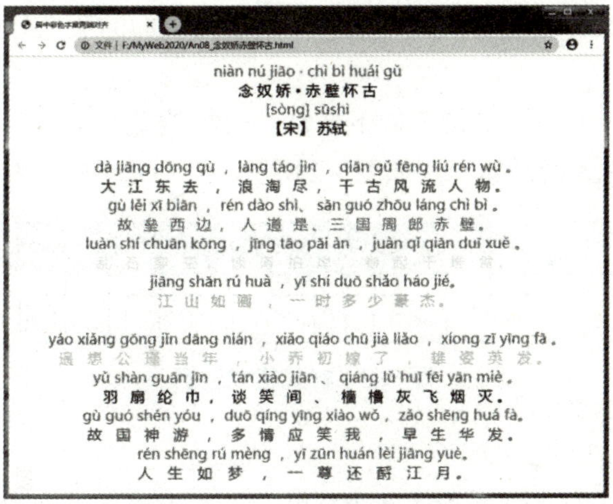

图 3-1　彩色文本网页的浏览效果

项目总结

（1）在本项目的网页设计过程中，拼音都是灰色的，故用class="py"来设置。

（2）词有八句，分别用“赤、橙、黄、绿、青、蓝、紫、暗紫”八种颜色来显示，每一句的颜色也可用class属性表示，如第一句就是用 class="cred"来表示颜色的。

（3）词句和拼音在行的两端对齐，采用id属性（如#hz01，…，#hz08）分别设置字符间距来实现。

3.2 CSS基本语法

3.2.1 CSS语法格式

1. 语法格式

CSS是由许多样式而构成的表，每个样式包含以下两部分内容：

选择器（selector）：用于指明网页中哪些元素应用此样式规则。浏览器解析该元素时，根据选择器指定的规则（声明）来渲染该元素的显示效果；

声明（declaration）：每个声明由属性和属性值两部分构成，并以英文分号（;）结束。一个选择器可以包含有一个或多个声明。

CSS样式的语法格式如下：

```
选择器 {属性1:属性值1;  属性2:属性值2;  …  ;属性n:属性值n;}
```

2. 书写规则

在CSS样式声明中，书写格式可能有所不同，但应遵循以下规则：

（1）第一项必须是选择器或选择器表达式。

（2）选择器之后紧跟一对大括号。

（3）每个声明是由属性和属性值组成，且位于大括号之内。

（4）声明之间需以英文分号进行间隔，最后一个声明后面的英文分号可以省略。

3. CSS样式示例

假如在网页中，欲对<div>标签设置如下属性：边框线宽度1 px、边框线颜色red、边框线外边距5 px，在CSS中，该样式的具体写法如图3-2所示。

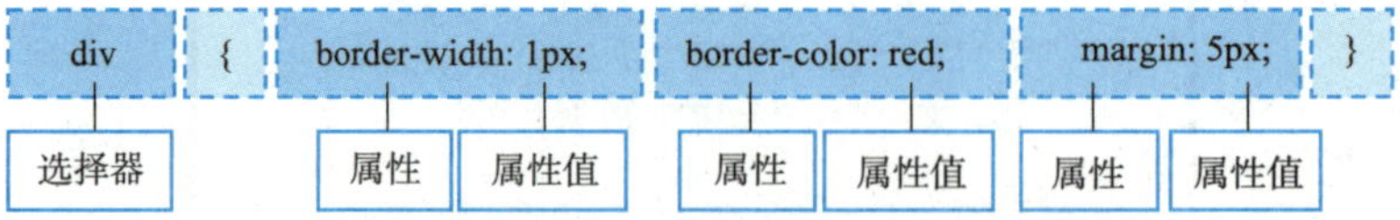

图 3-2　样式格式示例

3.2.2 CSS的类型

根据CSS在网页文件中的位置，CSS样式可以分为行内样式、内部样式和外部样式三种类型。前两种样式定义在HTML文件内，最后一种以css文件的形式独立存在于HTML文件外，需要引入HTML文件中。

1. 行内样式

行内样式（internal style sheet）亦称内联样式，是通过标签的style属性来设置的，其语法格式如下：

```
<标签名 style="属性1:属性值1;属性2:属性值2; … ; 属性n:属性值n;"> … </标签名>
```

任何标签都具有style属性，可用来设置行内样式，其中属性和属性值的书写规则与CSS样式的规则相同。行内样式只对其所在的标签及嵌套在其中的子标签起作用，作用范围最小。

2. 内部样式

内部样式（inline style sheet）是将CSS样式代码集中HTML文档的<head></head>中，并用<style>来定义，其语法格式如下：

```
<head>
   <style type="text/css">
      选择器 {属性1:属性值1;  属性2:属性值2;  …  ;属性n:属性值n;}
   </style>
</head>
```

内部样式表仅对当前页面有效，作用范围是整个HTML文档。

3. 外部样式

外部样式（external style sheet）是将CSS样式以独立的文件进行存储（扩展名为css），然后在HTML文件中再引入该文件。外部样式表可以让网站中的部分或所有HTML文件引用，使得页面的风格能够保持一致，有利于页面样式的维护与更新，降低网站的维护成本。

当用户浏览网页时，CSS样式文件会被暂时缓存；在继续浏览其他页面时，会优先使用缓存中的CSS文件，避免重复从服务器中下载，从而提高网页的加载速度。

外部样式表对所有关联的HTML文件都有效，作用范围最大。

外部样式表有两种引入方式：链接式和导入式。

（1）链接式。在HTML中用<link>标签将HTML文档与外部样式表进行关联，其语法格式如下：

```
<head>
   <link type="text/css" rel="stylesheet" href="url" />
</head>
```

<link>标签是单标签，需要放在<head></head>中。其type属性用于设置链接目标文件的MIME类型，CSS的MIME类型是text/css；rel属性用于设置链接目标文件与当前文档的关系，stylesheet表示外部文件的类型是CSS文件；href定义所链接外部样式表的URL地址。

（2）导入式。在HTML中用@import关键字可将外部样式表导入HTML文档内部，其语法格式如下：

```
@import url("样式文件的引用地址");
@import 样式文件的引用地址;
```

请注意：@import 关键字用于导入外部样式表文件；url 中的引用地址需要用引号（""）引起来，否则会有浏览器不支持；在 <style> 标签中，@import 语句需要位于内部样式的最前面，即

```
<head>
```

```
    <style type="text/css">
        @import url("css/mystyle.css");
        选择器 {属性1:属性值1;属性2:属性值2;…;属性n:属性值n;}
    </style>
</head>
```

实例 3.1 写出在网页中应用外部样式表的具体步骤。

操作过程：

使用链接式外部样式的具体步骤如下：

（1）在Dreamweaver中创建CSS文件，将文件保存为style.css，输入如下核心代码：

实例 3.1- 应用外部样式表 .html 的 CSS 核心代码（style.css）：

```
@charset "utf-8";
/* CSS Document */
        /* h1标签的样式声明：*/
h1{ color: #033;  border: dashed 1px #6600CC; }
        /* hr标签的样式声明：*/
hr{ width: 95%;  text-align: center;  color: #03C; }
        /* span标签的样式声明：*/
span{ font-weight: bold; }
```

（2）在HTML页面的<head>标签中使用<link>标签关联style.css样式文件：<link type="text/css" rel="stylesheet" href="style.css" />。

（3）<body>中的HTML元素通过标签选择器、id选择器自动引用样式文件中预定义的样式，但对class选择器，HTML标签通过添加class属性后，才能应用该样式。

提示：①关键字@charset用于指定样式表使用的字符集，该关键字只能用于外部样式表文件中，并位于样式表的最前面，且只允许出现一次；②在外部样式表中，不能使用<style></style>标签；③内部样式表中的<!-- -->属于HTML的注释，当低版本浏览器不能识别<style>标签时，浏览器会忽略掉该标签中的内容，并保证样式代码不会在页面中显示出来，在CSS中的注释应采用“/* 注释内容 */”格式。

3.2.3 CSS3属性的前缀

为了避免命名空间冲突，在CSS3中新增的功能会加上表示浏览器厂商的前缀。如圆角、渐变、阴影和变形等效果，需要在声明的部分加上下面的一些前缀：

（1）-webkit：webkit核心浏览器，如Chrome、Safari等。

（2）-moz：Firefox浏览器。

（3）-ms：IE浏览器。

（4）-o：Opera浏览器。

例如，下面的代码就先添加了-webkit、-moz的前缀，最后书写符合W3C标准的属性，能够更好地保证在所有浏览器下的渲染效果相同。

```
  .border_div{
```

```
    -webkit-border-radius:3px;
    -moz-border-radius:3px;
    border-radius:3px;
}
```

3.3　CSS选择器

3.3.1　基本选择器

1. 标签选择器

网页是由HTML标签和文本元素等组成的，网页中的任何一个HTML标签都可以作为标签选择器，即标签选择器是指将任意的HTML标签名作为一个CSS的选择器，用于为该HTML标签统一设置样式。

例如，在图3-3中，选择<div>作为标签选择器，网页中所有<div>块都会显示出红色边框线，边框线宽1 px，边框内外边距为0 px（设置了id和class属性及其样式的div除外）。

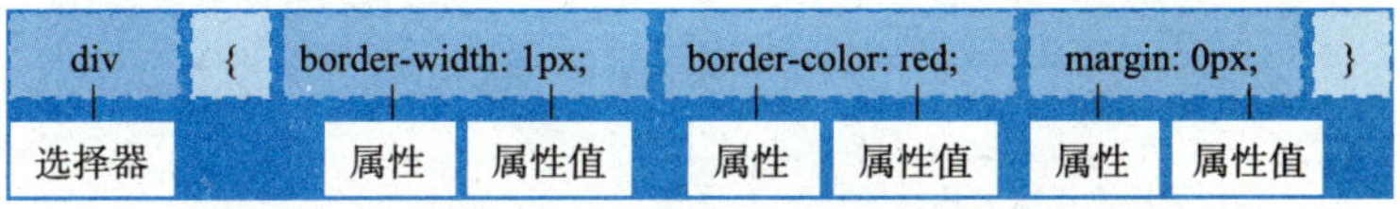

图3-3　标签选择器

2. id选择器

在“项目6-彩色文本网页.html”中，中文词句都是嵌套在<span>…</span>之中的，实现不了“不同的中文词句呈现出不同的颜色”的目的。因此将每一个<span>指定一个id属性后，这些<span>标签就能区分开来了。

id选择器表示将某个标签的id名作为选择器的名称，声明具体样式后，只对该标签有效。例如，在“项目6-彩色文本网页.html”中，为第19行设计的id选择器如图3-4所示，该样式只对第38行代码有效。

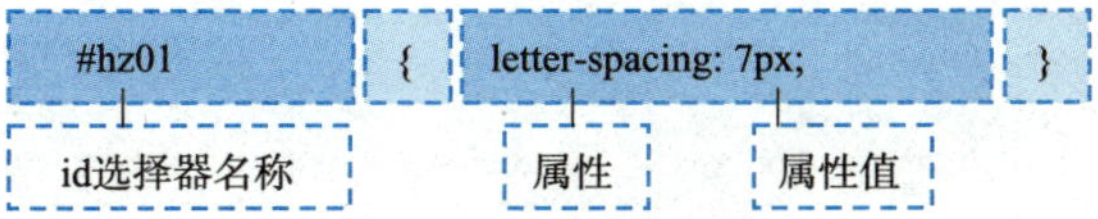

图3-4　id 选择器

提示：id值必须以字母或者下划线开始，不能以数字开始。

3. class选择器

在“项目6-彩色文本网页.html”中，所有拼音是嵌套在<span>…</span>之中的，都需要设置为同一种颜色，显然使用id选择器是不合适的。

class选择器（类选择器）允许以一种独立于标签元素的方式指定样式，class选择器的名称由用户自己定义，属性和属性值的设置方法和标签选择器相同。

在“项目6-彩色文本网页.html”中，设计了一个类名为py的class选择器，如图3-5所示。在网页中对所有的拼音应用“.py选择器”，拼音的颜色都是灰色了。当然，在本例中也可以应用标签选择器。

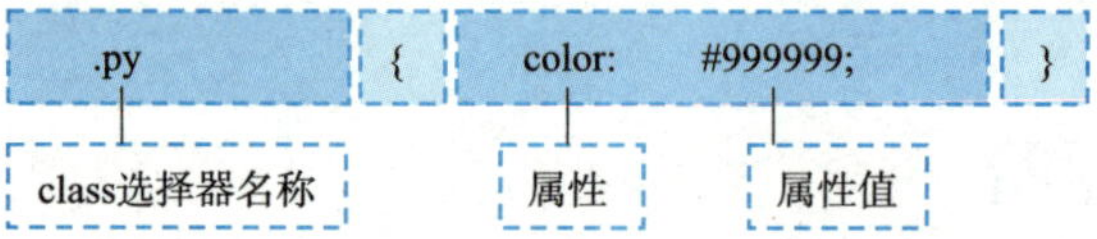

图3-5 class选择器

提示：①类名不能以数字开头，只有Internet Explorer支持这种做法。②class选择器一般用于不同的标签元素，因为它们有共同的属性需要设置。当然也可以用于某一种标签或某一个标签，因为在Dreamweaver的CSS面板中，对class选择器的操作更方便。

4. 通用选择器

通用选择器（universal selector）是一个星号（*），功能类似于通配符，用于匹配网页文档中所有的标签元素。通用选择器可以使页面中所有HTML元素都使用该规则。图3-6所示的通用选择器表示将使网页中所有HTML元素的字体样式统一设置为12 px大小。

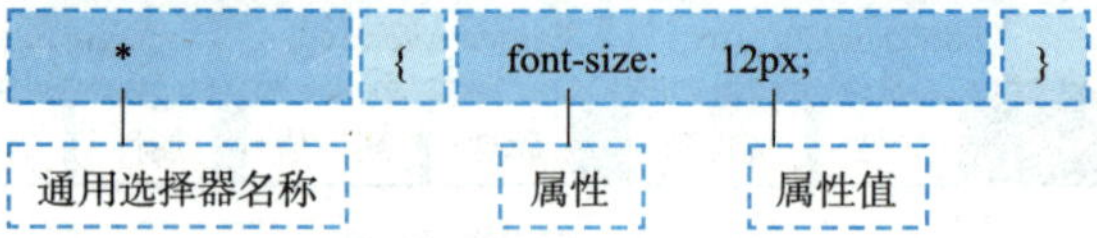

图3-6 通用选择器

提示：一般情况下，基本选择器的优先级从低到高的顺序是通用选择器→标签选择器→class选择器→id选择器。

3.3.2 复合选择器

1. 共性选择器

在CSS中，不同的选择器可能会出现声明相同的情况，为了减少重复的CSS代码，可以将这些选择器写在一起，构成共同属性选择器，简称共性选择器。图3-7表示标签<div>和<p>的属性设置相同。

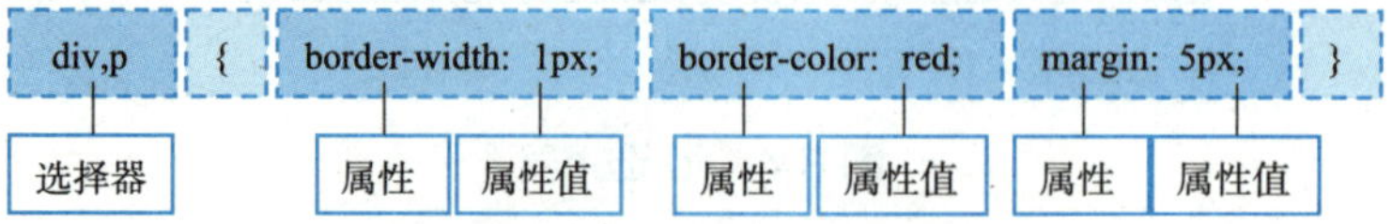

图3-7 共同属性选择器

2. 双重选择器

双重选择器是由两个相关的选择器直接连接构成，其中第一个选择器必须是标签选择器，第二个选择器是必须是该标签的id选择器或其应用的class选择器。两个选择器之间必须连续写，不能有空格。图3-8表示对“项目6-彩色文本网页.html”的第38行可以构成的双重选择器。在复杂的HTML代码中，应用双重选择器具有快速和准确查找标签元素的优点。

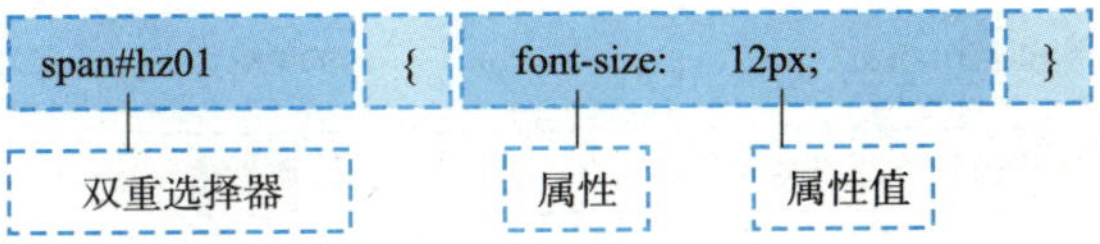

图 3-8 双重选择器

探讨：假设在网页中有<div id="div-01" class="color-red">…TextContent…</div>元素，对<div>标签、div#id、div.color-red分别设置了font-size属性，其属性值分别为“12px”、“16px”和“20px”，文本元素TextContent最后显示的字体是多大？

3. 后代选择器

后代选择器（descendant selector）用于选取某个标签元素的所有后代元素；两个标签元素之间要用空格隔开。图3-9表示将<div>标签中的<span>标签的背景颜色设为#CCCCCC。

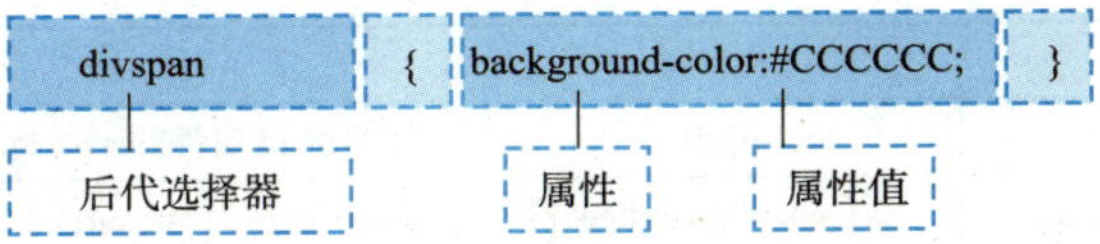

图 3-9 后代选择器

4. 父子选择器

父子选择器亦称子元素选择器（child selectors），用于选取某个标签元素的直接子元素（间接子元素不适用）。父子选择器元素之间使用大于号（>）隔开。图3-10表示将<div>标签中的<p>标签的背景颜色设为#CCCCCC。

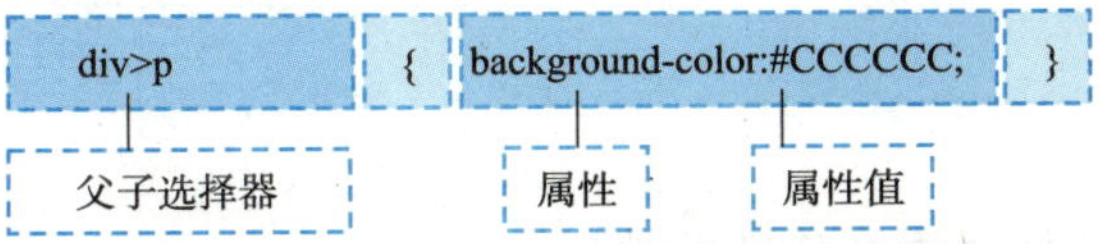

图 3-10 父子选择器

5. 相邻兄弟选择器

相邻兄弟选择器（adjacent sibling selector）用于选择紧接在某元素之后的兄弟元素。相邻兄弟选择器元素之间使用加号（+）隔开。图3-11表示对“项目6-彩色文本网页.html”的第38行和第39行可以构成的相邻兄弟选择器。

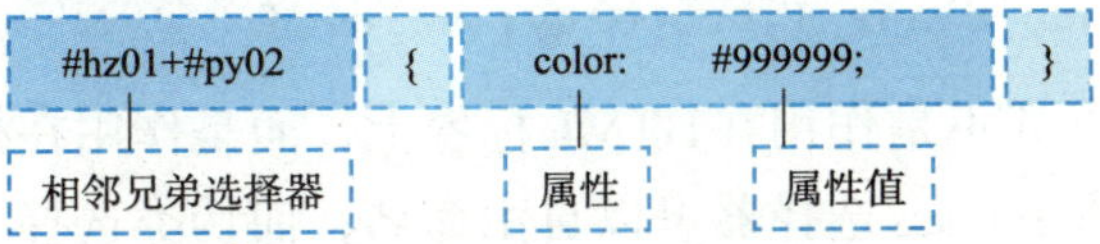

图 3-11 相邻兄弟选择器

6. 普通兄弟选择器

普通兄弟选择器（general sibling selector）是指拥有相同父元素的元素；元素与元素之间不必直接紧随；选择器之间使用波浪号（～）隔开。图3-12表示对“项目6-彩色文本网页.html”的第38行和第40行可以构成的普通兄弟选择器。

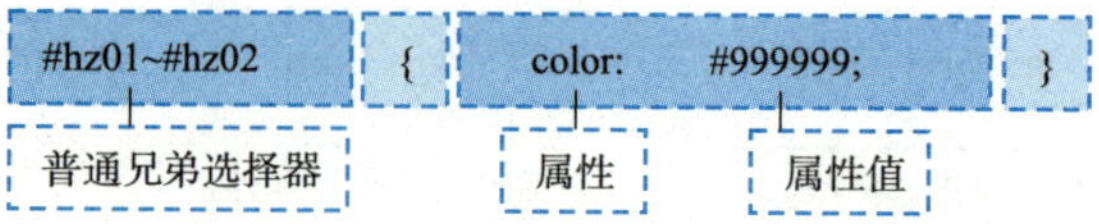

图 3-12　普通兄弟选择器

提示：子元素选择器及兄弟选择器是从IE 7版本开始支持，而在一些高版本的过渡版本中支持不够好，所以在使用时，必须带有<!DOCTYPE … >声明部分。

3.3.3　属性选择器

属性选择器是根据元素的属性来选取元素。属性选择器分为存在选择器、相等选择器、包含选择器、连接字符选择器、前缀选择器、子串选择器和后缀选择器，具体见表3-1。

表 3-1　属性选择器

选择器类型	语　法	示　例	描　　述
存在选择器	[attribute]	p[id]	任何带 id 属性的 <p> 标签
相等选择器	[attribute=value]	p[name="textartice"]	name 属性为 "textartice" 的 <p> 标签
包含选择器	[attribute ~ =value]	p[name ~ ="stu"]	name 属性中包含 “stu” 单词，并与其他内容通过空格隔开的 <p> 标签
连字符选择器	[attribute|=value]	p[lang|="en"]	匹配属性等于 en 或以 en- 开头的所有元素
前缀选择器	[attribute^=value]	p[title^="ABC"]	选择 title 属性值以 "ABC" 开头的所有元素
子串选择器	[attribute*=value]	p[title*="ABC"]	选择 title 属性值包含 "ABC" 字符串的所有元素
后缀选择器	[attribute$=value]	p[title$="try"]	选择 title 属性值以 "try" 结尾的所有元素

3.3.4　伪类与伪元素

1. 伪类选择器

CSS 伪类用于向某些选择器添加特殊的效果。

伪类选择器也是一种选择器，伪类是以冒号（:）开始来表示的，在类型选择符与冒号之间不能出现空白，冒号之后也不能出现空白。其语法格式如下：

```
selector:pseudo-class { property: value }
```

CSS 类也可与伪类搭配使用，其语法格式如下：

```
selector.class:pseudo-class { property: value }
```

用伪元素定义的CSS样式不是作用在HTML标签上，而是作用在标签的某种状态上。伪类选择器与class选择器的区别是：class选择器可以自由命名，而伪类选择器是在CSS中已经定义好了的选择符，不能随便命名和定义。常用伪类属性见表3-2。

表 3-2　常用伪类属性

属　性	描　　述
:active	向被激活的元素添加样式
:focus	向拥有键盘输入焦点的元素添加样式
:hover	当鼠标悬浮在元素上方时，向元素添加样式

续表

属性	描述
:link	向未被访问的链接添加样式
:visited	向已被访问的链接添加样式
:readonly	向只读元素添加样式
:checked	向被选中的元素添加样式
:disabled	向被禁用的元素添加样式
:enabled	向可用的元素添加样式
:first-child	向元素的第一个子元素添加样式
:lang	向带有指定 lang 属性的元素添加样式

由于有很多浏览器支持不同类型的伪类，没有统一标准，因此很多伪类不常用，但是超链接的伪类是主流浏览器都支持的。为了确保鼠标每次经过文本时的效果相同，定义超链接伪类时，要按照下列顺利依次编写：

```
a:link {color: #FF0000}        /* 未访问的链接 */
a:visited {color: #00FF00}     /* 已访问的链接 */
a:hover {color: #FF00FF}       /* 鼠标移动到链接上 */
a:active {color: #0000FF}      /* 选定的链接 */
```

在CSS定义中，a:hover必须被置于a:link和a:visited之后才是有效的，a:active必须被置于a:hover之后才是有效的。

实例 3.2 在网页中，应用伪类选择器编写对第一个<p>元素设置样式的实例。

操作过程：

编写的代码如下：

实例 3.2- 伪类选择器样式实例 .html 的核心代码：

```
<html>
<head>
  <style type="text/css">
    p:first-child {  color: red;  }
  </style>
</head>
<body>
  <p>begin</p>
  <p>some text</p>
  <div>end</div>
</body>
</html>
```

2. 伪元素

CSS伪元素用于向某些选择器设置特殊效果。其语法格式如下：

```
selector:pseudo-element { property: value }
```

CSS类也可与伪元素配合使用，其语法格式如下：

```
selector.class:pseudo-element { property: value }
```

常用伪元素见表3-3。

表3-3　常用伪元素

伪　元　素	描　　述
:first-line	向文本的首行添加特殊样式
:first-letter	向文本的第一个字母或汉字添加特殊样式
:before	在元素之前添加内容
:after	在元素之后添加内容

实例 3.3 在网页中，应用伪元素编写一个样式的实例。

操作过程：

编写的代码如下：

实例 3.3- 伪元素样式实例 .html 的核心代码：

```
<html>
<head>
  <style type="text/css">
    p:first-letter  {  color:#ff0000;  font-size:xx-large;  }
    p:first-line   {  color:#0000ff;  font-variant:small-caps;  }
  </style>
</head>
<body>
  <p>You can combine the :first-letter and :first-line pseudo-elements to add a special effect to the first letter and the first line of a text!</p>
</body>
</html>
```

网页运行的结果是，第一行字母大写，首字母加大显示，如图3-13所示。

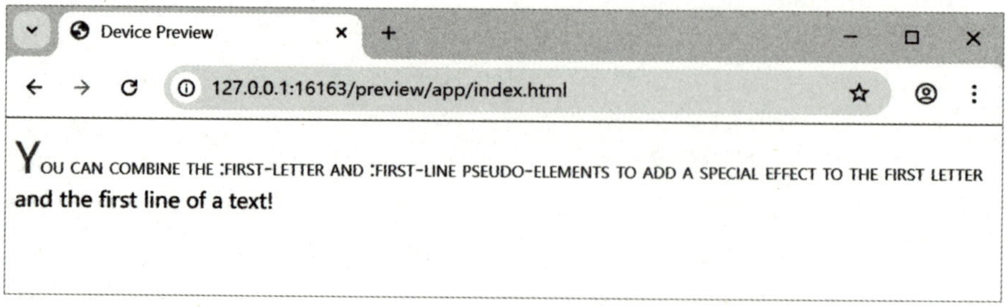

图3-13　网页运行结果

3.4 CSS样式属性

在选择器的定义中，声明由属性和属性值构成。常用的CSS样式的属性有文本、字体、背景、表格、列表及定位等属性。下面简要介绍这些常用样式属性。

3.4.1 文本属性

在CSS中，文本可以设置对齐方式、行高、文本缩进、字间距和字母间隔等属性。具体见表3-4。

表3-4 文本属性

功 能	属 性 名	描 述
缩进文本	text-indent	设置行的缩进大小，值可以为正值或负值，单位可以用em、px或百分比（%）
水平对齐	text-align	设置文本的水平对齐方式，取值left、right、center、justify
垂直对齐	vertical-align	设置文本的垂直对齐方式，取值bottom、top、middle、baseline
字间距	word-spacing	设置字（单词）之间的标准间隔，默认为normal（或0）
字母间隔	letter-spacing	设置字符或字母之间的间隔
字符转换	text-transform	设置文本中字母的大小写，取值none、uppercase、lowercase、capitalize
文本修饰	text-decoration	设置段落中需要强调的文字，取值none、underline（下划线）、overline（上画线）、line-through（删除线）、blink（闪烁）
空白字符	white-space	设置源文档中的多余的空白，取值normal（忽略多余）、pre（正常显示）、nowrap（文本不换行，除非遇到 标签）

3.4.2 字体属性

字体（字形）是字母和符号的样式集合。虽然字体之间可能会有一定的差异，但总体特征基本相同，如图3-14所示。

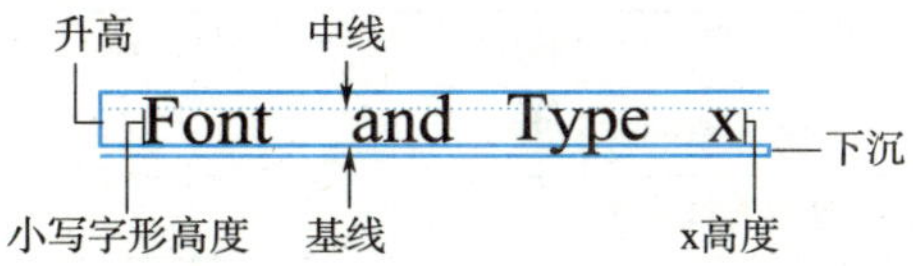

图3-14 字体特征

字体的常用属性见表3-5。

表3-5 字体的常用属性

功 能	属 性 名	描 述
文本颜色	color	设置文本的颜色
字体类型	font-family	设置文本的字体
字体风格	font-style	设置字体样式，取值normal（正常）、italic（斜体）、oblique（倾斜）
字体变形	font-variant	设定小型大写字母，取值normal（正常）、small-caps（小型大写字母）
字体加粗	font-weight	设置字体的粗细，取值可以是bolder（特粗体）、bold（粗体）、normal（正常）、lighter（细体）或100 ~ 900之间的九个等级
字体大小	font-size	设置文本的大小，值可以是绝对或相对值，其中绝对值从小到大依次xx-small、x-small、small、medium（默认）、large、x-large、xx-large；单位可以是pt或em，也可以采用百分比（%）的形式
行间距	line-height	设置文本的行高，即两行文本基线之间的距离
字体简写	font	属性的简写可用于一次设置元素字体的两个或更多方面，书写顺序font-style、font-variant、font-weight、font-size/line-height、font-family

3.4.3 背景属性

在CSS3中，新增了控制背景图片的显示位置、分布方式及多背景图片等属性，在IE 9+、Firefox 4+、Opera、Chrome以及Safari 5+等浏览器中得到了较好的支持。

背景区域的填充有border-box、padding-box和content-box三种形式，如图3-15所示。

图 3-15 背景区域填充

背景的常用属性见表3-6。

表 3-6 背景的常用属性

功 能	属 性 名	描 述
背景颜色	background-color	设置元素的背景色
背景图像	background-image	设置背景图像
背景重复	background-repeat	设置背景平铺的方式，取值 no-repeat（不平铺）、repeat-x（横向平铺）、repeat-y（纵向平铺）、repeat（x/y 双向平铺）
背景定位	background-position	设置图像在背景中的位置，取值：top、bottom、left、right、center 或具体值、百分比
背景关联	background-attachment	设置背景图像是否随页面内容一起滚动，取值：scroll（滚动）、fixed（固定）
背景尺寸	background-size	用来设置背景图片的尺寸
填充区域	background-origin	规定 background-position 属性相对于什么位置来定位
绘制区域	background-clip	规定背景的绘制区域
背景简写	background	在一个声明中设置所有的背景属性

提示： 背景图片位于背景颜色的上层，当同时存在背景图片和背景颜色时，背景图片将覆盖背景颜色；而没有背景图片的地方，背景颜色便会显露出来。

在<div>标签中只对content-box区域设置了背景图片，背景图片与边框出现了一定的间距，从间距中可以看到所设置的背景颜色。

CSS3中虽然提供了多背景图像，但在IE 7及更早版本的浏览器并不支持，而在IE8中需要<!DOCTYPE>文档声明。

3.4.4　列表属性

列表属性用于改变列表项的图形符号。列表的图形符号不仅可以是圆点、空心圆、方块或数字，甚至还可以是指定的图片。列表的常用属性见表3-7。

表 3-7　列表的常用属性

功　能	属 性 名	描　　述
列表类型	list-style-type	设置列表的图形符号，取值：none、disc、circle、square、decimal、lower-roman、upper-roman、lower-latin、upper-latin 等
列表项图像	list-style-image	将图形符号设为指定的图像，如 list-style-image:url(xxx.gif)
符号位置	list-style-position	设置列表图形符号的位置，取值：inside、outside
列表简写	list-style	一个声明中设置所有的列表属性，可以按顺序设置如下属性：list-style-type、list-style-position、list-style-image

说明：inside 和 outside 的区别如下所示。①outside 表示图形符号位于文本之外，当文本内容换行时，无须参照标志的位置；②inside 表示图形符号位于文本之内，在文本换行时列表内容将与列表项的符号相对齐。

3.4.5　表格属性

通过表格属性对表格的边框、背景颜色和单元格间距等进行设置，可以使表格更加美观、富有特色，显著改善表格的外观。表格的常用属性见表3-8。

表 3-8　表格的常用属性

功　能	属 性 名	描　　述
边框	border	设置表格边框的宽度
折叠边框	border-collapse	设置是否将表格边框折叠为单一边框，取值：separate（双边框，默认）、collapse（单边框）
宽度	width	设置表格宽度，可以是像素或百分比
高度	height	设置表格高度，可以是像素或百分比
水平对齐	text-align	设置水平对齐方式，如左对齐、右对齐或者居中
垂直对齐	vertical-align	垂直对齐方式，如顶部对齐、底部对齐或居中对齐
内边距	padding	设置表格中内容与边框的距离
单元格间距	border-spacing	设置相邻单元格的边框间的距离，仅用于双边框模式
标题位置	caption-side	设置表格标题的位置，取值：top、bottom

请注意： 表格和单元格都有独立的边框，使得表格具有双线条边框，通过 border-collapse 属性设置表格是单边框还是双边框。

表格属性得到大部分浏览器的支持，而border-spacing和caption-side属性需要在IE 8+版本且有<!DOCTYPE>文档声明才支持。

3.4.6　display属性

display属性有两个作用：通过display属性可以将页面元素隐藏或显示出来；通过display属性可以将元素强制改成块级元素或内联元素。display的常用属性见表3-9。

表 3-9 display 的常用属性

功 能	描 述
none	将元素设为隐藏状态
block	将元素显示为块级元素，此元素前后会带有换行符
inline	默认，此元素会被显示为内联元素，元素前后没有换行符

示例代码如下：

```
<style type="text/css">
    p{ display:inline; }
    span{ display:block; }
    div{ display:none; }
</style>
```

3.4.7 visibility 属性

visibility 属性可以将页面中的元素隐藏，但是被隐藏的元素仍占原来的空间；当不希望对象在隐藏时仍然占用页面空间时，可以使用 display 属性。

visibility 属性的取值为 visible 或 hidden。

3.4.8 position 属性

在一般情况下，页面是由页面流构成的，页面 HTML 元素在页面流中的位置是由该元素在 HTML/XHTML 文档中的位置决定的。

块级元素从上向下排列（每个块元素单独成行）；而内联元素将从左向右排列，其元素在页面中的位置会随外层容器的改变而改变。

CSS 提供了 HTML 元素的三种定位机制：普通流、定位（position）和浮动（float）。position 的常用属性见表 3-10。

表 3-10 position 的常用属性

属性值	描 述
static	正常流（默认值）。元素在页面流中正常出现，并作为页面流的一部分
relative	相对定位，相对于其正常位置进行定位，并保持其未定位前的形状及所占的空间
absolute	绝对定位，相对于浏览器窗口进行定位，将元素框从页面流中完全删除后，重新定位。当拖动页面滚动条时，该元素随其一起滚动
fixed	固定定位，相对于浏览器窗口进行定位，将元素框从页面流中完全删除后，重新定位。当拖动页面滚动条时，该元素不会随之滚动

说明：①当 position 的属性值为 relative、absolute 或 fixed 时，可以使用元素的偏移属性 left、top、right 和 bottom 进行重新定位；②当 position 属性为 static 时，会忽略 left、top、right、bottom 和 z-index 等相关属性的设置。

在屏幕坐标系中，不仅存在 x、y 方向，同时还存在 z 方向，如图 3-16 所示。x 轴正方向是从左向右，y 轴正方向是从上往下，z 轴与屏幕相互垂直、从内向外延伸，符合左手定则。z 坐标越大，对象离用户越近，z坐标越小，对象离用户越远。

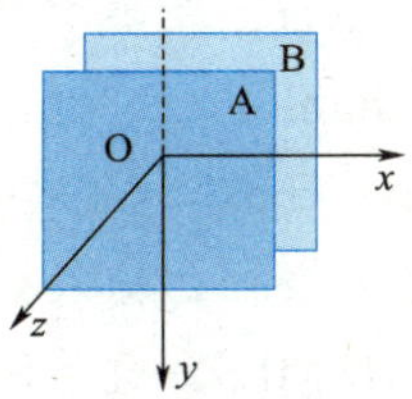

图 3-16　屏幕坐标系

当使用相对定位或绝对定位时，经常会出现元素相互重叠现象。此时可以使用z-index属性设置元素之间的叠放顺序。当元素取值为auto或数值（包括正负数）时，数值越大元素越靠前。

3.4.9　float与clear属性

float属性可以将元素从正常的页面流中浮动出来，离开其正常位置，浮动到指定的边界。当元素浮动到边界时，其他元素将会在该元素的另外一侧进行环绕。float的常用属性见表3-11。

表 3-11　float的常用属性

属 性 值	描　述
left	元素浮动到左边界
right	元素浮动到右边界
none	默认值，元素不浮动

在页面中，浮动的元素可能会对后面的元素产生一定的影响；当希望消除因为浮动所产生的影响时，可以使用clear属性进行清除。clear的常用属性见表3-12。

表 3-12　clear的常用属性

属 性 值	描　述
left	清除左侧浮动产生的影响
right	清除右侧浮动产生的影响
both	清除两侧浮动产生的影响
none	默认值，允许浮动元素出现在两侧

3.5　CSS的优先级

在网页的实际设计过程中，往往会采用多重样式表。所谓多重样式（multiple styles）是指外部样式、内部样式和行内样式同时应用于页面中的某一个元素，因此，在渲染HTML文档时，会出现样式的层叠性、继承性和冲突性三种现象。

实例 3.4 选用经典名著《三国演义》作为素材，设计小说网站，在主页上设计目录表，通过链接跳转到小说章节（回）的页面进行浏览。要求每个章节页面的背景颜色、字形、字体大小都相同，主页的背景颜色、字体等单独设计，整个网页排版工整、美观。

操作过程：

（1）新建站点和文件。打开Dreamweaver，新建站点后创建一个新网页文件，文档类型为HTML5，文件保存为“实例3.4-小说目录.html”。

（2）在<body></body>中插入<div class="box"></div>，作为页面的整体布局。

（3）在<div class="box"></div>中，插入表格，输入小说目录文本，完成本页面的设计。

（4）新建一个网页文件，文档类型为HTML5，文件保存为“三国演义小说第一回.html”。

（5）在<body></body>中插入<div class="box"></div>，作为页面的整体布局。

（6）在<div class="box"></div>中，输入小说正文文本，完成本页面的设计。

（7）重复步骤（4）~（6），完成整个小说章回页面的设计。

（8）新建一个CSS文件，文件保存为“实例3.4-小说目录.css”。输入如下代码：

```
h2 { text-align: center; }
h3 { text-align: center; }
.box { font-family: "华文细黑"; }
```

（9）在“小说第N回.html”中，引用“实例3.4-小说目录.css”，格式如下：

```
<head>
    <link href=" 实例3.4-小说目录.css " rel="stylesheet" type="text/css">
</head>
```

（10）测试、修改，通过后发布网站。网站的浏览效果如图3-17所示。

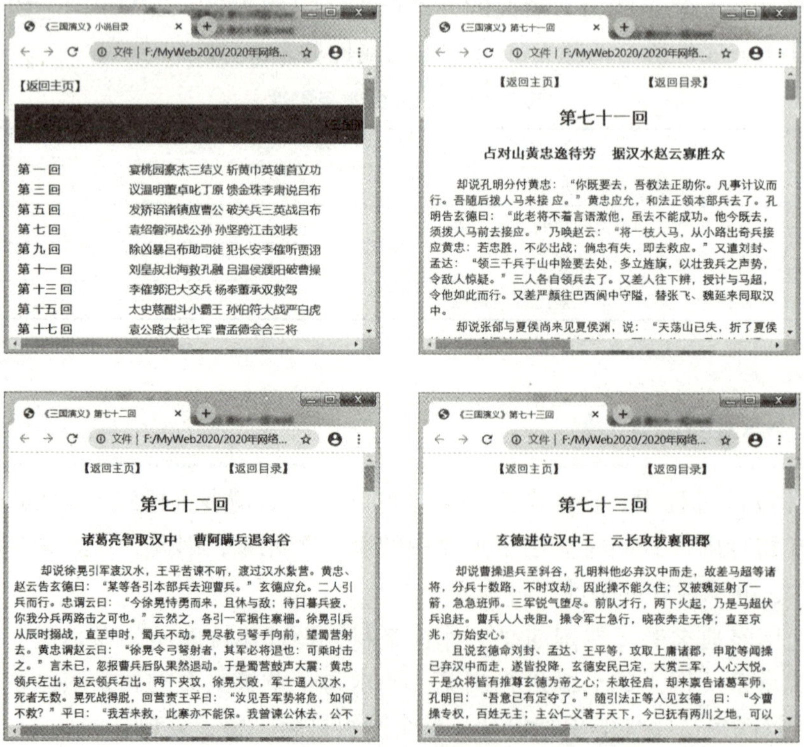

图3-17　小说网站（部分页面）浏览效果

实例总结：

小说正文页面具有相同的样式，故在设计中设计一个外部样式表，然后在每个页面中引用这个外部样式表，能够做到网站外观、风格和样式统一，同时减少代码的编写量。

3.5.1　层叠性、继承性与冲突性

1. 层叠性

所谓层叠性是指多种CSS样式的叠加。例如，当使用外部样式表定义<p>标签的字号大小为16 px，内部样式表定义<p>标签的字体为黑体，行内样式表定义<p>标签的颜色为红色，那么所有<p>…</p>中的段落文本将显示为红色黑体文字、字体大小为16 px，即三种不同位置的样式产生了叠加效果。

2. 继承性

在HTML文档中，子元素可以继承父元素的某些样式。所谓继承性是指书写CSS时，子标签会自动继承父标签的某些样式，如文本颜色和字号等。当子元素与父元素定义的样式重复时，则会覆盖父元素中的样式。CSS样式中提供的继承机制，简化了CSS代码，缩短了开发的时间。

body元素是div、h1、h2、h3、p、ul、ol、dl这些元素的父元素，如果父元素设置了某个属性，这些子元素都会继承该属性。例如

```
div,h1,h2,h3,p,ul,ol,dl { color:black;}
```

可以改写成

```
body{ color:black;}
```

两种代码的效果是一样的。恰当地使用继承可以简化代码，降低CSS样式的复杂性。

如果在网页中所有的元素都大量继承样式，那么判断样式的来源就会很困难。因此，对于字体、文本属性等网页中通用的样式可以使用继承性来设计。例如，字体、字号、颜色、行距等可以在body等父元素中统一设置，然后通过继承性，就可以影响文档中所有子元素的文本显示效果。

注意，并不是所有的CSS属性都可以继承，例如，下面的属性就不具有继承性：

（1）边框属性；

（2）外边距属性；

（3）内边距属性；

（4）背景属性；

（5）定位属性；

（6）布局属性；

（7）元素宽高属性。

3. 冲突性

定义CSS样式时，由于有内部样式表、多个外部样式表等，经常会出现两个或更多（相同）规则应用在同一元素上，这些规则属性名相同、属性值不同，这时就需要用CSS的优先级来解决问题。

3.5.2 优先级

讨论CSS优先级的前提条件是有CSS样式冲突现象产生。假设某个HTML元素在行内样式表、内部样式表和多个外部样式中都定义了颜色属性（仅以颜色属性举例，是因为颜色属性易于观察效果），赋予不同的颜色，甚至在同一种样式表的前后重复定义了颜色属性，这样就必定产生样式的冲突现象。如何判断最终是哪一个样式起了作用呢？答案是CSS的优先级取决于选择器的类型和样式表的类型。

1. 最高优先级

CSS定义了一个!important命令，该命令被赋予最大的优先级。样式的后面只要加上该命令，在HTML中一定是该样式起作用（例外情况是子选择器覆盖了父选择器应用的该命令）。具体写法如下：

```
color: red!important;
```

!important命令必须位于属性值和分号之间，否则无效。

2. 行内样式

按照“浏览器默认设置→外部样式表1→内部样式表→外部样式表2→行内样式表”层叠新虚拟样式表的规则（优先级从低到高），只要在标签内设置了行内样式，在HTML中也一定是该样式起作用。请注意，在父元素中如果定义了相同的样式，行内样式就会覆盖它，如果定义的样式不同，则会被继承。

3. 单级标签

排除前面两种情况，再来讨论单级标签样式表优先级的问题。单级标签样式是指没有用嵌套标签定义该标签的样式。假如在标签中分别用标签选择器、class选择器和id选择器设置了样式，其CSS代码如下：

```
p{ color:red;}                  /* 标记样式 */
.blue{ color:green;}            /* class样式 */
#header{ color:blue;}           /* id样式 */
```

HTML代码如下：

```
<p id="header" class="blue"> 文本颜色 </p>
```

上面的例子是使用不同的选择器对同一个HTML元素设置文本颜色，这时浏览器会根据选择器的优先级规则解析CSS样式。CSS为每一种基础选择器都分配了一个权重，其中标签选择器的权重为1；class选择器的权重为10；id选择器的权重为100。

权重越大，优先级就越高，与样式定义在内部样式表和外部样式表中无关。因此基础选择器优先级从低到高的顺序是“通用选择器→标签选择器→class选择器→id选择器”。

上面例子中id选择器#header具有最大的优先级，因此文本颜色显示为蓝色。

如果对单级标签在外部样式表和内部样式表中同时定义了同一种基础选择器，样式显示的优先级从低到高的顺序是外部样式表→内部样式表，内部样式表中的选择器起作用；如果在同一个样式表中前后不同的位置重复定义了同一种样式选择器，最后定义的样式优先显示。

4. 嵌套标签

在网页中经常会应用嵌套标签定义样式，即应用多个基础选择器构成的复合选择器（共性选择器除外），其权重为这些嵌套的基础选择器权重的叠加和。例如，CSS代码如下：

```
p strong                  { color:black}        /* 权重为:1+1 */
.box strong               { color:yellow}       /* 权重为:10+1 */
p.box strong              { color:orange;}      /* 权重为:1+10+1 */
p.box .colors             { color:gold;}        /* 权重为:1+10+10 */
#father strong            { color:pink;}        /* 权重为:100+1 */
#father strong.colors     { color:red;}         /* 权重为:100+1+10 */
#father #son              { color:navy;}        /* 权重为:100+100 */
strong                    { color:blue;}        /* 权重为:1 */
strong.colors             { color:green;}       /* 权重为:1+10 */
strong#son                { color:gray;}        /* 权重为:1+100 */
```

对应的HTML代码如下：

```
<p id="father" class="box" >
     <strong id="son" class="colors">文本的颜色</strong>
</p>
```

这时，页面文本将应用权重最高的样式，即文本颜色为海军蓝（navy）。

探讨：在上面的例子中，假如在样式表中同时设置了#father strong{ color:pink;}和strong#son{ color:blue;}，显示结果如何？

如果复合选择器的权重相同，CSS遵循就近原则。靠近HTML元素的样式优先，或者说排在最后的样式优先级大。

3.6 CSS框模型

3.6.1 CSS框模型定义

CSS 框模型（box model）规定了标签元素处理元素内容（element content）、内边距（padding）、边框（border）和外边距（margin）的方式。

由HTML元素的内容区域、内边距、边界或边框和外边距组成的结构，称为CSS框模型，简称标签元素框或元素框，如div元素框或div框、p元素框、span元素框等。

在默认状态下，元素框的margin、border、padding、width和height的值都为0，背景是透明的。因此，要使用元素框，必须进行必要的设置。在HTML文档中，可以对任何一个标签元素设置元素框，但只有块级元素才能显示出正确的元素框。图3-18给出了元素框的示意图。

在图3-18中，元素框最里面是文本元素（图像），它有高度（height）和宽度（width）尺寸；直接包围元素的是内边距；内边距的边缘是边框，边框可以设置线型（style）、宽度（width）和颜色（color）；边框以外是外边距，外边距默认是透明的，不会挡住其后的任何元素。

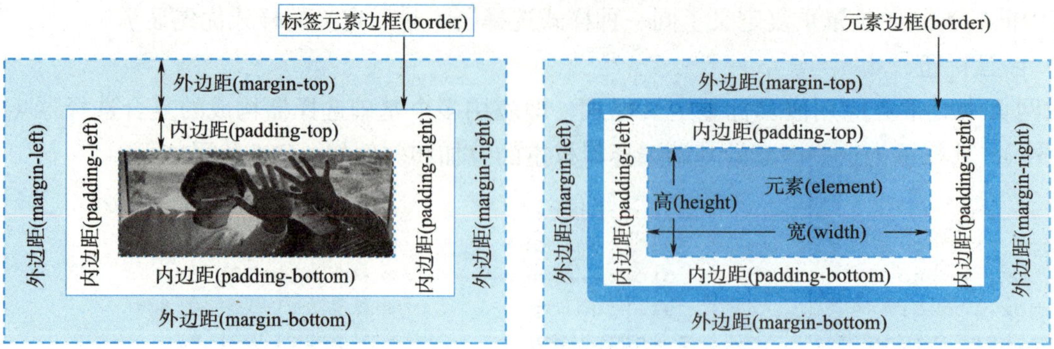

图 3-18　元素框示意图

3.6.2　元素框设置

1. 边框属性

在CSS中，边框属性包括边框样式属性（border-style）、边框宽度属性（border-width）、边框颜色属性（border-color）。

（1）border-style。在CSS里，border-style属性用于设置边框的样式。其语法设置如下：

```
border-style: none|solid|double|dotted|dashed|groove|ridge|inset|outset
```

border-style属性设置值的具体含义见表3-13。

表 3-13　border-style 属性设置值的具体含义

属　性	说　明	属　性	说　明
solid	实线	groove	3D 凹线
double	双直线	ridge	3D 凸线
dotted	小点虚线	inset	3D 框入线
dashed	大点虚线	outset	3D 隆起线

（2）border-width。在CSS里，可以利用border-width属性来控制边框的宽度。

语法一（统一设置）：

```
border-width: thin|medium|thick|值px
```

说明：border-width的参数值thin代表细，medium代表中等，thick代表粗。

语法二（分别设置）：

```
border-top-width: 值px
border-bottom-width: 值px
border-left-width: 值px
border-right-width: 值px
```

此外，还可以使用以下四种紧凑格式设置border-width属性设置边框的宽度：

① 设置一个值：表示四条边框宽度均使用同一个设置值。

② 设置两个值：表示上边框与下边框宽度调用第一个值，右边框与左边框宽度调用第二个值。

③ 设置三个值：表示上边框宽度调用第一个值，右边框与左边框宽度调用第二个值，下边框宽度调用第三个值。

④ 设置四个值：表示四条边框宽度的调用顺序，顺序为上、右、下、左。

（3）border-color。在CSS里，border-color属性用于设置边框的颜色，它的使用方法与border-width相同。

语法一（统一设置和紧凑格式）：

```
border-color: #rrggbb
border-color: #rrggbb  #rrggbb  #rrggbb  #rrggbb
```

说明： *其中第一种颜色为顶部边框颜色，其中第二种颜色为右边边框颜色，其中第三种颜色为底部边框颜色，其中第四种颜色为左边边框颜色。*

语法二（分别设置）：

```
border-top-color: #rrggbb
border-bottom-color: #rrggbb
border-left-color: #rrggbb
border-right-color: #rrggbb
```

（4）设置边框属性border。在CSS里，通过border属性可以快速设置边框的宽度、边框颜色及边框样式。其语法如下（紧凑格式）：

```
border: <border-width>||<border-style>||<color>
```

实例：

```
border: 1pt  double  #ff0000
```

表示设置边框的宽度为1 pt，样式为双直线，颜色为红色。

边框属性的内容较多、设置规则复杂，具体可以参看表3-14。

表3-14 CSS边框属性

属 性	描 述
border	简写属性，用于把针对四个边的属性设置在一个声明
border-style	用于设置元素所有边框的样式，或者单独地为各边设置边框样式
border-width	简写属性，用于为元素的所有边框设置宽度，或者单独地为各边边框设置宽度
border-color	简写属性，设置元素的所有边框中可见部分的颜色，或为四个边分别设置颜色
border-bottom	简写属性，用于把下边框的所有属性设置到一个声明中
border-bottom-color	设置元素的下边框的颜色
border-bottom-style	设置元素的下边框的样式
border-bottom-width	设置元素的下边框的宽度
border-left	简写属性，用于把左边框的所有属性设置到一个声明中
border-left-color	设置元素的左边框的颜色
border-left-style	设置元素的左边框的样式
border-left-width	设置元素的左边框的宽度
border-right	简写属性，用于把右边框的所有属性设置到一个声明中

续表

属　性	描　述
border-right-color	设置元素的右边框的颜色
border-right-style	设置元素的右边框的样式
border-right-width	设置元素的右边框的宽度
border-top	简写属性，用于把上边框的所有属性设置到一个声明中
border-top-color	设置元素的上边框的颜色
border-top-style	设置元素的上边框的样式
border-top-width	设置元素的上边框的宽度

2. 内边距属性

在CSS里，padding属性主要是控制元素的内容与元素外框的距离。其语法如下：

```
padding-(top、right、bottom、left): 长度|百分比
```

说明：其用法与border-color相同。

3. 外边距属性

在CSS里，通过margin属性可以设定元素与其他元素（包括四周文字）之间的距离。其语法如下：

```
margin-(top、right、bootom、left): 长度|百分比|auto
```

说明：margin属性有margin-top（顶部空白区域）、margin-bottom（底部空白区域）、margin-left（左边空白区域）和margin-right（右边空白区域）四个边界属性。通过设置这四项属性，可以控制一个对象四周空白区域的大小。如将边距设为负值，就可以将两个对象重叠在一起。

利用margin属性设置边界值的方法还有：

（1）设置一个边界值：若margin属性只设置一个边界值时，则上、右、下和左四个边界都将调用此值。例如：

```
margin : 2cm
```

（2）设置对应边值：在margin属性中设置对应边值，是指上边界与下边界、左边界与右边界为相对应的边界，所以若设置对应边其中一边的值时，另一边将调用此值。例如：

```
margin : 2cm  4cm
```

表示上边界与下边界的值为2 cm，左边界与右边界的值为4 cm。

（3）设置四个边界值：利用margin属性，顺序输入上、右、下、左边界的值，就可以完成四个边界的设置了。例如：

```
margin: 20pt  30%  30px  2cm
```

表示上边界为20 pt，右边界为30%，下边界为30 px，左边界为2 cm。

3.6.3　元素框应用

1. 盒子模型尺寸

盒子模型有两种，分别是标准的W3C盒子模型和怪异盒子模型。怪异盒子模型也称IE盒子模型，一般会在IE5 ~ IE8浏览器中触发，相同的代码在这些不同的浏览器中产生的效果不一样。目前，大多数浏览器都采用了W3C规范，因此，这里只讨论W3C盒子模型尺寸的计算问题。

在 CSS 中，对元素进行宽度和高度设置，其width 和 height 指的是内容区域的宽度和高度。增加内边距、边框和外边距不会影响内容区域的尺寸，但是会增加元素盒子的总尺寸。

假设盒子的每个边上有10 px的外边距和5 px的内边距。如果希望这个元素盒子达到 100 px，就需要将内容的宽度设置为70 px，如图3-19所示。

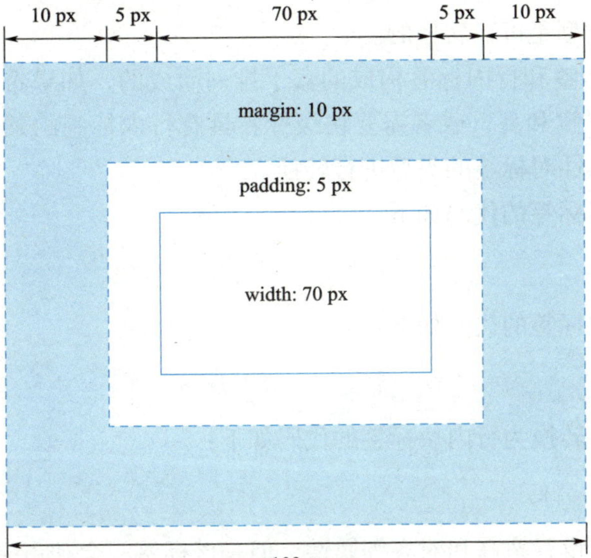

图 3-19　元素盒子的尺寸

因此，在网页设计中根据元素内容区域的尺寸大小，就可以直接定义出它的容器元素的尺寸大小。为该容器元素设置元素框参数后，该盒子的尺寸计算如下：

盒子的总宽度 = width+ 左右内边距之和 + 左右边框宽度之和 + 左右外边距之和

盒子的总高度 = height + 上下内边距之和 + 上下边框宽度之和 + 上下外边距之和

在网页设计中，有很多元素集中在一起，需要进行布局设计，这时需要计算该元素盒子模型的总宽度和总高度。

2. 标签类型转换

HTML提供了丰富的标签，为了使页面结构的组织更加轻松、合理，这些标签被划分为块级标签和行内标签，也称块级元素和行内元素。

块级标签在页面中以区域块的形式出现。其主要特点如下：每个块级标签通常都会独自占据一整行或多整行，可以对其设置宽度、高度、对齐等属性，可以容纳行内标签和其他块级标签，常用于网页布局和网页结构的搭建。

常见的块级标签有<div>、<p>、<h1> ~ <h6>、<ul>、<ol>、<li>、<dl>、<dd>等。

行内标签的特点如下：一个行内标签通常会和它前后的其他行内标签显示在同一行中，它们不占有独立的区域，也不强迫其他标签在新的一行显示；仅仅靠字体自身的大小和图像尺寸来支撑结构，宽度和高度就是文字和图片的宽度和高度，即一般不可以设置宽度、高度、对齐等属性；设置margin和padding只有左右有效、上下无效，常用于控制页面中文本的样式。

常见的行内标签有<span>、<b>、<strong>、<em>、<i>、<u>、<a>、<s>等。

提示：<span>是常见的行内标签，主要用来容纳文本和其他行内标签，在默认情况下，没有任何渲染效果，只有对其设置了CSS属性，才会有视觉上的表现。<span>是本文和其他行内标签的容器。<div>是块级标签，是通用的容器标签，是文本和其他标签的容器。因此，<span>标签可以嵌套在<div>标签中使用，但不能反过来使用。

在CSS中，标签的类型是可以转换的。

网页是由多个块级标签和行内标签构成的盒子排列而成的，如果希望行内标签具有块级标签的某些特性，如可以设置宽和高，或者需要块级标签具有行内标签的某些特性，如不独占一行排列，就可以使用display属性对标签的类型进行转换。

行内标签转换为块级标签的代码如下：

```
display: block
```

块级标签转换为行内标签的代码如下：

```
display: inline。
```

块级标签和行内标签转换为行内块标签的代码如下：

```
display: inline-block;
```

行内块标签可以对其设置宽高和对齐等属性，但是该标签不会独占一行。

3. 外边距合并问题

对标签应用盒子模型，不设置浮动和定位属性，在普通文档流中，当两个相邻或嵌套的块级标签盒子相遇时，其垂直方向的外边距会自动合并，发生重叠，这就是外边距合并问题。

（1）相邻标签盒子垂直外边距的合并。当上下相邻的两个块级标签盒子相遇时，如果上面的标签盒子有下外边距margin-bottom，下面的标签盒子有上外边距margin-top，则它们之间的垂直间距不是margin-bottom与margin-top之和，而是两者中的较大者，这种现象称为相邻块元素垂直外边距的合并，如图3-20和图3-21所示。

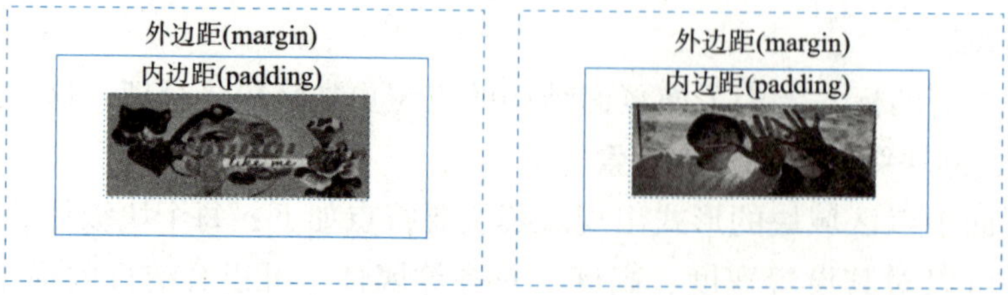

图 3-20　外边距合并之前

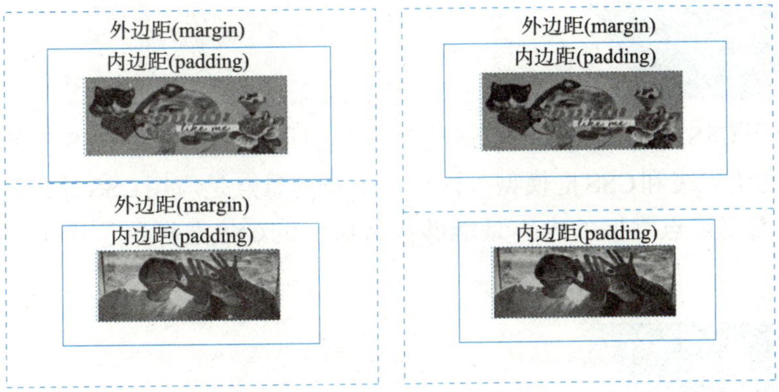

图 3-21　外边距合并之后

（2）嵌套标签盒子垂直外边距的合并。两个有直接嵌套关系的块级标签，如果父标签盒子没有上内边距及边框，则父标签盒子的上外边距会与子标签盒子的上外边距发生合并，合并后的外边距为两者中的较大者，即使父标签盒子的上外边距为0，也会发生合并，如图3-22所示。

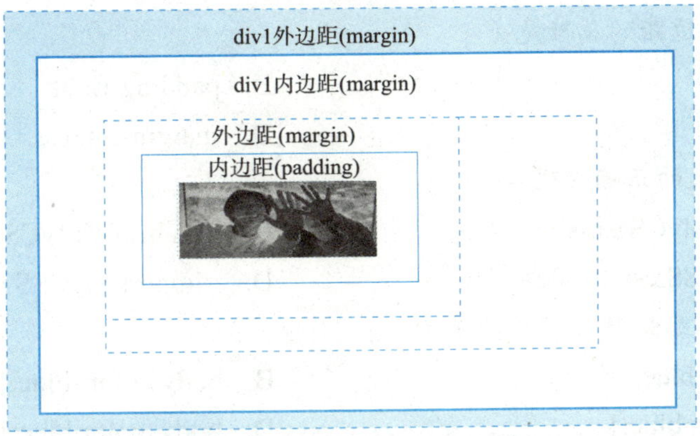

图 3-22　嵌套标签盒子外边距合并

（3）解决方法。外边距合并问题增加了网页布局的不可控性和复杂程度，可以通过以下方法解决这个问题：

① 给父盒子加边框（border）。

示例CSS码如下：

```
border: 1px solid #F00;          /* 定义父div的上边框 */
```

② 给父盒子样式加溢出属性（overflow: hidden）。

示例CSS代码如下：

```
overflow:hidden;                 /* 定义父div的overflow属性 */
```

③ 给父元素框加内边距（padding）。

示例CSS代码如下：

```
padding-top: 1px;                /* 定义父div的上内边距 */
```

小 结

本章主要介绍了CSS的语法格式、CSS的类型和引用方法、各种CSS选择器、常见CSS样式属性的用法、CSS的优先级和CSS框模型等内容。本章的难点是应用CSS的优先级正确判断HTML元素的显示效果。需要重点掌握的内容是能够构造恰当的CSS选择器、优化CSS代码，正确应用和设置CSS框模型。

习 题

一、选择题

1. 定义CSS内部样式表的HTML标签是（ ）。

   A. <style>　　B. <script>
   C. <link>　　D. <css>

2. 改变div标签右边距的属性是（ ）。

   A. text-indent　　B. padding-right
   C. margin　　D. margin-right

3. 引用外部样式表的正确代码是（ ）。

   A. <styl src="MyCSS.css">　　B. <lin href="MyCSS.css">
   C. <style MyCSS.css</style>　　D. <import MyCSS.css</import>

4. 在下列代码中，CSS语法正确的是（ ）

   A. body:color=blue;　　B. body;color=blue;}
   C. {body:color=blue;}　　D. body{color:blue;}

5. 在代码div{color:red;font-size:16px;}中，（ ）表示选择器。

   A. color　　B. red
   C. div　　D. h1

6. 在下列CSS代码中，（ ）表示边框颜色。

   A. border-color: red;　　B. text-align: center;
   C. letter-spacing: 1px;　　D. vertical-align: top;

7. 要显示一个具有宽度的边框：顶边框10 px、右边框1 px、底边框5 px、左边框20 px，应选择（ ）。

   A. border-width: 10px 1px 5px 20px;　　B. border-width: 10px 20px 5px 1px;
   C. border-width: 5px 20px 10px 1px;　　D. border-width: 10px 5px 20px 1px;

8. 在代码border-left-color: #FF0000中，下列（ ）项是正确的。

   A. 左边框颜色为红色　　B. 右边框颜色为红色
   C. 上边框颜色为红色　　D. 下边框颜色为红色

9. HTML 标签的（　　）属性用来定义内联样式。

A. font　　B. class

C. style　　D. styles

10. TRBL 规则指的是（　　）。

A. 上 - 下 - 右 - 左　　B. 上 - 右 - 下 - 左

C. 左 - 右 - 上 - 下　　D. 右 - 上 - 左 - 下

二、简答题

1. 在 HTML5 文档中，引入 CSS 的方式有哪些？
2. CSS 选择符有哪些？
3. 盒模型（框模型）的内容主要有哪些？

第4章 网页的布局设计

在第2章中探讨了单列图文网页的设计，这种布局以其简洁性、快速制作及广泛的应用场景和显著效果而受到青睐。相较于单列布局，多列图文网页、平面布局的图文网页能够更有效地利用计算机屏幕空间，为用户提供更为丰富的体验和更强的视觉冲击力，其应用场景也更为多样。然而，这种布局的复杂性对Web前端设计提出了更高的要求和挑战。

学习目标

✧ 掌握网页相对宽度和固定宽度的总体布局方法。

✧ 掌握固定定位、相对定位在网页布局中的应用。

✧ 掌握元素浮动在网页布局中的应用。

✧ 掌握弹性布局在网页中的应用。

✧ 能够在开发设计Web网站中做到"自觉践行社会主义核心价值观，遵纪守法，能够开发具有一定美学价值、社会价值和实用价值的Web前端网站"。

4.1 项目实践7：拼图游戏界面设计

项目描述

视频 项目实践7

选用一张风景画，将其划分为九个大小相同的切片，并将九个切片随机插入3行3列的网格中，做成九宫格拼图游戏的初始界面。

软件环境

Windows 10、Dreamweaver 21.2、Photoshop 2020、Edge、Chrome。

设计指导

（1）启动Photoshop 2020（以下简称PS），打开选好的风景画。

（2）在PS的工具箱中单击“切片选择工具”按钮，接着单击工作区中的图片，再在“选项栏”上单击“划分”按钮，打开“划分切片”对话框。勾选“水平划分为”复选框，在其下方的文本框中输入数字3，勾选“垂直划分为”复选框，在其下方的文本框中输入数字3。最后单击“确定”按钮。整张图片被3行3列的网格线划分为九个大小相同的切片，如图4-1所示。

图 4-1　划分切片

（3）在PS的菜单上，单击“文件”>“导出”>“存储为Web所用格式（旧版）”命令（见图4-2），打开“存储为Web所用格式”对话框（见图4-3），单击对话框下方的“存储”按钮，打开“将优化结果存储为”对话框，单击“保存”按钮（见图4-4），九个图像切片就被保存至站点的images文件夹中。

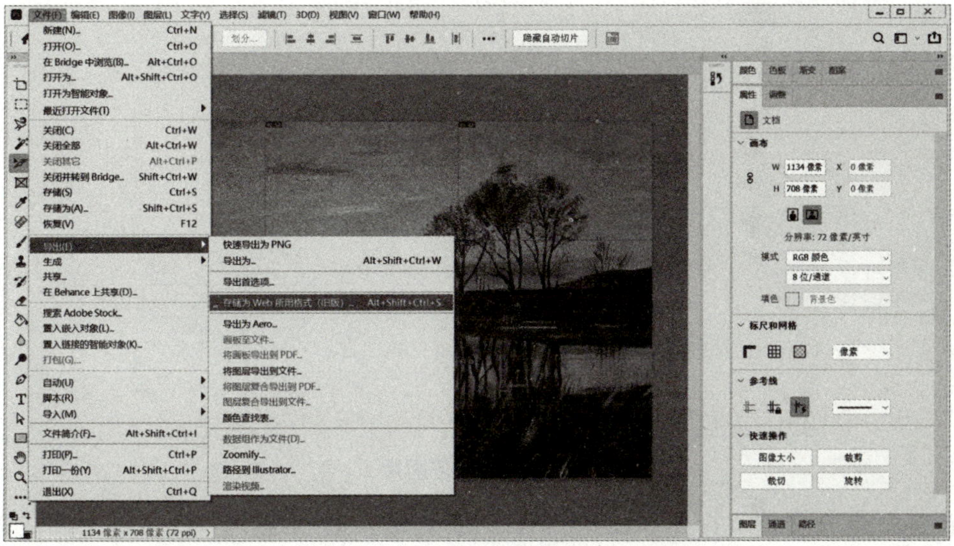

图 4-2　导出切片

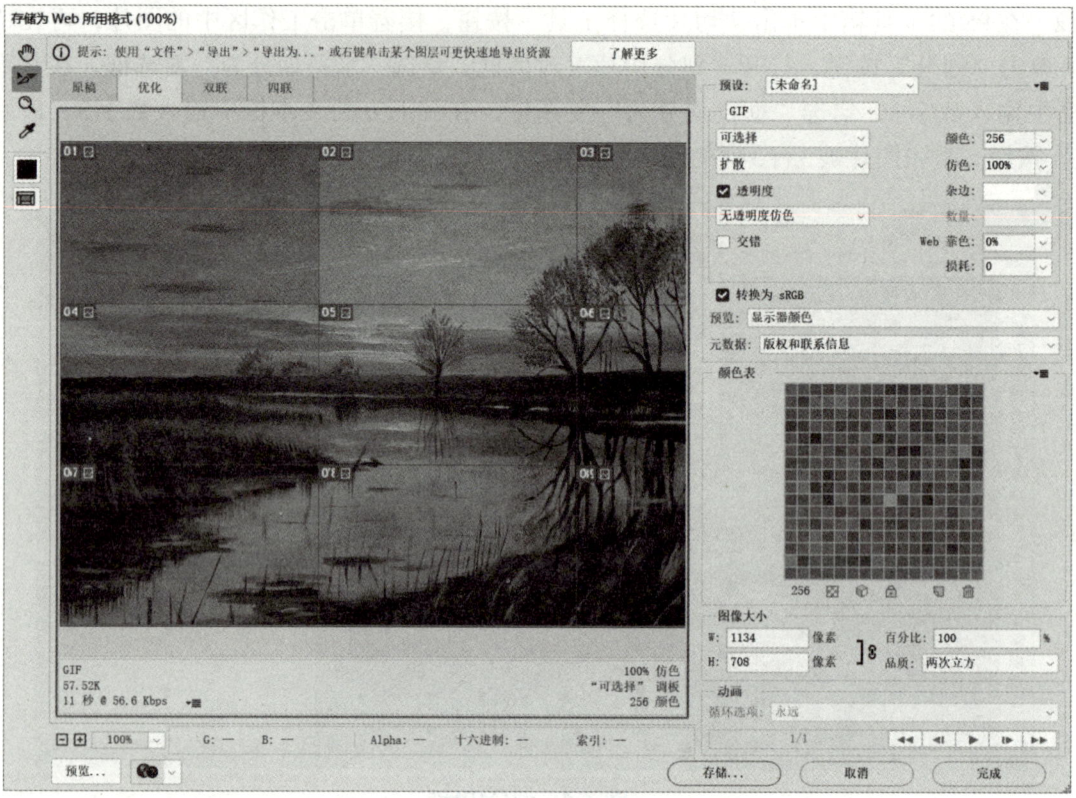

图 4-3 存储选项

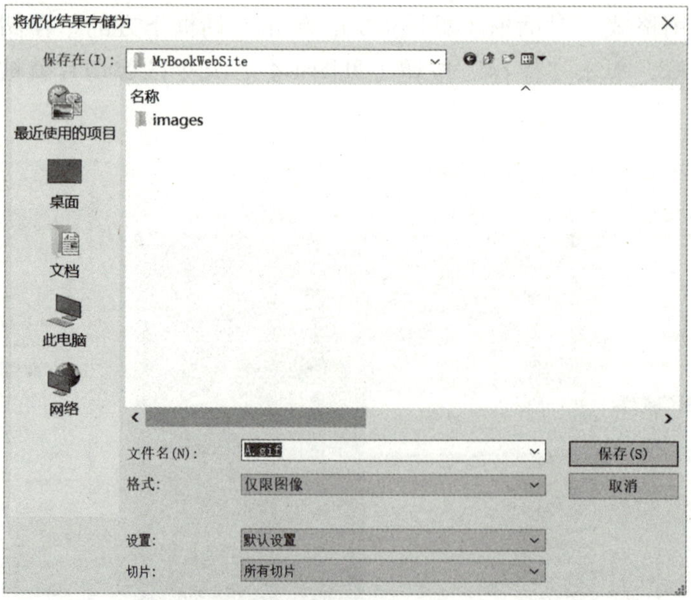

图 4-4 保存切片

（4）新建站点和文件。打开Dreamweaver，新建站点后创建一个新网页文件，文档类型为HTML5，文件保存为“项目实践7-拼图游戏界面设计.html”。

（5）选择Dreamweaver的代码视图进行设计，输入如下代码：

项目实践 7- 拼图游戏界面设计 .html 的核心代码：

```
<!doctype html>
<html>
<head>
    <meta charset="utf-8">
    <title>九宫格拼图游戏界面</title>
    <style type="text/css">
        section { border: 1px solid #F00;
            width: 1134px;  height: 708px;   margin: auto;
            display: flex;    flex-wrap: wrap; }
        div { width: 378px;  height: 236px;    margin: 0px; }
        #div10 { border: 1px solid #00F;
            position: absolute;    left: 10px;    top: 250px; }
        h1{ text-align: center; }
    </style>
</head>
<body>
   <h1>九宫格拼图游戏</h1><hr><br>
   <section>
   <div id="div01" ondragover="allowDrop(event)"  ondrop="drop(event)"><img id="img 01" src="images/A_09.gif" width="378" height="236" draggable="true" ondragstart="drag(event)" /></div>
   <div id="div02" ondragover="allowDrop(event)"  ondrop="drop(event)"><img id="img 02" src="images/A_08.gif" width="378" height="236" draggable="true" ondragstart="drag(event)" /></div>
   ......
   <div id="div09" ondragover="allowDrop(event)"  ondrop="drop(event)"><img id="img 09" src="images/A_01.gif" width="378" height="236" draggable="true" ondragstart="drag(event)" /></div>
   </section>
   <div id="div10" ondragover="allowDrop(event)"  ondrop="drop(event)">腾挪切片暂存空间</div>
   <script type="text/javascript">
      function allowDrop(ev) { ev.preventDefault(); }
      function drag(ev)  { ev.dataTransfer.setData("Text",ev.target.id); }
      function drop(ev)  { ev.preventDefault();
         var data=ev.dataTransfer.getData("Text");
         ev.target.appendChild(document.getElementById(data)); }
   </script>
</body>
</html>
```

（6）测试修改，保存文件，完成网页的设计。

（7）网页的浏览效果如图4-5所示。

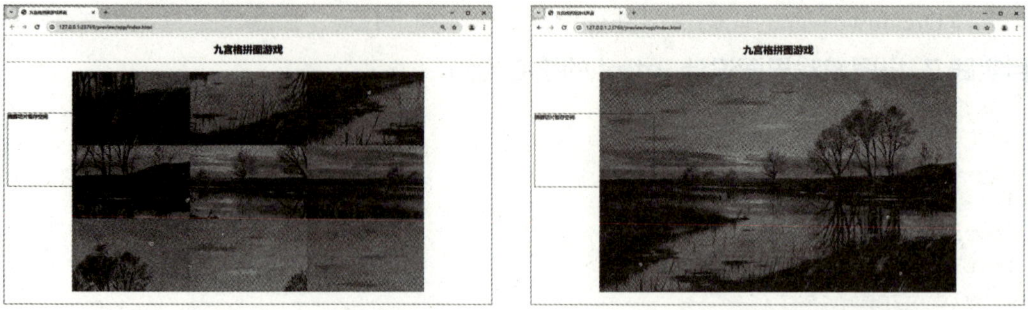

（a）初始界面　　（b）拼图完成后界面

图 4-5　网页浏览效果

项目总结

（1）在本项目的网页设计过程中，使用“display: flex; flex-wrap: wrap;”属性对<section>容器进行布局设计。

（2）风景画图片尺寸为“width: 1134px; height: 708px;”，切分为九个大小相同的切片后，每个切片的尺寸为“width="378" height="236"”。

（3）在本项目中切片不能直接拖放到目标网格中，故“<div id="div10">腾挪切片暂存空间</div>”用于暂存移动切片的临时空间。

（4）切片拖放功能的实现（第25 ~ 31行代码）参看第7章的内容。

4.2 网页总体布局方法与设计

4.2.1 网页总体布局方法

目前随着越来越多的显示设备出现，从计算机显示器到平板计算机再到智能手机，显示屏幕的分辨率差别非常大。在进行网页布局时，面临的最大问题就是要针对不同的显示器尺寸和分辨率设计出合理的页面。网页的整体布局共有固定宽度、流式、响应式三种方式。

1. 固定宽度网页布局

采用固定宽度设计网页布局，是在<body></body>里面首先设置一个固定宽度的div框（外框），再在div框中布局网页的所有模块（其他div框或header框、article框、footer框等元素框）。一般为了适应主流的分辨率（1 920 × 1 080 px、1 024 × 768 px，早期为800 × 600 px），网页的固定宽度一般设计在1 920 px和1 024 px宽度以下，使浏览器在最大窗口状态下浏览网页时不出现水平滚动条。固定布局不管屏幕分辨率如何变化，用户看到的都是固定宽度的内容。但如果浏览器窗口的水平宽度小于网页的固定宽度，则会出现滚动条。它的好处是能如同平面媒体一样，版面上所有区域的大小都能维持不变，让用户的操作习惯不会受到屏幕分辨率大小不同的影响。

采用固定宽度网页布局的优点如下：

（1）设计师所设计的网页界面就是用户最终所能看到的效果。

（2）设计更加简单，并且更加容易定制。

（3）在所有浏览器中宽度一样，所以不会受到图片、表单、视频和其他固定宽度内容的影响。

（4）不需要 min-width、max-width 等属性，因为有些浏览器并不支持这些属性。

（5）即使需要兼容 800 × 600 px 或更小的分辨率，网页的主体内容仍然有足够的宽度，易于阅读。

采用固定宽度网页布局的缺点如下：

（1）对于使用高分辨率的用户，固定宽度布局会在左右留下很大的空白。

（2）屏幕分辨率过小时会出现横向滚动条。

（3）当使用固定宽度布局时，应该确保外层的 div 框在屏幕中居中（margin:0 auto）以保持一种显示平衡，否则对于使用大分辨率的用户，整个页面会被偏置到左边或右边去。

2. 流式网页布局

流式布局通常也称液态布局。通常采用相对于显示屏幕分辨率大小百分比的方式自适应不同的分辨率。它不会像固定宽度布局一样出现左右两侧空白或出现水平滚动条，而是可以根据浏览器的宽度和屏幕的大小自动调整效果，灵活多变。

在流式布局的网页中，设置宽度尺寸使用百分数（搭配 min-*、max-* 属性使用）。例如，设置网页主体的宽度为 80%，min-width 为 960 px，图片也作类似处理（width:100%，max-width 一般设定为图片本身的尺寸，防止被拉伸而失真）。这种布局方式适用于屏幕尺度跨度不是太大的情况下，主要用来应对不同尺寸的 PC 屏幕。

流式网页布局的优点如下：

（1）对用户更加友好，因为它能够部分自适应用户的显示屏幕。

（2）页面周围的空白区域在所有分辨率和浏览器下都是相同的，在视觉上更美观。

（3）流动布局可以避免在小分辨率下出现水平滚动条。

流式网页布局的缺点如下：

（1）设计者需要在不同的分辨率下进行测试，才能够看到最终的设计效果。

（2）不同分辨率下图像或者视频可能需要准备不同的对应的素材。

（3）在屏幕分辨率跨度特别大时，内容会过大或者过小，变得难以阅读。

3. 响应式网页布局

由于固定宽度网页布局和流式网页布局都具有一定的缺点，因此，随着 CSS3 出现媒体查询技术，又发展出了响应式网页布局设计的概念。响应式设计的目标是确保一个页面在所有终端上（各种尺寸的 PC、手机、平板计算机等的 Web 浏览器）都能显示出令人满意的效果。对 CSS 编写者而言，虽然在实现上不拘泥于具体手法，但是通常是糅合了流式布局，再搭配媒体查询技术使用。它能够帮助网页根据不同的设备平台对内容、媒体文件和布局结构进行相应的调整与优化，从而使网站在各种环境下都能为用户提供一种最优且相对统一的体验模式。

响应式布局的关键技术是 CSS3 中的媒体查询，可以在不同分辨率下对元素重新设置样式，在不同屏幕下可以显示不同版式，一般来说响应式布局配合流式布局效果更好。

4.2.2　网页总体布局设计

网页页面一般由页面顶部、页面正文、页面底部三部分组成。在网站中，页面顶部和页面底部一般是相同的，形成统一的头部和底部风格。所以，网页页面的设计一般是对页面正文进行布局，而页面正文的布局设计可以是千差万别的，但基本结构还是有共同的。图4-6所示为一个网页页面的布局情况。

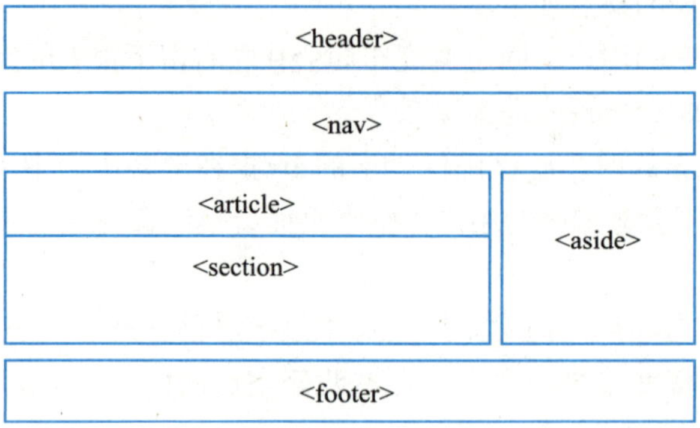

图 4-6　页面布局示意图

在图4-6中，< header >表示网页的顶部（页眉、页头），<footer>表示网页的底部（页脚），中间的正文部分则由左右两个垂直划分的部分组成，而左边部分又细分为<article>和<section>两个水平部分，<aside>则为中间正文右边侧栏。总之，中间的正文部分会进行水平分割或垂直分割，划分为许多小模块。

表4-1给出了HTML5语义元素的含义。

表 4-1　HTML5 语义元素的含义

标　签	含　义
header	定义文档或节的页眉
nav	定义导航链接的容器
section	定义文档中的节（可以有页眉和页脚）
article	定义独立的自包含文章
aside	定义内容之外的内容（比如侧栏）
footer	定义文档或节的页脚
details	定义额外的细节
summary	定义 details 元素的标题

实例 4.1 应用<header>、<nav>、<section>及<footer>标签创建一个多列布局的网页。

操作过程：

（1）打开Dreamweaver，创建站点，新建一个HTML5文档，保存为“实例4.1-一个简单的多列布局的网页.html”。

（2）在<body></body>中设计页面的布局元素。首先插入一对<header></header>标签，作为页面的头部，水平宽度默认；其次插入一对<nav></nav>标签，作为页面的导航栏目，设置宽度100 px，靠左浮动对齐；然后插入一对<section></section>标签，作为页面正文的核心模块，设置宽度350 px，靠左浮动对齐；最后插入一对<footer></footer>标签，作为页面的底部。

（3）输入网页文本内容。在各对标签中，输入相应的文本内容，完成网页的设计。

（4）测试、修改和发布网页。网页的具体代码如下：

实例 4.1- 一个简单的多列布局的网页 .html 的核心代码：

```
<!doctype html>
<html>
<head>
  <style>
  header { background-color:#A00;  color:white;
      text-align:center;  padding:5px; }
  nav { background-color:#E00;
      line-height:30px;
      height:300px;  width:100px;
  float:left;
  padding:5px; }
  section { width:350px;
      float:left;
      padding:10px; }
    footer { background-color:#B00;  color:white;
      text-align:center;
      clear:both;
    padding:5px; }
  </style>
</head>
<body>
  <header>
    <h1>City Gallery</h1>
  </header>
  <nav>
    London<br>  Paris<br>  Tokyo<br>
  </nav>
  <section>
    <h1>London</h1>
  <p>
    London is the capital city of England. It is the most populous city in the United Kingdom, with a metropolitan area of over 13 million inhabitants.
  </p>
  <p>
    Standing on the River Thames, London has been a major settlement for two millennia, its historygoing back to its founding by the Romans, who named-it Londinium.
  </p>
  </section>
  <footer> Copyright W3Schools.com </footer>
</body>
</html>
```

网页的运行结果如图4-7所示，<nav></nav>和<section></section>构成网页页面的正文模块。

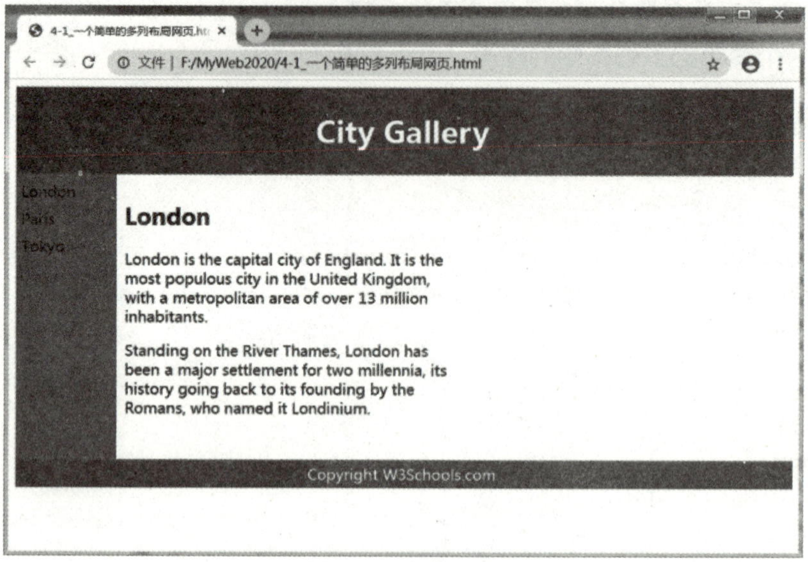

图4-7 页面布局示意图

4.3 元素框的定位与浮动

在HTML文档中，div框之间可以是并列关系，也可以是嵌套关系。在网页布局设计时，需要运用一定的CSS技术，将这些div元素框按照预期的渲染效果精确地布放到位。这不仅包括将它们合理布置在网页的不同位置，还涉及如何显示和调整这些div框中的内容，以实现所需的视觉效果和用户交互体验。通过巧妙地运用定位与浮动技术，可以创建出复杂而灵活的网页布局，从而满足各种设计需求。

4.3.1 绝对定位

绝对定位是定义HTML元素在页面中的位置（坐标），可以是在网页（body容器）中的绝对位置，也可以是相对其父元素的绝对位置。

HTML元素绝对定位的属性设置如下：

```
position: absolute;
```

绝对定位可以使该元素脱离普通流的布局（其位置由后面的元素补上），独立地在页面的指定位置上显示。

拓展阅读

（1）CSS提供了三种定位机制：普通流、定位（position）和浮动（float）。

（2）页面是由页面流构成的。一般情况下，HTML元素在页面流中的位置是由该元素在

HTML/ XTHML 文档中的位置或者在代码中的位置决定的；块级元素从上向下排列（每个块元素单独成行），而内联元素将从左向右排列；元素在页面中的位置会随外层容器的改变而改变。

实例 4.2 在网页中设计一个布局的div框，然后再插入五个有图片的div框，对它们进行绝对定位，观察网页的渲染效果。

操作过程：

（1）打开Dreamweaver创建站点，新建一个HTML5文档，保存为“实例4.2-五个div框的绝对定位.html”。

（2）在代码窗口中，在<body></body>中插入<div id="B00"></div>框，作为页面的整体布局，设置绝对定位“position: absolute; width: 50%; left: 25%;”，该页面在显示时居中浏览器窗口，宽度为窗口的一半。

（3）依次在<div id="B00"></div>插入五个<div></div>框，id分别命名为B01 ~ B05，都设置为绝对定位“position: absolute;”，插入图片，保存文件，浏览效果，发现五张图片都重叠在一起了。根据图片的宽度，给五个<div>框设置不同的、合适的left值，top值统一设置为0，图片就在一行分开显示了。

（4）测试、修改和发布网页。网页的具体代码如下：

实例 4.2- 五个 div 框的绝对定位 .html 的核心代码：

```
<!doctype html>
<html>
<head>
  <meta charset="utf-8">
  <title>五个内嵌div的定位全部绝对</title>
  <style type="text/css">
  #B00 {
    width: 50%;
    border: 1px solid #FF0000;
    position: absolute;
    height: 50%;
    left: 25%;
  }
  #B01 {
    border: 1px solid #FF0000;
    position: absolute;
    left: 0px;
    top: 0px;
  }
  #B02 {
    border: 1px solid #FF0000;
    position: absolute;
    left: 0px;
    top: 0px;
  }
  #B03 {
    border: 1px solid #0000FF;
```

```
    position: absolute;
    left: 300px;
    top: 0px;
  }
  #B04 {
    border: 1px solid #FFFF00;
    position: absolute;
    left: 450px;
    top: 0px;
  }
  #B05 {
    border: 1px solid #FF00FF;
    position: absolute;
    left: 600px;
    top: 0px;
  }
  </style>
</head>
<body>
  <div id="B00">
    <div id="B01"><img src="imgs/078230-01.jpg" width="127" height="180" alt=""/></div>
    <div id="B02"><img src="imgs/074888-01.jpg" width="128" height="180" alt=""/></div>
    <div id="B03"><img src="imgs/077151-01.jpg" width="127" height="180" alt=""/></div>
    <div id="B04"><img src="imgs/059354-01.jpg" width="127" height="180" alt=""/></div>
    <div id="B05"><img src="imgs/072282-01.jpg" width="127" height="180" alt=""/></div>
  </div>
</body>
</html>
```

网页的运行结果如图4-8和图4-9所示。

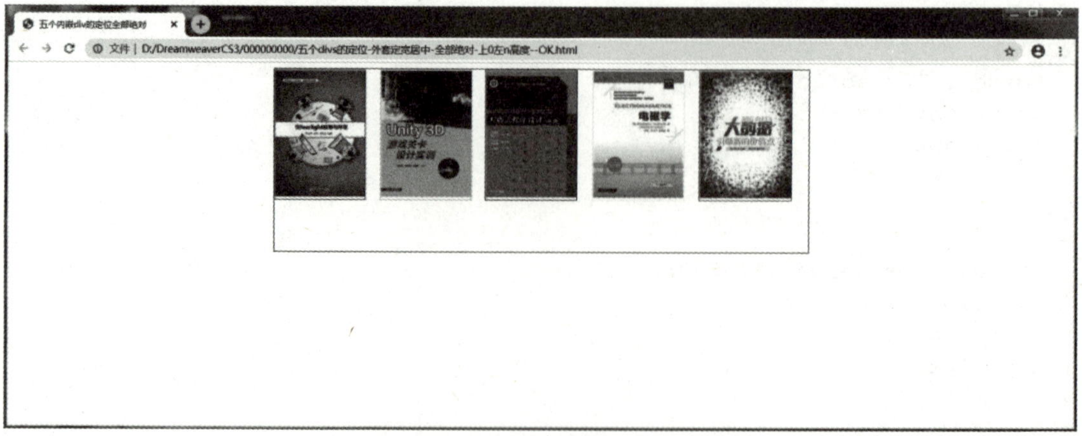

图 4-8 网页浏览效果（正常分辨率）

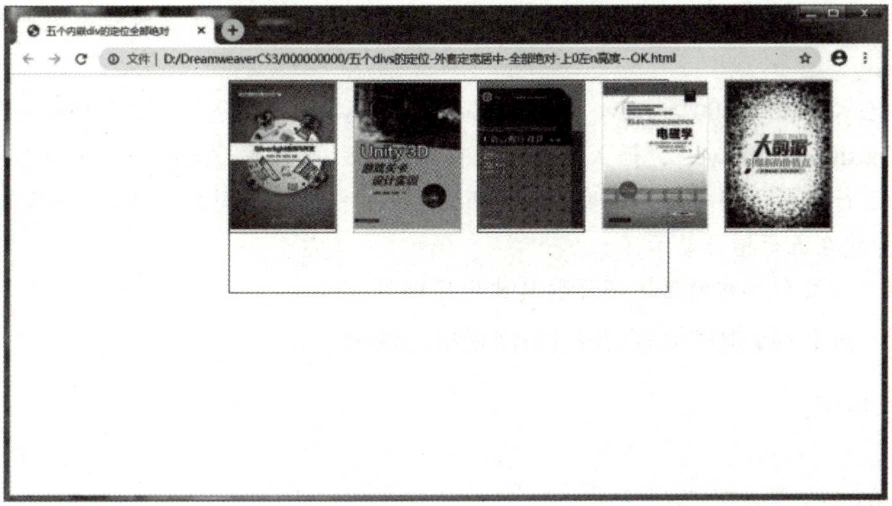

图 4-9 浏览器缩小显示网页时的效果

实例总结：

从图中可以看出，在布局<div id="B00">框设置相对宽度时，分辨率改变时，页面的布局宽度也会改变，虽然五个div框相对<div id="B00">框的结构尺寸保持不变，但后面的div框到布局框的外面去了，达不到整齐美观的目的。即使布局框采用绝对宽度值，它里面的div框也有可能到框外。

采用绝对定位，必须要设置不同的、合适的left值，以保证div框不重叠。

提示：①当position的属性值为relative、absolute或fixed时，可以使用元素的偏移属性left、top、right和bottom进行具体（准确）定位；②当position属性为static时，会忽略left、top、right、bottom和z-index等相关属性的设置。

4.3.2 相对定位

相对定位是定义HTML元素在页面中的位置（坐标），可以是在网页（body容器）中的相对位置，也可以是相对其父元素的相对位置。

HTML元素相对定位的属性设置如下：

```
position: relative;
```

相对定位可以使该元素离开其在普通流中的原始位置，在页面的指定位置（相对原始位置）上显示。

实例 4.3 在网页中设计一个布局的div框，然后再插入五个有图片的div框，对它们进行相对定位，观察网页的渲染效果。

操作过程：

（1）打开Dreamweaver创建站点，新建一个HTML5文档，保存为“实例4.3-五个div框的相对定位.html”。

（2）在代码窗口中，在<body></body>中插入<div id="B00"></div>框，作为页面的整体布局，设置绝对定位“position: absolute; width: 50%; left: 25%;”，该页面在显示时居中浏览器窗口，宽度为窗口的一半。

（3）依次在<div id="B00"></div>插入五个<div></div>框，id分别命名为B01 ~ B05，都设置为相对定位“position: relative;”，插入图片，保存文件，浏览效果，发现五张图片都按照正常文档流的次序、分五行显示。根据图片的宽度，给五个<div>框设置不同的、合适的left值，top值统一设置为0，图片就在五行错开显示了。

（4）测试、修改和发布网页。网页的具体代码如下：

实例 4.3- 五个 div 框的相对定位 .html 的核心代码：

```
<!doctype html>
<html>
<head>
  <meta charset="utf-8">
  <title>五个内嵌div的定位全部相对上0左n</title>
  <style type="text/css">
  #B00 {
      width: 50%;
      border: 1px solid #FF0000;
      position: absolute;
      height: auto;
      left: 25%;
  }
  #B01 {
      border: 1px solid #FF0000;
      position: relative;
      left: 0px;
      top: 0px;
  }
  #B02 {
      border: 1px solid #00FF00;
      position: relative;
      left: 150px;
      top: 0px;
  }
  #B03 {
      0border: 1px solid #0000FF;
      position: relative;
      left: 300px;
      top: 0px;
  }
  #B04 {
      border: 1px solid #FFFF00;
      position: relative;
      left: 450px;
      top: 0px;
  }
  #B05 {
      border: 1px solid #FF00FF;
```

```
        position: relative;
        left: 600px;
        top: 0px;
    }
    </style>
</head>
<body>
    <div id="B00">
        <div id="B01"><img src="imgs/078230-01.jpg" width="127" height="180" alt=""/></div>
        <div id="B02"><img src="imgs/074888-01.jpg" width="128" height="180" alt=""/></div>
        <div id="B03"><img src="imgs/077151-01.jpg" width="127" height="180" alt=""/></div>
        <div id="B04"><img src="imgs/059354-01.jpg" width="127" height="180" alt=""/></div>
        <div id="B05"><img src="imgs/072282-01.jpg" width="127" height="180" alt=""/></div>
    </div>
</body>
</html>
```

网页的运行结果如图4-10和图4-11所示。

实例总结：

从图中可以看出，在布局<div id="B00">框设置相对宽度时，分辨率改变时，页面的布局宽度也会改变，虽然五个div框相对<div id="B00">框的结构尺寸保持不变，但后面的div框到布局框的外面去了，达不到整齐美观的目的。即使布局框采用绝对宽度值，它里面的div框也有可能到框外。

采用相对定位，必须要设置不同的top值（含负值），才能保证五个div框排成一行。

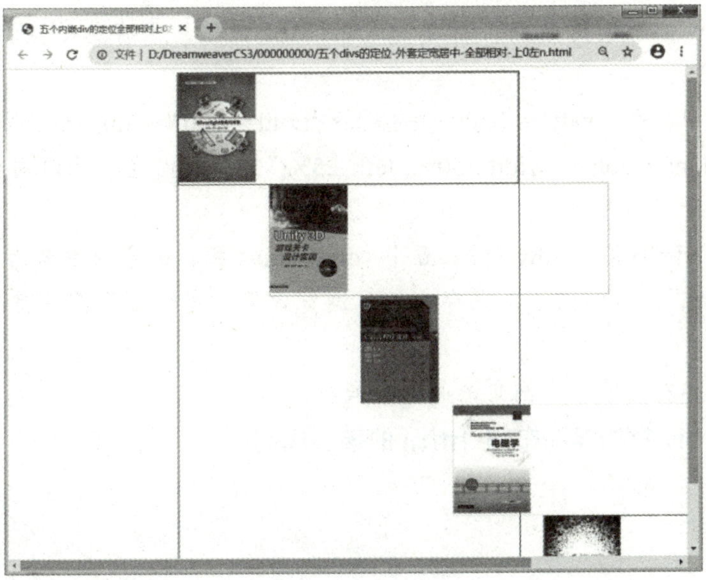

图 4-10　网页浏览效果（未设置 top 值）

图 4-11　网页浏览效果（五个 div 框排成一行，Chrome 浏览器通过测试）

4.3.3　元素浮动

前面的绝对定位和相对定位，都必须根据元素框的实际尺寸，通过计算给每个元素设置合适的 left 值和 top 值，才能使它们排成一行，或者布局到指定的位置。此外还必须考虑元素排列到布局框的最右边时与右边界重合的情况，既不能超出右边界，也不能与右边界有太大的间隙或不同的间隙，十分不方便。采用浮动布局可以较好地解决该问题。

HTML 元素浮动布局的属性设置如下：

```
float: left | right | none;
```

浮动布局可以使该元素的边界碰到前一个元素的边界，排在一行内。如果一行排不下就换行排列，并且其边界与父元素的边界接触。同时，设置了浮动属性的元素，允许它后面的元素接触到其边界。

实例 4.4 在网页中设计一个布局的 div 框，然后再插入五个有图片的 div 框，对它们进行浮动布局，观察网页的渲染效果。

操作过程：

（1）打开 Dreamweaver 创建站点，新建一个 HTML5 文档，保存为“实例 4.4- 五个 div 框的浮动布局 .html”。

（2）在代码窗口中，在 <body></body> 中插入 <div id="B00"></div> 框，作为页面的整体布局，设置绝对定位“position: absolute; width: 50%; left: 25%;”，该页面在显示时居中浏览器窗口，宽度为窗口的一半。

（3）依次在 <div id="B00"></div> 插入五个 <div></div> 框，id 分别命名为 B01 ～ B05，都设置为浮动布局“float: left;”，插入图片，保存文件，浏览效果，发现五张图片都按照正常文档流的次序、在一行内显示。

（4）测试、修改和发布网页。网页的具体代码如：

实例 4.4- 五个 div 框的浮动布局 .html 的核心代码：

```
<!doctype html>
<html>
<head>
  <meta charset="utf-8">
```

```
  <title>五个内嵌div的定位全部相对左浮动全部</title>
  <style type="text/css">
  #B00 {
      width: 50%;
      border: 1px solid #FF0000;
      position: absolute;
      height: auto;
      left: 25%;
  }
  #B01 {
      border: 1px solid #FF0000;
      float: left;
  }
  #B02 {
      border: 1px solid #00FF00;
      float: left;
}
  #B03 {
      border: 1px solid #0000FF;
      float: left;
  }
  #B04 {
      border: 1px solid #FFFF00;
      float: left;
  }
  #B05 {
      border: 1px solid #FF00FF;
      float: left;
  }
  </style>
</head>
<body>
  <div id="B00">
    <div id="B01"><img src="imgs/078230-01.jpg" width="127" height="180" alt=""/></div>
    <div id="B02"><img src="imgs/074888-01.jpg" width="128" height="180" alt=""/></div>
    <div id="B03"><img src="imgs/077151-01.jpg" width="127" height="180" alt=""/></div>
    <div id="B04"><img src="imgs/059354-01.jpg" width="127" height="180" alt=""/></div>
    <div id="B05"><img src="imgs/072282-01.jpg" width="127" height="180" alt=""/></div>
  </div>
</body>
</html>
```

网页的运行结果如图4-12和图4-13所示。

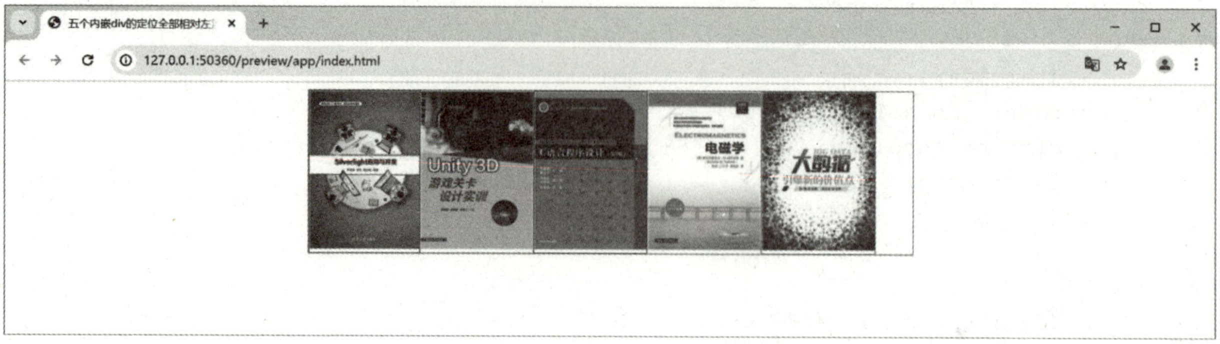

图 4-12 浏览器正常显示网页时的效果

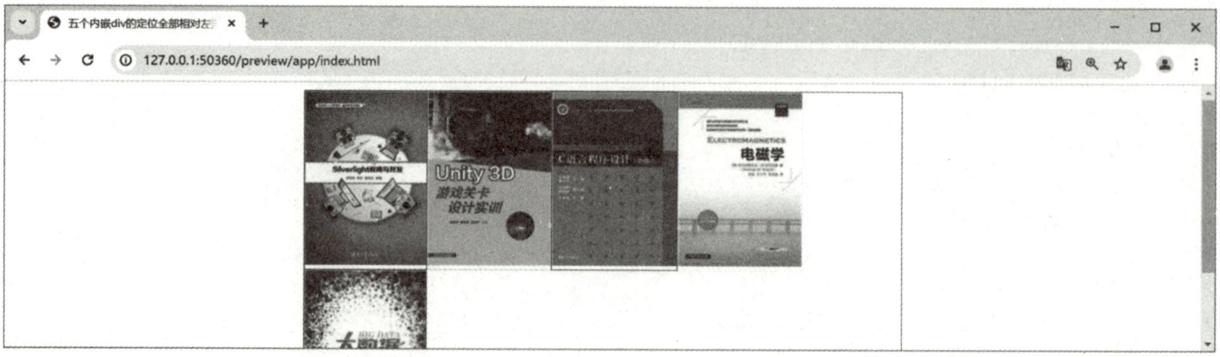

图 4-13 浏览器放大显示网页时的效果

实例总结：

从图中可以看出，在布局<div id="B00">框设置相对宽度时，分辨率改变时，页面的布局宽度也会改变。五个div框在<div id="B00">框中一个接一个紧挨着，不留间隙，最后一个div框不会到布局框的外面去，剩余的空间不够，就换行排列。在布局框采用绝对宽度值，也是这样的布局规律。

采用浮动布局，不需要计算div框的位置，也不用担心div框到边界的外面去。因此浮动布局是CSS布局排版中非常重要的技术手段之一。

4.4 使用div+CSS进行网页布局设计

网页的布局设计一般通过div+CSS技术来实现。这种技术是实现页面表现与内容相分离的核心手段。div+CSS布局方法是将页面视为由多个矩形的div框组成，通过CSS来定义这些div框的样式，并将它们合理地布置在网页中，以展示所需的内容。

1. 页面分块与语义标签

在设计中，一个页面通常被划分为几个独立的部分，如头部（header）、导航菜单（nav）、主要内容（main）、侧边栏（aside）、页脚（footer）等。每个部分都可以用一个div框来表示。

随着HTML5的引入，语义标签（如<header>、<nav>、<main>、<aside>、<footer>等）使得

页面代码更具可读性。这些标签提供了对页面结构的明确描述，有助于搜索引擎优化（SEO）和辅助技术的使用。

然而，尽管语义标签非常有用，但它们可能并不总是完全符合设计需求。在某些情况下，特别是当需要嵌套div框时，可能没有合适的语义标签可用。因此，div标签仍然在某些场景下是必需的，因为它是一个纯粹的容器标签，没有任何特定的语义，非常适合用于构建页面的外观和结构。不能因为有了HTML5的语义标签就弃用div标签。

2. CSS的定位机制

CSS提供了三种基本的定位机制：普通流（也称标准流或文档流）、浮动和绝对定位。

普通流：默认情况下，所有元素都在普通流中定位。块级元素从上到下依次排列，而内联元素则从左到右水平排列。块级框之间的垂直距离是由框的垂直外边距来计算。

浮动：浮动元素会从普通流中脱离，并向左或向右移动，直到其边缘碰到包含框或另一个浮动元素的边缘。float浮动定位只能作用于水平方向上的定位，不能在垂直方向上定位。浮动是实现多列布局和复杂布局的重要工具。

绝对定位：绝对定位的元素会完全脱离普通流，并相对于其最近的已定位祖先元素进行定位。如果没有已定位的祖先元素，则相对于初始包含块（通常是视口）进行定位。

3. CSS属性与布局

CSS为定位和浮动提供了一系列属性，如top、right、bottom、left（用于绝对定位和相对定位）、float（用于浮动定位）、clear（用于清除浮动）等。通过这些属性，可以实现网页的复杂布局，如多列布局、重叠布局等。

4. 元素叠放顺序与浮动清除

当使用相对定位或绝对定位时，元素可能会重叠。此时，可以使用z-index属性来设置元素之间的叠放顺序。z-index的值越大，元素越位于上层。

浮动元素可能会对后续的元素产生影响，导致布局问题。为了消除这种影响，可以使用clear属性来清除浮动。clear属性的值可以是left、right、both或none，分别表示清除左侧浮动、右侧浮动、两侧浮动或不清除浮动。

在HTML中，可以插入一个空的div元素，并设置其style属性为“clear: both;”来清除前面的浮动元素。但更好的做法是使用伪元素（如::after）来清除浮动，这样可以避免在HTML中插入额外的元素。

4.5 弹性布局设计

2009年，W3C提出了一种新的方案——Flex布局，可以简便、完整、响应式地实现各种页面布局。目前它已经得到了所有浏览器的支持。

Flex是flexible box（弹性布局）的缩写，用来为CSS框模型布局提供最大的灵活性。当页面需要适应不同的屏幕大小以及设备类型时，确保元素拥有自适应行为的一种布局方式。引入弹性盒布局模型的目的是提供一种更加有效的方式来对一个容器中的子元素进行排列、对齐和分配空白空间。

弹性盒布局方式与使用float等样式属性进行的布局方式的一个主要区别是，当使用float等样式属性时，需要对容器中每一个元素指定样式属性，而当使用弹性盒布局时，只需对容器元素指定样式属性。

4.5.1 Flex容器

采用Flex布局的元素，称为Flex容器（Flex container），简称“容器”。它的所有子元素自动成为容器成员，称为Flex项目（Flex item），简称“项目”。

容器默认存在两根轴：主轴（main axis）和垂直的交叉轴（cross axis）。主轴的开始位置（与边框的交叉点）称为main start，结束位置称为main end；交叉轴的开始位置称为cross start，结束位置称为cross end，如图4-14所示。

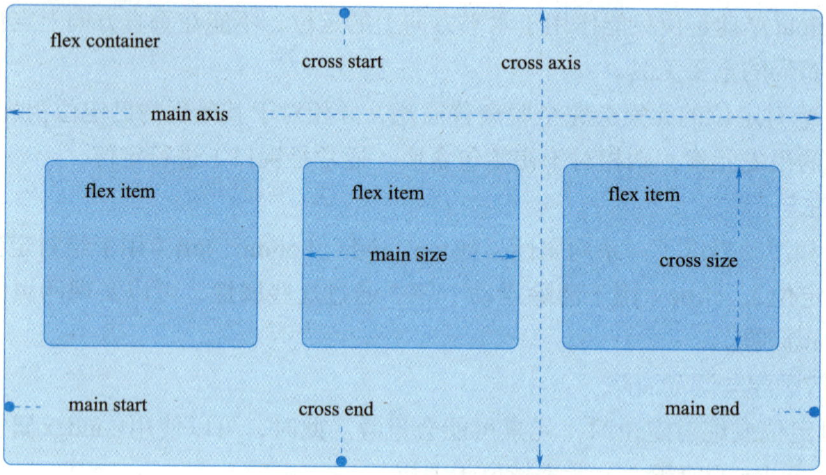

图 4-14 容器与项目示意图

项目默认沿主轴排列。单个项目占据的主轴空间称为main size，占据的交叉轴空间称为cross size。

任何一个容器都可以指定为Flex布局，语法格式如下：

```
.box{ display: flex; }
```

行内元素也可以使用Flex布局，语法格式如下：

```
.box{ display: inline-flex; }
```

Webkit内核的浏览器，必须加上-webkit前缀，语法格式如下：

```
.box{ display: -webkit-flex;  /* Safari : */ display: flex; }
```

元素设为Flex布局以后，其子元素的float、clear和vertical-align属性将失效。

4.5.2 容器的属性

容器有六个属性，即flex-direction、flex-wrap、flex-flow、justify-content、align-items、align-content，它们设置在容器上，具体含义见表4-2。

表4-2　容器的属性

属　性	描　述
flex-direction	在弹性容器中设置，指定了弹性容器中子元素的排列方式
flex-wrap	在弹性容器中设置，设置弹性容器的子元素超出父容器时是否换行
flex-flow	在弹性容器中设置，flex-direction 和 flex-wrap 的简写
justify-content	在弹性容器中设置，定义弹性容器的子元素在主轴方向上的对齐方式
align-items	在弹性容器中设置，定义弹性容器的子元素在侧轴方向上的对齐方式
align-content	在弹性容器中设置，用于进一步修改 flex-wrap 属性的行为。类似于 align-items，但它不是设置弹性子元素的对齐，而是设置各个行的对齐

1. flex-direction属性

flex-direction属性决定主轴的方向（即项目的排列方向），语法格式如下：

```
.box{ flex-direction: row|row-reverse|column|column-reverse; }
```

该属性有四个取值：

row（默认值）：主轴为水平方向，起点在左端。

row-reverse：主轴为水平方向，起点在右端。

column：主轴为垂直方向，起点在上沿。

column-reverse：主轴为垂直方向，起点在下沿。

2. flex-wrap属性

默认情况下，项目都排在一条线（又称“轴线”）上。flex-wrap属性定义一条轴线排不下时如何换行。语法格式如下：

```
.box{ flex-wrap: nowrap|wrap|wrap-reverse; }
```

该属性有三个取值。

（1）nowrap（默认）：不换行。

（2）wrap：换行，第一行在上方。

（3）wrap-reverse：换行，第一行在下方。

图4-15表示了设置flex-wrap: wrap后，项目主轴总尺寸超出容器时换行，第一行在上方。

图4-16表示了设置flex-wrap: wrap-reverse后，项目主轴总尺寸超出容器时换行，第一行在下方。

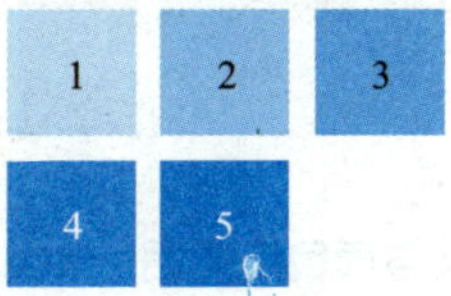

图 4-15　容器与项目示意图（换行到下方）

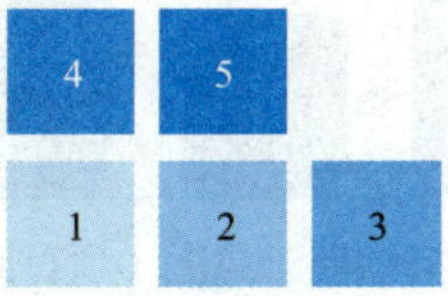

图 4-16　容器与项目示意图（换行到上方）

3. flex-flow属性

flex-flow属性是flex-direction属性和flex-wrap属性的简写形式。语法格式如下：

```
.box{ flex-flow: <flex-direction> || <flex-wrap>; }
```

默认值为row nowrap，是将flex-direction属性和flex-wrap属性写在一起。

4. justify-content属性

justify-content属性定义了项目在主轴上的对齐方式。语法格式如下：

```
.box{ justify-content: flex-start|flex-end|center|space-between|space-around; }
```

该属性有五个取值，具体对齐方式与轴的方向有关，下面假设主轴为从左到右：

flex-start（默认值）：左对齐。

flex-end：右对齐。

center：居中。

space-between：两端对齐，项目之间的间隔都相等。

space-around：每个项目两侧的间隔相等。故项目之间的间隔比项目与边框的间隔大一倍。

5. align-items属性

align-items属性定义项目在交叉轴上如何对齐。语法格式如下：

```
.box{ align-items: flex-start|flex-end|center|baseline|stretch; }
```

该属性有五个取值。具体的对齐方式与交叉轴的方向有关，下面假设交叉轴从上到下：

stretch（默认值）：如果项目未设置高度或设为auto，将占满整个容器的高度。

flex-start：交叉轴的起点对齐。

flex-end：交叉轴的终点对齐。

center：交叉轴的中点对齐。

Baseline: 项目的第一行文字的基线对齐。

默认值为stretch，即如果项目未设置高度或者设为auto，将占满整个容器的高度。

例如，假设容器高度设置为100 px，而项目都没有设置高度的情况下，则项目的高度也为100 px。图4-17表示了设置align-items: stretch时交叉轴的对齐方式。

假设容器高度设置为100 px，而项目分别为20 px、40 px、60 px、80 px、100 px，图4-18表示了设置align-items: flex-start时交叉轴的起点对齐方式。

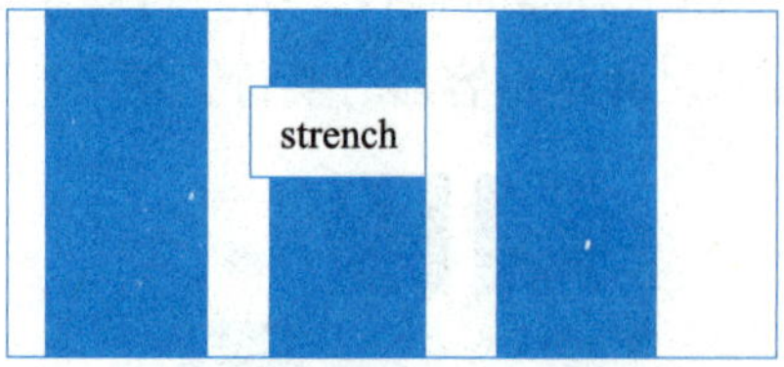

图4-17 容器与项目示意图（项目默认对齐方式）

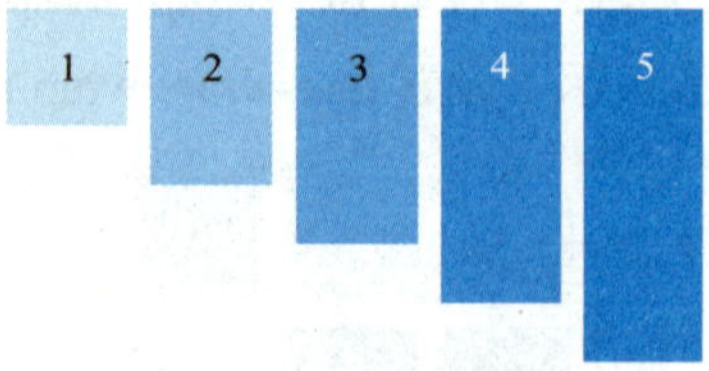

图4-18 容器与项目示意图（交叉轴起点对齐）

图4-19表示了设置align-items: flex-end时交叉轴的终点对齐方式。

图4-20表示了设置align-items: center时交叉轴的中点对齐方式。

图4-21表示了设置align-items: baseline时交叉轴的对齐方式。项目的第一行文字的基线对齐。

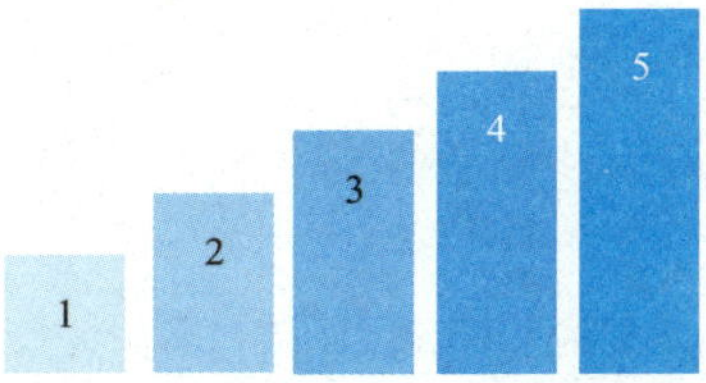

图 4-19　容器与项目示意图（交叉轴终点对齐）

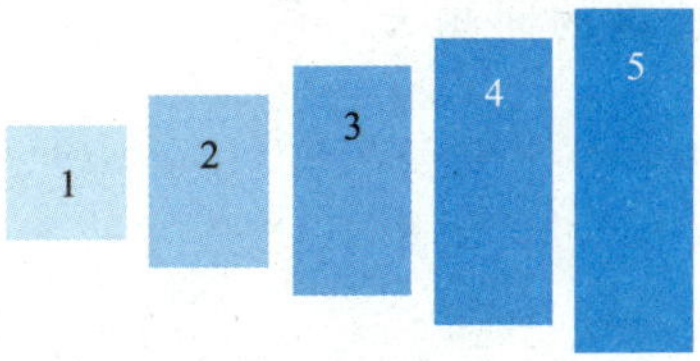

图 4-20　容器与项目示意图（交叉轴中点对齐）

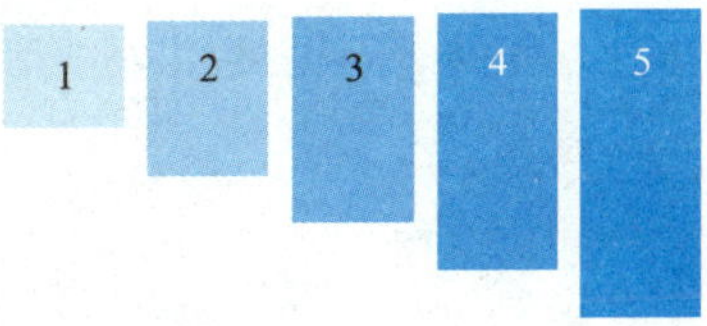

图 4-21　容器与项目示意图（第一行文字基线对齐）

6. align-content属性

align-content属性定义了多根轴线在交叉轴方向上的对齐方式。如果项目只有一根轴线，该属性不起作用。语法格式如下：

```
    .box{ align-content: flex-start|flex-end|center|space-between|space-around|stretch; }
```

该属性有六个取值：

stretch（默认值）：轴线占满整个交叉轴。

flex-start：与交叉轴的起点对齐。

flex-end：与交叉轴的终点对齐。

center：与交叉轴的中点对齐。

space-between：与交叉轴两端对齐，轴线之间的间隔平均分布。

space-around：每根轴线两侧的间隔都相等。故轴线之间的间隔比轴线与边框的间隔大一倍。

实例 4.5 align-content属性不易理解，试举例说明。

具体举例说明如下：

假设主轴为水平方向，即flex-direction: row，flex-wrap: wrap，当flex-wrap设置为nowrap的时候，容器仅存在一根水平轴线，因为项目不会换行，就不会产生多条轴线。当flex-wrap设置为wrap的时候，容器可能会出现多条水平轴线，这时候就需要去设置多条轴线之间的对齐方式了。

当属性值为stretch时的效果如图4-22所示。从图可以看出有在垂直方向上有三条轴线，当值为stretch时三条水平轴线会平分容器的垂直方向上的空间。

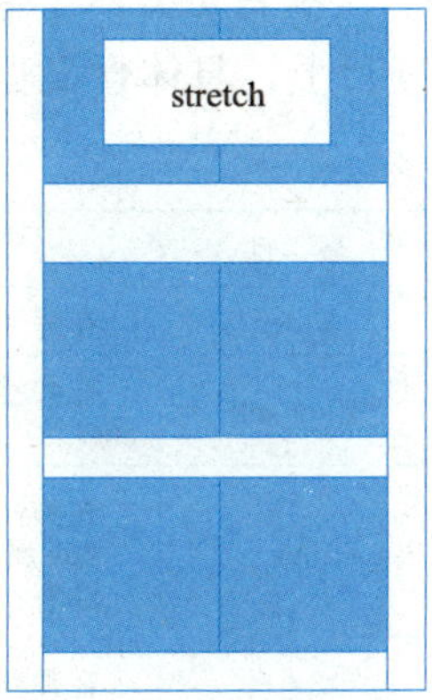

图 4-22　容器与项目示意图（默认对齐方式）

当属性值为space-between和space-around时的效果如图4-23所示。从图中可以看出，space-between表示三个水平轴线在垂直方向上两端对齐，它们之间的间隔相等，即剩余空间等分成间隙；space-around表示每个水平轴线两侧的间隔相等，所以三个水平轴线之间的间隔比上下两个轴水平线到边缘的间隔大一倍。

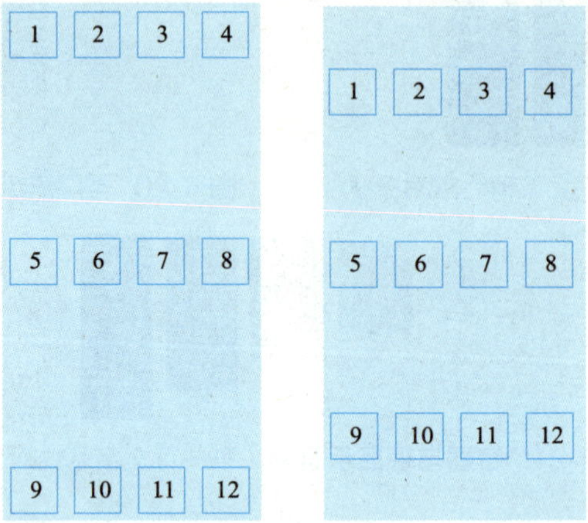

图 4-23 容器与项目示意图（between、around 对齐方式）

当属性值为 flex-start、flex-end 和 center 时的效果如图 4-24 所示。

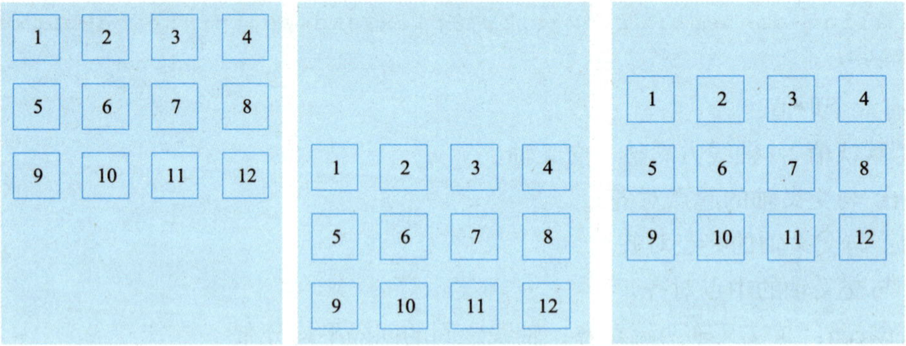

图 4-24 容器与项目示意图（起点、终点、中点对齐方式）

4.5.3 项目的属性

项目也有六个属性，即 order、flex-basis、flex-grow、flex-shrink、flex、align-self，它们设置在项目上，具体含义见表 4-3。

表 4-3 Flex 项目属性

属 性	描 述
order	在弹性子元素上使用，定义子元素的排列顺序。默认值是 0
align-self	在弹性子元素上使用，覆盖容器（弹性盒子）设置的 align-items 属性，显示该子元素的 align-self 属性。默认值是 auto
flex	在弹性子元素上使用，用于设置或检索弹性盒子子元素如何分配空间。 flex 属性是 flex-grow、flex-shrink 和 flex-basis 属性的简写属性。默认值是 0 1 auto。 注意：如果元素不是弹性盒子的子元素，则 flex 属性不起作用
flex-grow	在弹性子元素上使用，规定该子元素将相对于其他子元素进行扩展的量，用于设置或检索弹性盒子的扩展比率。默认值是 0。 注意：如果元素不是弹性盒子的子元素，则 flex-grow 属性不起作用

续表

属　性	描　述
flex-shrink	在弹性子元素上使用，规定该子元素将相对于其他子元素进行收缩的量。默认值是 1。 flex-shrink 属性指定了 flex 元素的收缩规则，弹性子元素仅在默认宽度之和大于容器的时候才会发生收缩，其收缩的大小是依据 flex-shrink 的值。 注意：如果元素不是弹性盒子的子元素，则 flex-shrink 属性不起作用
flex-basis	在弹性子元素上使用，规定子元素的初始长度，用长度单位或者百分比表示，用于设置或检索弹性盒伸缩基准值。默认值是 auto。 注意：如果元素不是弹性盒子的子元素，则 flex-basis 属性不起作用

1. order属性

order属性定义项目在容器中的排列顺序，数值越小，排列越靠前。语法格式如下：

```
.item {
      order: <integer>;
}
```

默认值为0。

在图4-25中，在HTML结构中，虽然−2、−1的item排在后面，但是由于分别设置了order，使之能够排到最前面。

图 4-25　容器与项目示意图（order）

2. flex-basis属性

flex-basis属性定义了在分配多余空间之前，项目占据的主轴空间（main size）。浏览器根据这个属性，计算主轴是否有多余空间。它的语法格式如下：

```
.item {
      flex-basis: number | auto | initial | inherit;
}
```

auto：默认值。长度等于项目的长度。如果该项目未指定长度，则长度将根据内容决定。

number：一个长度单位或者一个百分比，规定项目的初始长度。

initial：设置该属性为它的默认值。

inherit：从父元素继承该属性。

当主轴为水平方向时，如果设置了flex-basis值，项目的宽度设置值就会失效；如果flex-basis值为0 %，则该项目视为零尺寸。

flex-basis需要与flex-grow和flex-shrink配合使用才能发挥效果。

3. flex-grow属性

flex-grow属性定义项目的放大比例，语法格式如下：

```
.item {
      flex-grow: <number>;
}
```

默认值为0，表示即使容器存在剩余空间，也不将项目放大排列、充满容器。

当所有的项目都以flex-basis的值进行排列后，如果容器还有剩余空间，那么flex-grow就会发挥作用。

如果所有项目的flex-grow属性都为1，则它们将等分剩余空间；如果一个项目的flex-grow属性为2，其他项目都为1，则前者占据的剩余空间将比其他项多一倍。

当所有的项目都以flex-basis的值进行排列，如果发现容器空间不够用，并且flex-wrap设置为nowrap时，此时flex-grow不起作用，不能再使用flex-grow属性，而需要使用flex-shrink属性进行调整布局。

4. flex-shrink属性

flex-shrink属性定义了项目的缩小比例，语法格式如下：

```
.item {
      flex-shrink: <number>;
}
```

默认值为1，表示将项目缩小。负值对该属性无效。

图4-26表示容器的宽度为200 px，里面有六个项目，每个项目的宽度为50 px，当flex-shrink设置为1时，每个项目都缩小一半，容器就能够容纳下这六个项目。

图4-26 容器与项目示意图（shrink）

使用flex-shrink属性的规则如下：如果所有项目的flex-shrink属性都为1，当容器空间不足时，都将等比例缩小；如果一个项目的 flex-shrink属性为0，其他项目都为1，则容器空间不足时，前者不缩小，后者都缩小。

5. flex属性

flex属性是flex-grow、flex-shrink和flex-basis的简写，语法格式如下：

```
.item{
      flex: none | [ <'flex-grow'> <'flex-shrink'> || <'flex-basis'> ]
}
```

flex的默认值是以上三个属性值的组合。

假设以上三个属性同样取默认值，则flex的默认值是0 1 auto。其他快捷值为：auto（1 1 auto）和none（0 0 auto）。

项目的flex属性设置比较复杂，其规律总结如下：

（1）容器属性设置为flex-wrap: wrap | wrap-reverse的情形。

当flex-wrap为wrap | wrap-reverse，且项目宽度之和不及容器宽度时，flex-grow会起作用，项目会根据flex-grow设定的值放大（flex-grow为0的项不放大）。

当flex-wrap为wrap | wrap-reverse，且项目宽度之和超过容器宽度时，首先一定会换行，换行后每一行的右端都可能会有剩余空间，这时flex-grow会起作用，若当前行所有项目的flex-grow都为0，则剩余空间保留，若当前行存在一个项目的flex-grow不为0，则剩余空间会被flex-grow不为0的项目占据。

（2）容器属性设置为flex-wrap: nowrap的情形。

当flex-wrap为nowrap，且项目宽度之和不及容器宽度时，flex-grow会起作用，项目会根据flex-grow设定的值放大（flex-grow为0的项不放大）。

当flex-wrap为nowrap，且项目宽度之和超过容器宽度时，flex-shrink会起作用，项目会根据flex-shrink设定的值进行缩小（flex-shrink为0的项不缩小）。但这里有一个较为特殊情况，就是当这一行所有项目flex-shrink都为0，也就是说所有的项目都不能缩小时，就会出现横向滚动条。

6. align-self属性

align-self属性定义为项目单独设置对齐属性，允许单个项目有与其他项目不一样的对齐方式，即单个项目可以覆盖align-items定义的属性。语法格式如下：

```
.item {
      align-self: auto | flex-start | flex-end | center | baseline | stretch;
}
```

默认值为auto，表示继承父元素的align-items属性，如果没有父元素，则等同于stretch。

align-self属性和align-items属性的区别是，align-self是对单个项目生效的，而align-items则是对容器下的所有项目生效的，如图4-27所示。

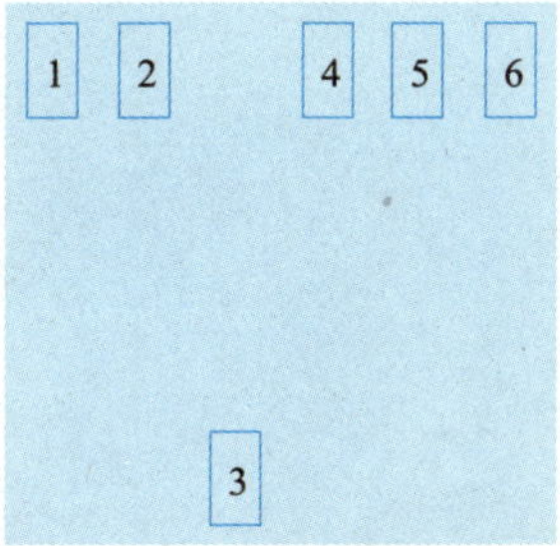

图4-27　容器与项目示意图（align-self）

实例 4.6 应用“display:flex;”和“flex-shink:0”等属性设计一个简单的弹性布局网页。

操作过程：

（1）打开Dreamweaver创建站点，打开Dreamweaver，新建一个HTML5文档，保存为“实例4.6-一个简单的弹性布局网页.html”。

（2）在<body></body>中插入一对<div id="container"> </div>标签作为布局容器，设置其宽度为width:55%，然后再在其中插入五对<div class="item"></div>，最后对中间的<div>设置“flex-shink:0;”属性。完成设计后的代码如下：

实例 4.6- 一个简单的弹性布局网页 .html 的核心代码：

```
<!doctype html>
<html>
<head>
   <meta charset="UTF-8"/>
   <title>弹性布局网页 </title>
   <style>
      #container{
         width: 55%;
         margin: 0px auto;
         border: solid 1px #000;
         display: flex;
         align-items: flex-start;
      }
      .item{
         width: 200px;
         height: 200px;
         background-color: antiquewhite;
         border: solid 1px #F00;
         margin: 10px;
         font-size: 50px;
         text-align: center;
         line-height: 200px;
      }
      .item1{
         width: 200px;
         height: 200px;
         background-color: antiquewhite;
         border: solid 1px #F00;
         margin: 10px;
         font-size: 50px;
         text-align: center;
         line-height: 200px;
         flex-basis: 1;
         flex-grow: 2;
      }
      .item2{
         width: 200px;
         height: 200px;
         background-color: antiquewhite;
         border: solid 1px #F00;
         margin: 10px;
         font-size: 50px;
         text-align: center;
         line-height: 200px;
         flex-basis: 1;
         flex-shrink: 0;
      }
   </style>
</head>
```

```
<body>
   <div id="container">
      <div class="item"> 1 </div>
      <div class="item1"> 2 </div>
      <div class="item2"> 3 </div>
      <div class="item"> 4 </div>
      <div class="item"> 5 </div>
   </div>
</body>
</html>
```

网页在浏览器不同窗口宽度情况下的效果分别如图4-28和图4-29所示，浏览器缩小显示网页的效果如图4-30所示。

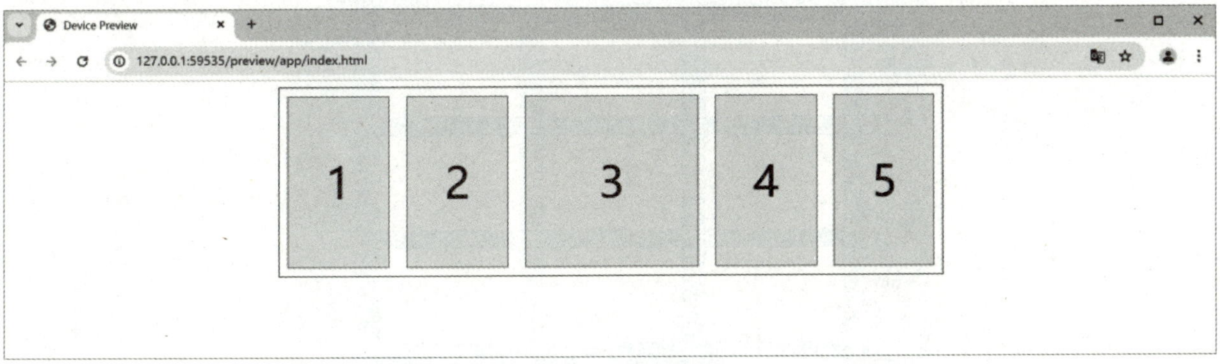

图 4-28　浏览器窗口拉宽时的效果（高度相同）

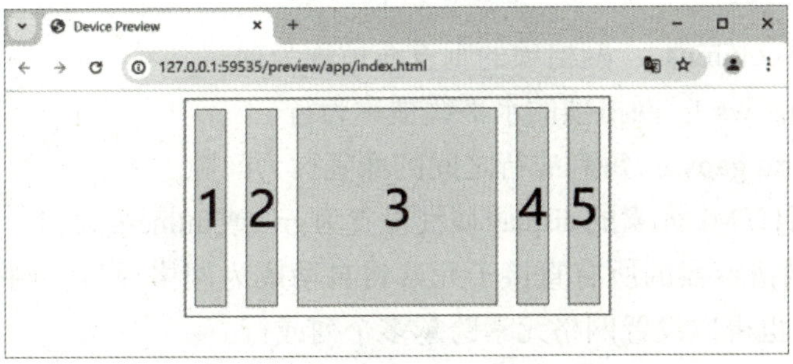

图 4-29　浏览器窗口缩小时的效果（高度相同）

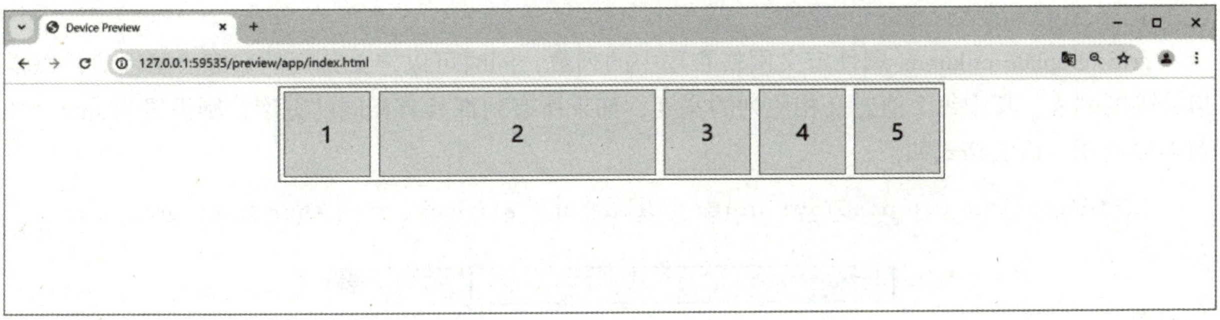

图 4-30　浏览器缩小显示网页时的效果（分辨率增大）

4.6 Grid网格布局

Grid布局即网格布局，是一个二维的布局方式，由纵横相交的两组网格线形成的框架性布局结构，能够同时处理行与列，可以将一个页面划分为几个主要区域，以及定义这些区域的大小、位置、层次等关系。

4.6.1 网格布局的相关概念

表达Grid网格的示意图如图4-31所示。

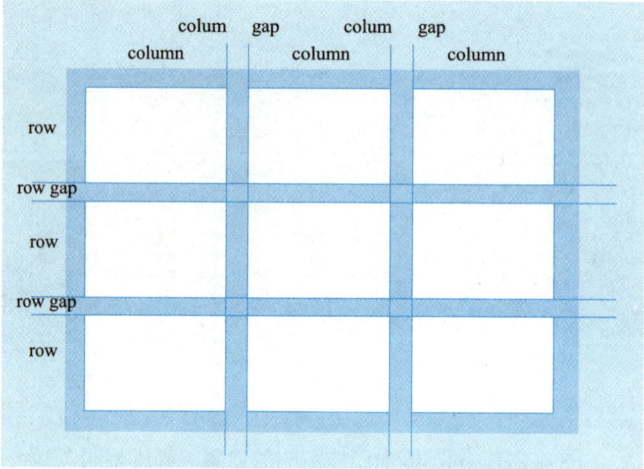

图4-31 网格布局

（1）网格列（Grid columns）：网格项的垂直线被称为列。

（2）网格行（Grid rows）：网格项的水平线被称为行。

（3）网格间隙（Grid gaps）：每列或行之间的间隔称为间隙。

（4）网格容器：当HTML元素的display属性设置为grid或inline-grid时，它就会成为网格容器。

（5）网格项目：网格容器的所有直接子元素将自动成为网格项目，网格容器的每一列和每一行都有一个网格元素，也可以设置网格元素跨越多个列或行。

4.6.2 容器属性

1. grid-template-columns属性

grid-template-columns 属性定义网格布局中的列数，同时可以定义每列的宽度。属性值是以空格分隔的列表，其中每个值定义相应列的宽度，如果所有列都具有相同的宽度，则设置为auto，如图4-32所示。语法格式如下：

```
.grid-container { display: grid;  grid-template-columns: auto auto auto auto; }
```

1	2	3	4

图4-32 列宽度定义为auto值

如果每列具有不同的宽度，也可以自定义宽度，如图4-33所示。语法格式如下：

```
.grid-container { display: grid;  grid-template-columns: 60px 100px 140px 180px; }
```

图 4-33　自定义列宽度

2. grid-template-rows属性

grid-template-rows属性定义每行的高度，如图4-34所示。语法格式如下：

```
.grid-container { display: grid;  grid-template-rows: 80px 200px; }
```

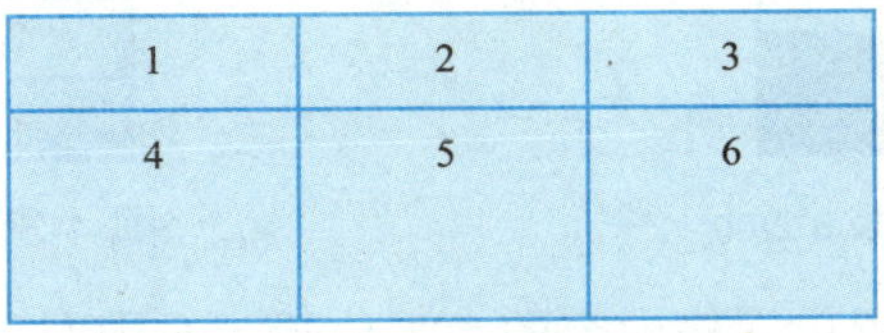

图 4-34　定义行高度

3. justify-content属性

justify-content属性用于在容器内对齐整个网格。各网格的总宽度必须小于容器的宽度，justify-content属性才能生效。justify-content属性使用语法格式如下：

```
.grid-container { justify-content: start | end | center | stretch | space-around |
                                   space-between | space-evenly; }
```

justify-content 属性取值的含义见表4-4。

表 4-4　justify-content属性取值的含义

属　性　值	说　　明
start	对齐容器的起始边框
end	对齐容器的结束边框
center	容器内部居中
space-around	每个项目两侧的间隔相等
space-between	项目与项目的间隔相等，项目与容器边框之间没有间隔
space-evenly	项目与项目的间隔相等，项目与容器边框之间也是同样长度的间隔
stretch	项目大小没有指定时，拉伸占据整个网格容器

图4-35表示justify-content 属性值为start的示意图，图4-36表示justify-content 属性值为end的示意图。

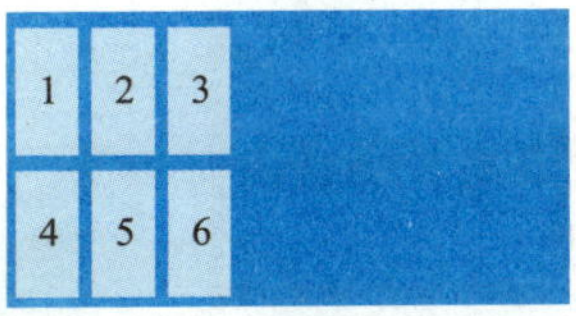

图 4-35　justify-content: start

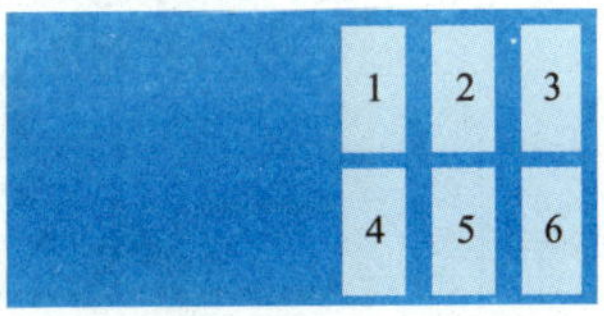

图 4-36　justify-content: end

4. align-content属性

align-content 属性用于垂直对齐容器内的整个网格。各网格的总高度必须小于容器的高度，align-content 属性才能生效。align-content属性使用语法格式如下：

```
.grid-container { align-content: start | end | center | stretch | space-around |
                  space-between | space-evenly; }
```

align-content属性的取值和justify-content属性相同。

图4-37表示align-content属性值为start的示意图，图4-38表示align-content属性值为end的示意图。

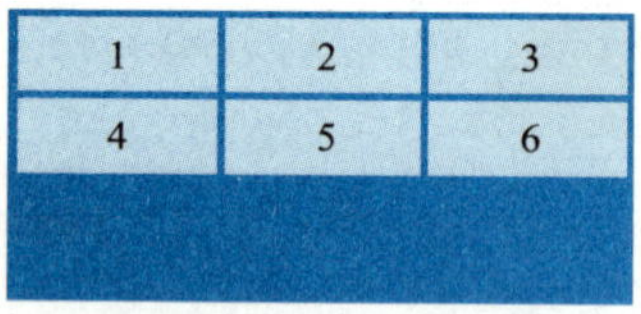

图 4-37 align-content: start

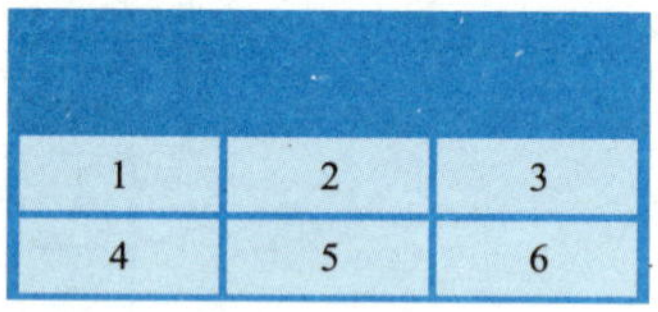

图 4-38 align-content: end

此外，justify-items属性设置单元格内容的水平位置（左中右），align-items属性设置单元格的垂直位置（上中下）。

4.6.3 项目属性

1. grid-column

这两类属性用于指定网格项目所在的四个边框，分别定位在哪根网格线（哪一行、哪一列），从而指定项目的位置，包含grid-column-start、grid-column-end 、grid-row-start及grid-row-end四个属性。

grid-column属性定义项目跨越的列数，可以引用列号（column numbers），或使用关键字span来定义该项目将跨越多少列。语法格式如下：

```
.item1 { grid-column: 1 / 5; }
```

表示item1位置将在column 1开始，并在column 5之前结束，如图4-39所示。

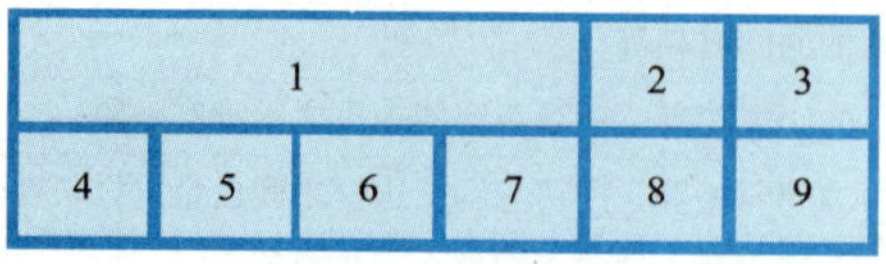

图 4-39 grid-column 引用列号定义跨越列数

```
.item1 { grid-column: 1 / span 3; }
```

表示item1从第1列开始，并跨越3列，如图4-40所示。

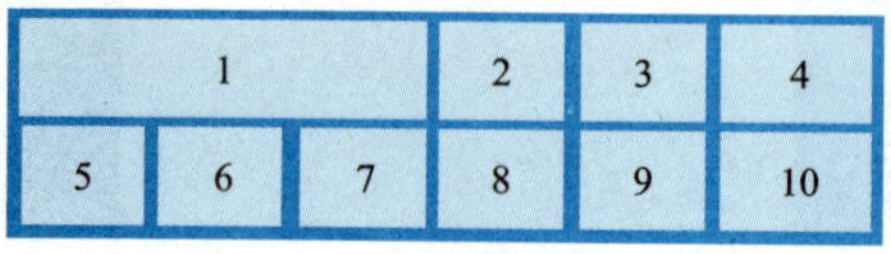

图 4-40 grid-column 关键字 span 定义跨越列数

```
.item1 { grid-column-start : 2;  grid-column-end: 4; }
```

表示左边框是第二根垂直网格线，右边框是第四根垂直网格线（从第2列开始在第4列之前结束），如图4-41所示。

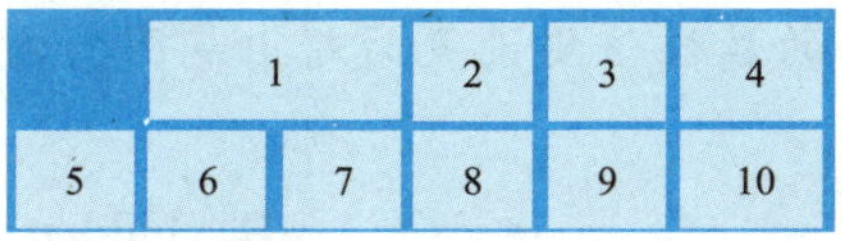

图 4-41　grid-column-start、grid-column-end 定义跨越列数

2. grid-row属性

grid-row属性定义项目跨越的行数，可以引用行号（row numbers），或使用关键字span来定义该项目将跨越多少行，用法与grid-column类似。语法格式如下：

```
.item1 { grid-row:  1 / span 2; }
```

表示item1从第1行开始，并跨越2行，如图4-42所示。

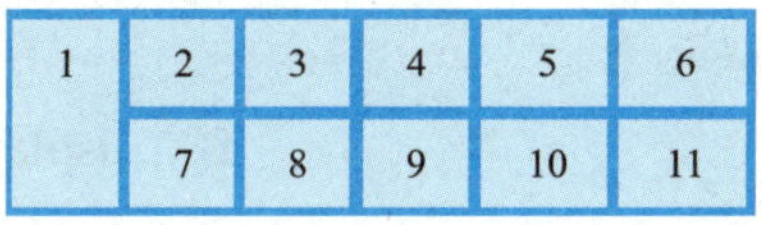

图 4-42　grid-row 定义跨越行数

3. grid-area属性

grid-area属性指定项目位置所在区域。语法格式如下：

```
.item8 { grid-area: 1 / 2 / 5 / 6; }
```

表示"item8”从row-line 1和column-line 2开始，在row-line 5和column line 6之前结束。如图4-43所示。

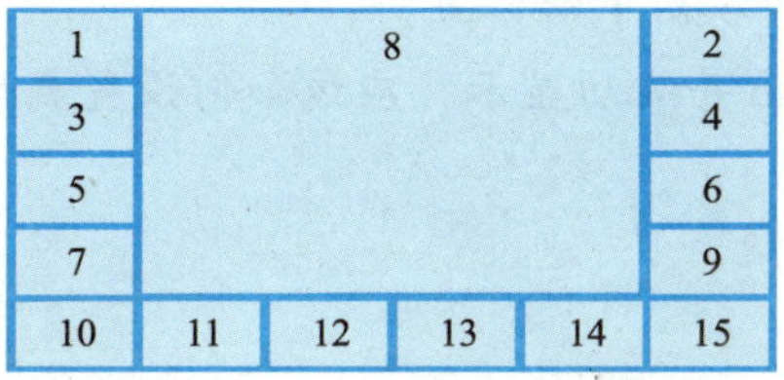

图 4-43　grid-row 定义项目位置区域

小　结

本章主要介绍了固定宽度网页布局、流式网页布局和响应式网页布局几种网页总体布局方法，元素框的绝对定位、相对定位，浮动布局和Flex弹性布局等内容。本章的难点是Flex弹性布局的各种参数设置。需要重点掌握的内容是恰当地应用绝对定位、相对定位、浮动布局和Flex弹性布局进行网页的总体布局设计。

习　题

一、选择题

1. div框溢出属性overflow的属性值要设置为超出范围的内容将被隐藏，应该使用（　　）属性值。

A. visible　　B. hidden

C. scroll　　D. auto

2. 下列（　　）项不属于list-style-type属性的取值选项。

A. disc　　B. circle

C. square　　D. inside

3. 在CSS中float属性用来元素是否浮动以及浮动位置，（　　）项不是它的可能取值。

A. left　　B. right

C. none　　D. center

4. 下列（　　）属性表示隐藏元素。

A. display:false;　　B. display:hidden;

C. display:block;　　D. display:none;

5. 以下（　　）元素定位方式将会脱离标准文档流。

A. 绝对定位　　B. 相对定位

C. 默认定位　　D. 静态定位

二、简答题

1. margin: 0 auto和margin:auto 0各表示什么含义？
2. 简述行内元素和块级元素。
3. 如何设置一张图片在body容器中的位置？
4. 如果想控制div的内容溢出并滚动显示，应该如何设置属性？

第5章 JavaScript语言基础

JavaScript是一种基于对象和事件驱动、并具有相对安全性的、广泛用于客户端的脚本语言，是一种轻量级的编程语言。JavaScript需要嵌入HTML文档中运行，当用户在浏览器中浏览该页面时，浏览器会解释并执行其中的JavaScript脚本。JavaScript解释器被称为JavaScript引擎，是浏览器的一部分。JavaScript广泛用于Web开发，常用来给HTML网页添加动态功能，响应用户的各种操作。

学习目标

✧掌握在HTML中插入与运行JavaScript的方法。
✧掌握JavaScript的数据类型。
✧掌握JavaScript的变量类型。
✧掌握函数与对象的编程应用。
✧能够在网页中应用JavaScript语言编程实现一定的功能。

5.1 项目实践8：在网页中打印图形

项目描述

设计一个网页，应用JavaScript编程，打印一个空心三角形。

视 频

项目实践8

软件环境

Windows 10、Dreamweaver 21.2、Photoshop、Edge、Chrome。

设计指导

（1）新建站点和文件。打开Dreamweaver，新建站点后创建一个新网页文件，文档类型为HTML5，文件保存为“项目实践8-打印三角形.html”。

（2）选择Dreamweaver的代码视图进行设计，键入如下代码。

项目实践 8- 打印三角形 .html 的核心代码：

```
<!doctype html>
<html>
<head>
    <meta charset="utf-8">
    <title>打印一个空心三角形</title>
</head>
<body>
  <script>
    var m=prompt("请输入打印的行数m:");
    //打印循环次数
    for(var i=1;i<=m;i++){
        //打印m-i个空格数
        for(var j=1;j<=m-i;j++){
            document.write('<span style="display: inline-block;width: 20px;
text-align: center;"></span>');
        }
        //打印*
        for(var k=1;k<=i*2-1;k++){
            if(i!=m && k!=1 && k!=i*2-1){
                document.write('<span style="display: inline-
  block;width: 20px;
text-align: center;"></span>');
            }else{
                document.write('<span style="display: inline-
  block;width: 20px;
text-align: center;">*</span>');
            }
        }
      document.write('<br>');
    }
  </script>
</body>
</html>
```

（3）测试修改，保存文件，完成网页的设计。

（4）网页的浏览效果如图 5-1 所示。

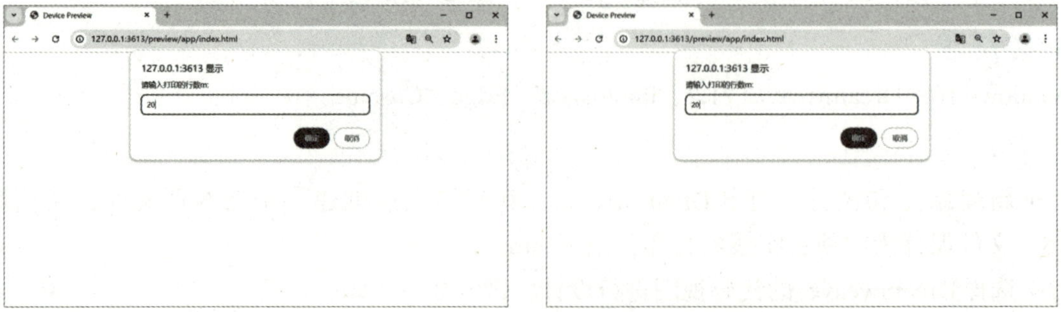

（a）弹出的对话框　　　　（b）打印的三角形

图 5-1　网页浏览效果

项目总结

（1）在本项目的网页设计过程中，使用JavaScript编程实现打印三角形。

（2）第9 ~ 27行代码为JavaScript脚本程序，是放在<body>...</body>之中的。

5.2 JavaScript概述

JavaScript由Brendan Eich于1995年发明，1996年3月微软将JavaScript应用于IE 3.0，1997年6月被ECMA（European Computer Manufactures Association，欧洲计算机制造商协会）采纳，命名为ECMAScript，即ECMAScript是由ECMA以JavaScript为基础制定的标准脚本语言。使用广泛的ECMAScript 262，是JavaScript 5.0版本，ECMAScript 6称为ECMAScript 2015，ECMAScript 7称为ECMAScript 2016。ECMAScript各种版本见表5-1。

表 5-1 ECMAScript 版本

年份	名称	描述
1997	ECMAScript 1	第一个版本
1998	ECMAScript 2	版本变更
1999	ECMAScript 3	添加正则表达式，添加 try/catch
—	ECMAScript 4	没有发布
2009	ECMAScript 5	添加 strict mode，严格模式，添加 JSON 支持
2011	ECMAScript 5.1	版本变更
2015	ECMAScript 6	添加类和模块
2016	ECMAScript 7	增加指数运算符 (**)，增加 Array.prototype.includes

5.3 在网页中插入JavaScript的方式

将JavaScript嵌入HTML文档中，有内部嵌入、外部链接和行内嵌入三种方式。

5.3.1 内部嵌入

内部嵌入方式是指在HTML文档中应用<script>…</script>标签嵌入JavaScript脚本程序。在HTML文档中嵌入JavaScript代码，其语法格式如下：

```
<script>
   JavaScript函数;
   JavaScript语句;
   …
</script>
```

具体说明如下：

（1）HTML 中的JavaScript脚本必须嵌套在 <script> 与 </script> 标签中使用，<script> 和

</script> 会告诉 JavaScript 在何处开始和结束。

（2）<script> 和 </script> 之间的代码可包含 JavaScript 语句和 JavaScript 函数。

（3）JavaScript 脚本可被放置在 HTML 页面的 <body> ...</body> 和 <head> ...</head> 中间的适当位置。

（4）<script>…</script> 在页面中的位置决定了在什么时间加载脚本，如果希望在其他所有内容之前加载脚本，就要确保脚本在页面的 <head> ...</head> 之间。

实例 5.1 编写一个将 JavaScript 代码嵌入 HTML 文档中的简单网页。

操作过程：

（1）打开 Dreamweaver，新建一个 HTML5 文档，保存为“实例 5.1- 在 HTML 文档中嵌入 js 代码的简单网页 .html”。

（2）在代码窗口中，输入如下代码即可。

实例 5.1 的核心代码：

```
<!doctype html>
<html>
<head>
 <script>
  alert("欢迎学习JavaScript编程");
 </script>
</head>
<body>
 <script>
  document.write("<h1>这是我的第一个JavaScript代码</h1>");
 </script>
</body>
</html>
```

（3）运行该网页，JavaScript 会在页面加载时弹出警告框，显示“欢迎学习 JavaScript 编程”。

（4）单击“确定”按钮后，警告框消失，在页面中出现“这是我的第一个 JavaScript 代码”。

请注意： 可以在 HTML 文档中的 <body> ...</body> 和 <head> ...</head> 部分放入不限数量的 JavaScript 脚本，脚本可以同时存在于两个部分中。通常的做法是把函数放入 <head> ...</head> 中，或者放在页面底部，即把它们安置到同一处位置，这样就不会干扰页面的内容。

把脚本置于 <body> 元素的底部，可改善显示速度，因为脚本编译会拖慢显示。

上面例子中的 JavaScript 语句，会在页面加载时执行。如果需要在某个事件发生时执行代码，比如当用户单击按钮时，就应该把 JavaScript 代码放入函数中，这样在事件发生时才会调用该函数。

实例 5.2 编写一个将 JavaScript 函数嵌入 HTML 中的简单网页。

操作过程：

（1）打开 Dreamweaver，新建一个 HTML5 文档，保存为“实例 5.2- 嵌入函数代码的简单网页 .html”。

（2）在代码窗口中，输入如下代码即可。

实例 5.2 的核心代码：

```
<!doctype html>
<html>
<head>
   <script>
      function myFunction(){
         document.getElementById("demo").innerHTML="这是我的第二个JavaScript函数";
      }
   </script>
</head>
<body>
   <div id="demo"></div>
   <button type="button" value="点击按钮后运行JavaScript代码" onclick="myFunction()" >
</button>
</body>
</html>
```

（3）运行该网页，在页面中会出现一个“点击按钮后运行JavaScript代码”按钮。如果浏览者单击这个按钮，<head>...</head>中的JavaScript函数就会运行，在按钮的上方显示“这是我的第二个JavaScript函数”。请注意，JavaScript函数需要调用才能执行。

5.3.2　外部链接

外部链接方式是指把JavaScript脚本保存到外部文件中，然后通过<script>标签将其链接到HTML文档中。外部 JavaScript 文件的文件扩展名是js。在HTML文档中应用外部链接，其语法格式如下：

```
<script  src="JavaScript脚本文件名.js" ></script>
```

使用外部脚本，应在<script>标签的src（source）属性中设置脚本的文件名称和路径。

实例 5.3 编写一个链接外部JavaScript代码的简单网页。

操作过程：

（1）打开Dreamweaver，新建一个HTML5文档，保存为“实例5.3-链接外部js的简单网页.html”。

（2）在代码窗口中，输入如下代码即可。

实例 5.3 的核心代码（实例 5.3– 链接外部 js 的简单网页 .html 部分）：

```
<!doctype html>
<html>
<head>
 <script src="5-3_myScript.js"></script>
</head>
<body>
 <div id="demo"></div>
 <script>
    myFunction();
```

```
    <script>
</body>
</html>
```

（3）在Dreamweaver中，再新建一个JavaScript文档，保存为“5-3_ myScript.js”。

（4）在代码窗口中，输入如下代码即可。

实例 5.3 的核心代码（5–3_myScript.js 部分）：

```
function myFunction(){
  document.getElementById("demo").innerHTML="我的第三个 JavaScript 函数";
}
```

（5）运行该网页，在页面中会出现“我的第三个JavaScript函数”。注意在外部脚本文件中不能包含<script>标签。

请注意： 可以在 <head> 或 <body> 中放置外部脚本引用，这两种引用方式脚本的表现与JavaScript 代码被置于 <script> 标签中是一样的。

例如，下列代码

```
<body>
    <script src="5-3_myScript.js"></script>
</body>
```

表示在<body> 中引用外部脚本。

如果相同的脚本被用于许多不同的网页，就可以编写外部js文件。

在外部文件中放置脚本，具有很多优势：

（1）分离了HTML和JavaScript代码，使HTML和JavaScript更易于阅读和维护。

（2）已缓存的JavaScript文件可加速页面加载。

（3）外部文件被多个网页使用会减少代码的冗余。

如果向一个页面添加多个脚本文件，则需要使用多个script标签。

例如，下列代码

```
<script src="myScript1.js"></script>
<script src="myScript2.js"></script>
```

表示在一个HTML文档中，引用了两个外部js文件。

外部引用可通过相对于当前网页的路径或完整的 URL来引用，上面的例子使用的都是位于当前网站上指定文件夹中的脚本。

例如，下面的代码

```
<script src="https://www.w3school.com.cn/js/myScript1.js"></script>
```

表示使用完整的URL来链接至脚本。

5.3.3 行内嵌入

对于简短的JavaScript语句，可以在标签内直接嵌入该JavaScript脚本。

实例 5.4 试分析如下实例代码的运行结果。

实例 5.4 的核心代码（实例 5.4- 在标签内嵌入 js 的简单网页 .html）：

```
<!doctype html>
<html>
<head>
</head>
<body>
     在标签内嵌入JavaScript代码
     <hr>
     <div> <img src="pic_leaf.jpg"  onclick="alert('你点击了图片')" /> </div>
     <div> <a href="javascript: alert('你点击了文本');"> 文本 </a> </div>
     <button type="button" value="按钮"  onclick="javascript: alert('你点击了按钮');" > </button>
</body>
</html>
```

实例总结：

（1）运行该网页，在页面中第一行显示“在标签内嵌入JavaScript代码”，在第二行显示水平线，在第三行显示图片，在第四行显示“文本”，在第五行显示按钮。

（2）单击图片，弹出警告框，显示“你点击了图片”；单击文本，弹出警告框，显示“你点击了文本”；单击按钮，弹出警告框，显示“你点击了按钮”。

（3）单击浏览器窗口上的关闭按钮，关闭JavaScript程序和网页。

5.4 基本语法

5.4.1 标识符

标识符（identifier）用来命名变量、函数或循环中的标签，JavaScript语言的标识符命名规范如下：

（1）标识符由字母、数字、下划线（_）、美元符号（$）组成，不能有空格、“+”、“−”、“,”或其他特殊符号。

（2）标识符第一个字母必须是字母、下划线或美元符号。

（3）标识符区分字母的大小写，推荐使用小写形式或骆驼命名法。

（4）标识符不能与JavaScript中的关键字相同。

例如，varStudentName、_varStudentNumber、var_Student_age、_3Students、$varStudent是合法的标识符；var Student name、5varStudent、a*b、a−b、a+b、a#b是非法的标识符。

需要强调的是，JavaScript对大小写是敏感的。

当编写JavaScript语句时，请留意是否关闭大小写切换键。

函数getElementById与getElementbyID是不同的；同样，变量myVariable与MyVariable也是不同的。

5.4.2 关键字与保留关键字

关键字是指JavaScript中预先定义的、有特别意义的标识符，如abstract、break、class、continue、else、false、for、function、if、in、return、this、true、var、with等。保留关键字是指一些在当前JavaScript版本中没有使用但保留下来以备将来可能使用的标识符，如enum、extends、final、finally、float、goto、implements、instanceof、let、native、package、private、protected、public、static、super、synchronized、throws、transient、volatile。

关键字和保留关键字都不能用作标识符（包括变量名、函数名等）。

5.4.3 数据类型

在JavaScript中，常见的数据类型有Number、String、Boolean、Array、Undefined、Null、Object及Function等类型。具体描述见表5-2。

表 5-2 数据类型

数据类型	描 述
Number	数值类型，可以是 32 位整数或 64 位浮点数；整数可以是十进制、八进制、十六进制等形式
String	字符串类型，是由双引号（"）或单引号（'）括起来的字符序列
Boolean	布尔类型，只有两个值：true 和 false
Undefined	当声明的变量未初始化时，其值是 undefined
Null	一个特殊的关键字，表示“空值”或“无值”，用于指明某个变量当前不指向任何对象
Array	一种特殊的对象类型，用于存储一系列按索引排列的值，这些值可以是任意数据类型，包括数字、字符串、对象等
Function	函数类型，是一种特殊的对象，可以执行代码块。函数可以被赋值给变量、存储在数组中或作为对象的属性
Object	对象类型，是 JavaScript 中用于存储键值对和更复杂实体的基础结构。常见的内置对象有 String、Date、Math 等（注意：Array 也是 Object 的一种）

请注意： 在 JavaScript 中有一个特殊的数据类型 undefined（未定义），undefined 类型是指一个变量被创建后，没有赋予任何初值，这时该变量是没有类型的，被称为未定义的，在程序中直接使用会发生错误。

5.4.4 常量

常量通常又称字面常量，它是不能改变的数据。

1. 基本常量

（1）字符型常量。使用单引号“'”或双引号“"”括起来的一个或几个字符，如"123"、'abcd'、"JavaScript language"等。

（2）数值型常量。整型常量：整型常量可以使用十进制、十六进制、八进制表示其值。

实型常量：实型常量由整数部分加小数部分表示，如12.32、193.98。

（3）布尔型常量。布尔常量只有两个值：true或false。它主要用来说明或代表一种状态或标志，以说明操作流程。

2. 特殊常量

（1）空值。JavaScript中有一个空值null，表示变量的内容为空。可用于初始化变量，或者清空已赋值的变量。

（2）控制字符。与C/C++语言一样，JavaScript中同样有以反斜杠“\”开头的不可显示的特殊字符。具体见表5-3。

表5-3　控制字符

符　号	含　义	符　号	含　义	符　号	含　义
\b	退格	\f	换页	\n	换行
\r	回车	\t	Tab 符号	\'	单引号
\"	双引号	\\	反斜杠		

5.4.5　变量

变量用来存放程序运行过程中的临时值，是程序存储数据的基本单位，用来保存程序中的数据。在程序中需要用这个值的地方就可以用变量来代表。

在JavaScript中，变量的类型可以改变，但在某一时刻是确定的。

使用变量必须明确变量的命名、变量的类型、变量的声明及其作用域。

1. 变量命名

变量名是标识符中的一种，应遵循标识符的命名规范。

JavaScript变量在使用前应先作声明（并可赋值）。通过使用var关键字对变量作声明。对变量作声明的最大好处是能及时发现代码中的错误，因为JavaScript是采用动态编译的，而动态编译不易发现代码中的错误，特别是变量命名方面。

变量的声明和赋值语句的语法如下：

```
var  变量1名称 [=初始值1],变量2名称 [=初始值2] …;
```

其中，一个var可以声明多个变量，其间用“,”分隔。例如：

```
var newStudent;
var Student,name,age;
```

2. 变量类型

JavaScript是一种对变量数据类型要求不太严格的语言，JavaScript中的变量是弱数据类型，在声明变量时不需要指明变量的数据类型，所以不必声明每一个变量的类型。但在使用变量之前先进行声明是一种良好的习惯。在JavaScript中，可以使用关键词new声明其类型。例如：

```
var carname=new String;
var x=new Number;
var result=new Boolean;
var cars=new Array;
var person=new Object;
```

在JavaScript程序中，变量的类型有数值型、字符型、布尔型。在变量的使用过程中，变量的类型可以动态改变，类型由所赋值的类型来确定。

可以通过typeof运算符或typeof()函数来获得变量的当前数据类型。例如：

```
<script>
    // JavaScript中的变量类型可以动态改变，类型由所赋值的类型来确定：
    var x=30;
    alert(typeof  x);  //弹出提示信息框显示 "number"
    x="JavaScript";    //对变量重新赋值
    alert(typeof(x));  //弹出提示信息框显示 "string"
</script>
```

3. 变量的作用域

变量的作用域是指变量的有效范围，根据作用域变量可分为全局变量和局部变量。

（1）全局变量。全局变量是指定义在所有函数体之外的变量，其作用范围是全部函数。例如，下面代码中的name变量，就是全局变量。

```
<script>
        var name="湖北省"           //全局变量
        function test(){
                name=name+"武汉市";
                address="文化大道299号";
        }
        test();
        alert("名称："+name+",地址："+address);
</script>
```

（2）局部变量。局部变量是指在函数内部声明变量，定义在函数体之内，仅对当前函数体有效，而对其他函数不可见。例如：

```
<script type="text/javascript">
        var name="全局变量";        //定义全局变量
        function test(){
            var name="局部变量";    //定义局部变量
            alert(name);            //弹出信息为"局部变量"
        }
        test();
        alert(name);                //弹出信息为"全局变量"
</script>
```

在上例中，当test()函数内部的局部变量name与全局变量name重名时，该函数中的变量name将覆盖全局变量name，弹出信息为“局部变量”；而外部的alert(name); 语句则弹出信息“全局变量”。

5.4.6 注释

在JavaScript中，使用注释可以提高代码的可读性，其本身只是用于提示，而注释的内容是不会被执行的。在JavaScript中，注释分为两种形式：单行注释和多行注释。

1. 单行注释

在JavaScript中，单行注释使用双斜线“//”符号进行标识，斜线后面的文字内容不会被解释执行。单行注释可以在一行代码的后面，也可以独立成行。例如：

```
var age=18;  //定义年龄
//定义专业:
var major="计算机科学与技术专业";
```

2. 多行注释

在JavaScript中，多行注释是使用“/* ... */”进行标识，其中的文字部分同样不会被解释执行。例如:

```
/*工资统计函数
  * base: 基本工资
  * bonus: 奖金
*/
function countSalary(base,bonus){...}
```

5.4.7 分号

在JavaScript中，分号用于分隔 JavaScript 语句，通常在每条可执行的语句结尾添加分号。使用分号的另一用处是在一行中编写多条语句。

很多编程语言（如C、Java和Perl等）都要求每句代码结尾要使用分号（;）表示结束。JavaScript的语法规则对此比较宽松，如果一行代码结尾没有分号也是可以被正确执行的。

5.4.8 运算符

运算符是完成数据操作的一系列符号。在JavaScript中有算术运算符、字符串运算符、比较运算符、布尔运算符等。

1. 赋值运算符

赋值运算符用于对变量进行赋值，在JavaScript中使用等号（=）进行赋值。例如:

```
<script type="text/javascript">
     var studentName="张三";                    //定义变量时进行赋值
     var prodcutAddress;                        //定义变量后进行赋值
     prodcutAddress="湖北";
     var tPrice=kPrice=dPrice=100;              //同时定义多变量并赋值
     var price=tPrice*0.8;                      //将表达式的值赋给变量
</script>
```

赋值运算符还可以与算术运算符、位运算符结合使用，构成复合运算符。常见的复合赋值运算符见表5-4。

表5-4 复合赋值运算符

运 算 符	描 述	运 算 符	描 述
+=	x+=y 即 x=x+y	|=	x|=y 即 x=x|y
−=	x−=y 即 x=x−y	^=	x^=y 即 x=x^y
*=	x*=y 即 x=x*y	<<=	x<<=y 即 x=x<<y
/=	x/=y 即 x=x/y	>>=	x>>=y 即 x=x>>y
%=	x%=y 即 x=x%y	>>>=	x>>>=y 即 x=x>>>y
&=	x&=y 即 x=x&y		

2. 算术运算符

在JavaScript中的算术运算符有单目运算符和双目运算符。

双目运算符：+（加）、-（减）、*（乘）、/（除）、%（取模）。

单目运算符：++（递加1）、--（递减1）。

3. 字符串运算符

字符串运算符“+”用于连接两个字符串。例如：

```
"abc"+"123456"
```

4. 比较运算符

比较运算符首先对操作数进行比较，然后再返回一个true或false值。

有八个比较运算符：<（小于）、<=（小于等于）、>（大于）、>=（大于等于）、==（等于）、!=（不等于）、===（严格等于）、!==（严格不等于）。

5. 逻辑运算符

逻辑运算符用于对布尔类型的变量（或常量）进行操作；有与、或、非三种。

与（&&）：两个操作数同时为true时，结果为true；否则为false。

或（||）：两个操作数中同时为false，结果为false；否则为true。

非（!）：只有一个操作数，操作数为true，结果为false；否则结果为true。

6. 位运算符

位运算符分为位逻辑运算符和位移动运算符。

（1）位逻辑运算符有&（与）、|（或）、^（异或）、!（取反）、~（取补）。

（2）位移动运算符有<<（左移）、>>（右移）、>>>（右移，零填充）。

在JavaScript中增加了几个布尔逻辑运算符：&=（与之后赋值）、|=（或之后赋值）、^=（异或之后赋值）。

7. 三元运算符

在JavaScript中，三元运算符的语法格式如下：

```
expression?value1:value2;
```

其中expression 表达式可以是关系表达式或逻辑表达式，其值必须是Boolean（布尔）类型；当expression表达式值为true时，返回第一项value1；当expression表达式值为false时，返回第二项value2。例如：

```
<script type="text/javascript">
    document.write( 99=='99'?"相等":"不相等" );
</script>
```

8. 运算符的优先顺序

表达式的运算是按运算符的优先级进行的。下列运算符按其优先顺序由高到低排列：

算术运算符：++、--、*、/、%、+、-。

字符串运算符：+。

位移动运算符：<<、>>、>>>。

位逻辑运算符：&、|、^、−、~ 。

比较运算符：<、<=、>、>=、==、!=。

布尔运算符：!、&=、&、|=、|、^=、^、? : 、||、==、|=。

5.4.9　表达式

表达式是由常量、变量和运算符组成的式子，可以分为算术表达式、字符串表达式和逻辑表达式。

5.5　程序结构

5.5.1　顺序结构

在JavaScript中，由表达式、函数等组成语句，一个语句用分号结束。由一条一条语句组成程序代码，程序执行时按照这些语句的顺序执行，这样的程序代码结构就是顺序结构。

1. 赋值语句

在JavaScript中，赋值语句的功能是把右边表达式赋值给左边的变量。赋值语句的语法格式如下：

```
变量名=表达式;
```

2. 注释语句

注释语句包括单行注释语句和多行注释语句。

3. 输出字符串语句

在JavaScript中常用的输出字符串的方法是利用document对象的write()方法和window对象的alert()方法。

（1）用document对象的write()方法输出字符串。

document对象的write()方法的功能是向页面内写文本。应用write()方法的语法格式如下：

```
document.write(字符串1,字符串2,...);
```

（2）用window对象的alert()方法输出字符串。

window对象的alert()方法的功能是弹出提示对话框。应用alert()方法的语法格式如下：

```
alert(字符串);
```

4. 输入字符串语句

（1）用window对象的prompt()方法输入字符串。

window对象的prompt()方法的功能是弹出对话框，让用户输入文本。应用prompt()方法的语法格式如下：

```
prompt(提示字符串,默认值字符串);
```

（2）用文本框输入字符串。

使用Blur事件和onBlur事件处理程序，可以得到在文本框中输入的字符串。Blur事件和onBlur事件的具体解释可参考后面章节的相关内容。

5.5.2 分支结构

通常在写代码时，会遇到为不同的决定来执行不同的动作的情况，这时可以在代码中使用分支结构来完成该任务。分支结构是指根据条件表达式的成立与否，决定是否执行流程的相应分支结构。

1. if语句

if语句是最基本的条件语句，它的格式与C++一样，其语法格式如下：

```
if(condition) {
    当条件为 true 时执行的代码
}
```

其中，condition是一个关系表达式，用来实现判断，condition要用( )括起来。如果condition的值为true，则执行{ }里面的语句，否则跳过if语句执行后面的语句。

2. if...else语句

当判断条件成立与否都需要有对应的处理时可以使用if...else语句。其语法格式如下：

```
if(condition) {
    当条件为 true 时执行的代码
}else{
   当条件不为 true 时执行的代码
}
```

如果条件成立则执行紧跟if语句的代码部分，否则执行跟在else语句后面的代码部分。这些代码均可以是单行语句，也可以是一段代码块。

3. if...else if...else语句

使用 if....else if...else 语句来选择多个代码块之一来执行。其语法格式如下：

```
if(condition1) {
    当条件 1 为 true 时执行的代码
}
else if(condition2) {
    当条件 2 为 true 时执行的代码
}
else {
    当条件 1 和 条件 2 都不为 true 时执行的代码
}
```

条件语句可以嵌套使用。

4. switch语句

switch 语句用于基于不同的条件来执行不同的动作。switch语句是由控制表达式和case标签共同构成。其中控制表达式的数据类型可以是字符串、整型、对象类型等任意类型。switch 语句的语法格式如下：

```
switch(n){
  case 值1:
       执行代码块1
       break;
  …
  case 值n:
       执行代码块n
       break;
   [default:
       以上条件均不符合时的执行代码块]
}
```

使用 switch 语句来选择要执行的多个代码块之一。首先设置表达式 n（通常是一个变量），随后表达式的值会与结构中的每个 case 的值做比较。如果存在匹配，则与该 case 关联的代码块会被执行。使用 break 来阻止代码自动地向下一个 case 运行。例如：

```
var d=new Date().getDay();
switch (d)
{
   case 0:x="今天是星期日";
   break;
   case 1:x="今天是星期一";
   break;
   case 2:x="今天是星期二";
   break;
   case 3:x="今天是星期三";
   break;
   case 4:x="今天是星期四";
   break;
   case 5:x="今天是星期五";
   break;
   case 6:x="今天是星期六";
   break;
}
```

5.5.3　循环结构

循环可以将代码块执行指定的次数。如果一遍又一遍地运行相同的代码，应该使用循环语句。

1. for循环语句

for循环语句的语法结构如下：

```
for(语句1; 语句2;语句3)
{
    被执行的代码块;
}
```

for循环语句的规则说明如下：

（1）语句1：（代码块）开始前执行。

通常使用语句1初始化循环中所用的变量（如var i=0)，可以在语句1中初始化任意（或者多个）值。语句1是可选的，即不使用语句1也可以。

（2）语句2：定义运行循环（代码块）的条件。

通常语句2用于评估初始变量的条件。如果语句2返回true，则循环再次开始；如果返回false，则循环将结束。

语句2同样是可选的。如果省略了语句2，那么必须在循环内提供break。否则循环就无法停下来，这样有可能令浏览器崩溃。

（3）语句3：在循环（代码块）已被执行之后执行。

通常语句3会增加初始变量的值。语句3有多种用法。增量可以是负数（如i− −)，或者更大（如i=i+15）。

语句3也可以省略（比如当循环内部有相应的代码且能够改变初始变量的值时）

实例 5.5 试分析下列代码的运行过程。

```
var msg="";
for(var i=0; i<10;i++ ){
    msg+="第"+i+"行\n";
}
alert(msg);
```

实例总结：

上述代码表示从变量i=0开始执行for循环，每次执行前判断变量i是否小于10，如果满足条件则执行for循环内部的代码块，然后令变量i自增1。直到变量i不再小于10则终止该循环语句。

将上述代码改写为

```
var i=0;
for(;i<10;i++ ){
    msg+="第"+i+"行\n";
}
alert(msg);
```

运行效果完全相同。这说明语句1是用于声明循环所需使用的变量初始值，可以在for循环之前声明完成。

2. for...in循环语句

在JavaScript中，for...in循环可以用于遍历对象的所有属性和方法。其语法结构如下：

```
for(x in object)
{
      代码块;
}
```

其中x是变量，每次循环将按照顺序获取对象中的一个属性或方法名；object指的是被遍历的对象。例如：

```
var people=new Object();
people.name="Mary";
people.age=20;
people.major="Computer Science";
for(x in people){
        msg+=people[x];
}
alert(msg);
```

其中变量x指的是people对象中的属性名称，而people[x]指的是对应的属性值。

3. while循环语句

while循环又称前测试循环，必须先检测表达式的条件是否满足，如果符合条件才开始执行循环内部的代码块。其语法结构如下：

```
while(条件表达式)
{
    代码块;
}
```

4. do...while循环语句

do...while循环又称为后测试循环，不论是否符合条件都先执行一次循环内的代码块，然后再判断是否满足表达式的条件，如果符合条件则进入下一次循环，否则将终止循环。其语法结构如下：

```
do
{
    代码块;
} while(条件表达式)
```

5. break语句

break语句的功能是无条件跳出循环结构或switch语句。

在switch结构中，遇到break语句时，就会跳出switch分支结构。

在循环结构中，遇到break语句时，立即退出循环，不再执行循环体中的任何代码。如果该循环体之后还有代码，则会继续执行该循环体之后的代码。

一般break语句是单独使用的，有时也可在其后面加一个语句标号，以表明跳出该标号所指定的循环体，然后执行循环体后面的代码。例如，下列代码

```
for(i=0;i<10;i++)
{
    if(i==3)
    {
        break;
    }
    x=x+"The number is "+i+"<br>";
}
```

当i = 3时，循环就不再执行了，跳到循环体的外面（后面）。

6. continue语句

当程序执行过程中遇到continue时，仅仅退出当前本次循环、结束本轮循环，跳转到循环的开始处，然后判断是否满足继续下一次循环的条件。如果满足就开始下一轮的循环。

continue可以单独使用，也可以与语句标号一起使用。例如，下列代码

```
for(i=0;i<10;i++)
{
    if(i==3)
    {
        continue;
    }
    x=x+"The number is "+i+"<br>";
}
```

当i = 3时，不执行后面的代码，而是跳转到循环的开始处，执行i++，然后开始新的循环（此时i=4）。

从上面两段代码可以看出，continue语句用于中断本次循环，然后会继续运行下一次循环语句，而break则是结束整个循环。

5.6 函数

函数是由事件驱动的或者当它被调用时执行的可重复使用的代码块。在编写JavaScript代码时，如果有一段能够实现特定功能的代码需要经常使用，就可以编写一个函数来实现这个功能。

5.6.1 函数定义

函数由函数定义和函数调用两部分组成。在使用函数时，应先定义函数，然后再进行调用。在JavaScript中，目前支持的函数定义方式有命名函数、匿名函数、对象函数和自调用函数几种。

1. 命名函数

命名函数定义的语法格式如下：

```
function 函数名([参数1,参数2,…,参数n])
  {
    JavaScript语句;
     …
    [return 表达式;]              //return语句指明被返回的值
  }
```

函数是由关键词function、函数名称、小括号内的一组可选参数以及大括号内的待执行代码块组成的。

函数名是调用函数时引用的名称，一般用能够描述函数实现功能的单词来命名，也可以用多个单词组合命名。

参数是调用函数时接收传入数据的变量名，可以是常量、变量或表达式，是可选的。

返回值是将函数执行的结果返回给调用的变量。返回值是可选的。例如，下列代码

```
function welcome(){
  alert("Welcome to JavaScript World");
}
```

定义了一个名称为welcome的函数，该函数的参数个数为0。在待执行的代码部分只有一句alert()方法，用于在浏览器上弹出对话框并显示双引号内的文本内容。

提示：①完成函数的定义后，函数并不会自动执行，只有通过事件或脚本调用时才会执行；②在同一个<script>...</script>标签中，函数的调用可以在函数定义之前，也可以在函数定义之后；③在不同的<script>...</script>标签中时，函数的定义必须在函数的调用之前，否则调用无效。

2. 匿名函数

匿名函数是网页前端设计者经常使用的一种函数形式，通过表达式的形式来定义一个函数。匿名函数定义的语法格式如下：

```
function ([参数1,参数2,…,参数n])
  {
    JavaScript语句;
     …
    [return 表达式;]
  };
```

匿名函数的定义格式与命名函数基本相同，只是没有提供函数的名称，且在函数结束位置以分号（;）结束。

由于没有函数名字，所以需要使用变量对匿名函数进行接收，方便后面函数的调用。例如，下列代码

```
<script type="text/javascript">
        var study=function(user){
              alert("欢迎"+user+"学习JavaScript! ");
        }
        study ("admin");
</script>
```

定义了一个匿名函数，并把它赋值给了变量study，由study进行调用。

3. 对象函数

在JavaScript中，提供了Function类，用于定义对象函数。对象函数定义的语法格式如下：

```
var funcName=new Function(
    [parameters],
    statements;
);
```

其中：

（1）Function是用来定义函数的关键字，首字母必须大写。

（2）parameters参数可选，当参数是一系列的字符串时参数之间用逗号隔开。

（3）statements参数是字符串格式，也是函数的执行体，其中的语句以分号隔开。

例如，下列代码

```
<script type="text/javascript">
    var showName=new Function(
         "name","age",
         "alert('数据处理中……'); " +
         "return('姓名: '+name+', 年龄: '+age);");
         alert(showName("张三",30));
</script>
```

定义了一个对象函数，并把它赋值给了变量showName，由showName进行调用。

4. 自调用函数

在JavaScript中，提供了一种自调用函数，将函数的定义与调用一并实现。函数本身不会自动执行，只有调用时才会被执行。自调用函数定义的语法格式如下：

```
(function( [parameters] ){
   statementes;
   [return 表达式];
})([params] );
```

其中：

（1）自调用函数是指将函数的定义使用小括号括起来，通过小括号说明此部分是一个函数表达式。

（2）函数表达式后紧跟一对小括号，表示该函数即将被自动调用。

（3）parameters参数为可选（形参），参数之间使用逗号隔开。

（4）params为实参，在函数调用时传入具体数据。

例如，下列代码

```
<script type="text/javascript">
     var user="admin";
     (function(userData){
          alert( "欢迎"+userData+"! ");
     })(user);
</script>
```

定义了一个自调用函数，实参为user，形参为userData。

5.6.2 函数返回值

相比Java而言，JavaScript函数更加简便，无须特别声明返回值类型。

如果JavaScript函数存在返回值，直接在大括号内的代码块中使用return关键词后面紧跟需要返回的值即可。例如，下列代码

```
function sum(num1, num2){
     return  num1+num2;
}
var result=sum(8,10);
alert(result);
```

定义了函数sum，对两个数字进行求和运算，使用变量result获取函数sum的返回值。

函数也可以带有多个return语句。

例如，下列代码

```
function maxNum(num1,num2){
     if(num1>num2)  return  num1;
     else  return  num2;
}
var result=maxNum(99,100);
alert(result);
```

对两个数字进行了大小比较运算，然后返回其中较大的数值。使用变量result获取maxNum函数的返回值。

单独使用return语句可随时终止函数代码的运行。函数在执行到return语句时就直接退出函数代码块，即使后续还有代码也不会被执行。

例如，测试数值是否为偶数，如果是奇数则不提示，是偶数则弹出对话框，代码如下：

```
function testEven( num ){
     if( num%2!=0 )  return;
     alert( num+"是偶数! " );
}
testEven(99);
testEven(100);
```

本例中如果参数为奇数才能符合if条件，然后触发return语句，因此函数代码块中后续的alert()方法不会被执行到，从而做到只有在参数为偶数时才显示对话框。

5.6.3 函数调用

1. 无返回值的调用

如果函数没有返回值或调用程序不关心函数的返回值，可以通过使用函数名称的方法直接进行调用。可以用下面的格式调用定义的函数：

```
函数名(传递给函数的参数1,传递给函数的参数2, ... );
```

2. 有返回值的调用

如果调用程序需要函数的返回结果，则要用下面的格式调用定义的函数：

```
变量名=函数名(传递给函数的参数1,传递给函数的参数2, ... );
```

3. 在超链接标记中调用函数

当单击超链接时，可以触发调用函数。有两种方法：

（1）使用<a>标记的onClick属性调用函数，其语法格式如下：

```
<a  href="#" onClick="函数名(参数表)" > 热点文本 </a>
```

（2）使用<a>标记的href属性调用函数，其语法格式如下：

```
<a  href="javascript:函数名(参数表)" > 热点文本 </a>
```

4. 在装载网页时调用函数

有时希望在装载（执行）一个网页时仅执行一次JavaScript代码，这时可使用<body>标记的onLoad属性，其代码形式如下：

```
<head>
    <script>
        function 函数名(参数表) { JavaScript代码; }
    </script>
</head>
<body onLoad="函数名(参数表);" >
    …
</body>
```

5. 在触发事件时调用函数

函数可以在JavaScript代码的任意位置进行调用，也可以在指定的事件发生时调用。例如，在按钮的点击事件中调用函数，代码如下：

```
<button onclick="welcome()" > 点击按钮调用函数 </button>
```

上述代码中的onclick属性表示元素被鼠标点击事件发生后，会调用等号右边的welcome()函数。

5.7 对象

Java是面向对象（object-oriented）的编程语言，JavaScript则是基于对象（object-based）的脚本语言。

基于对象的编程语言没有提供抽象、继承、重载等有关面向对象语言的许多功能，而是把所创建的复杂对象统一起来，形成一个强大的对象系统，以供使用。基于对象的编程语言还是具有一些面向对象的基本特征，它可以根据需要创建自己的对象，从而进一步扩大语言的应用范围，增强编写功能强大的Web文档。

5.7.1 JavaScript对象类型

在JavaScript中，对象类型可分为内部对象（本地对象、内置对象）、宿主对象和自定义对象。

本地对象（native object）是ECMAScript定义的引用类型；内置对象（built-in object）指的是无须实例化可直接使用的对象，其实也是特殊的本地对象；宿主对象（host object）指的是用户的机器环境，包括DOM和BOM。

5.7.2 自定义对象

在JavaScript中可以创建用户自定义对象，但必须为该对象创建一个实例。这个实例就是一个新对象，它具有对象定义中的基本特征。这里介绍两种自定义对象的方法。

1. 初始化对象

这是一种通过初始化对象的值来建立自定义对象的方法。初始化对象的一般格式如下：

```
对象名={ 属性1:属性值1;属性2:属性值2;...;属性n:属性值n};
```

2. 定义对象的构造函数

这种方法的一般格式如下：

```
function 对象名(属性1,属性2,...,属性n){
    this.属性1=属性值1;
      ...
    this.属性n=属性值n;
    this.方法1=函数名1;
      ...
    this.方法m=函数名m;
}
```

实例 5.6 试分析下列代码的运行过程。

实例 5.6- 自定义 JavaScript 对象 .html 的核心代码：

```
<!doctype html>
<html>
<head>
   <meta charset="utf-8">
   <title>学生对象</title>
   <script type="text/javascript">
      function student(No, name, sex, grade){
         this.No=No;
         this.name=name;
         this.sex=sex;
         this.grade=grade;
         this.study=function(){
            if(this.grade<100 )
               this.grade+=1;
         }
      }
   </script>
</head>
<body>
   <script type="text/javascript">
      var stuA=new student(2019001,"A",true,90);
      document.write(stuA.grade);
      document.write("<br>");
      stuA.study();
      document.write(stuA["grade"]);
      document.write("<br>");
      stuA.study();
      for(var x in stuA){
         document.write(stuA[x]);
         document.write("<br>");
      }
   </script>
</body>
</html>
```

实例总结：

代码第7～16行自定义了一个学生对象student，代码第21行对对象进行实例化，第22行用“对象名.属性名”的方式引用对象的属性，第24行和第27行引用对象的方法，第25行用“对象[字符串]”的方式引用对象的属性，第28～31行用for…in语句遍历对象的属性。

5.7.3 对象的使用

在JavaScript代码中，要使用一个对象，有下面三种方法：

（1）引用JavaScript内置对象。

（2）由浏览器环境中提供。

（3）创建新对象。

一个对象在被引用之前必须已经存在。在JavaScript中，提供了操作对象的语句、关键字和运算符。

1. for...in语句

使用for...in语句的语法格式如下：

```
for(变量 in 对象){
        代码块;
}
```

2. with语句

使用with语句的语法格式如下：

```
with(对象){
        代码块;
}
```

3. this关键字

this用于将对象指定为当前对象。

4. new关键字

使用new可以创建指定对象的一个实例。其创建对象实例的格式为如下：

```
对象实例名=new 对象名(参数表);
```

5. delete操作符

delete操作符可以删除一个对象的实例。其语法格式如下：

```
delete 对象名;
```

5.7.4 对象的属性

在JavaScript中，每一种对象都有一组特定的属性。对象属性的引用有两种方式。

1. 点（.）运算符

把点放在对象实例名和它对应的属性之间，以此指向唯一的属性。属性的使用格式如下：

```
对象名.属性名=属性值;
```

2. 通过字符串的形式实现

通过“对象[字符串]”的格式实现对象的访问：

```
person["sex"]="female";
person["name"]="Jane";
person["age"]=18;
```

5.7.5　对象的方法

JavaScript的方法是函数。如Window对象的关闭（Close）方法、打开（Open）方法等。在JavaScript中，对象方法的引用非常简单，只需在对象名和方法之间用点分隔就可指明该对象的某一种方法，并加以引用。

应用对象方法的语法格式如下：

```
对象名.方法()
```

例如，引用person对象中已存在的一个方法study()，则可使用：

```
document.write(person.study());
```

如果引用math内部对象中sin()的方法，则有：

```
with(math){
      document.write(sin(30));
      document.write(sin(75));
}
```

若不使用with，则引用时相对要复杂些：

```
document.write(math.sin(30));
document.write(math.sin(75));
```

5.7.6　本地对象

1. 数组Array

（1）一维数组。

在JavaScript中可以使用数组Array存储一系列（类型相同）的值。例如，下列代码

```
var stuName=new Array();
var stuName [0]="张三";
var stuName [1]="李四";
var stuName [2]="王五";
```

存储的是学生的名字。

数组是从0开始计数的，因此第一个元素的下标是[0]，后面每新增一个元素下标+1。使用Array类型存储数组的特点是无须在一开始声明数组的具体元素数量（数组长度），可以在后续代码中陆续新增数组元素。

如果一开始就可以确定数组的长度，即其中的元素不需要后续动态加入，可直接写成：

```
var stuName=new Array("张三", "李四", "王五");
```

或

```
var stuName=["张三", "李四", "王五"];
```

此时数组元素之间使用逗号隔开。

Array对象还包含了length属性，可以用于获取当前数组的长度，即数组中的元素个数。如果当前数组中没有包含元素，则length值为0。例如：

```
var stuName=["张三", "李四", "王五"];
var x=stuName.length;  //这里x值为3
```

（2）二维数组。

在JavaScript中，将数组的元素定义为一维数组，该数组即为二维数组。

实例 5.7 试分析下列代码的运行过程。

实例 5.7- 自定义 JavaScript 对象 .html 的核心代码：

```
1 <!doctype html>
2 <html>
3   <head>
4     <title>Array</title>
5     <script type="text/javascript">
6       var students=new Array(5);
7       students[0]=new Array("name","sex","grade");
8       students[1]=new Array("张三", "male", "B");
9       students[2]=new Array("李四", "male", "A");
10      students[3]=new Array("王五", "female", "A");
11      students[4]=new Array("周六", "female", "A");
12      document.write(students[0][0]+" "+students[0][1]+" "+students [0][2] );
13      document.write("<br>");
14      for(var i=1;i<=3; i++){
15        for(var j=0; j<=2; j++){
16          document.write(students[i][j]+"  ");
17        }
18        document.write("<br>");
19      }
20      document.write(students[4]);
21    </script>
22  </head>
23  <body>
24  </body>
25 </html>
```

实例总结：

第6行代码定义了一个有5个元素的数组students，第7行代码将一个有3个元素的数组Array("name", "sex", "grade")赋值给数组students的第1个元素students[0]，由此可以确定数组

students 为二维数组。第 8 行代码定义了数组 students 的第 2 个元素 students[1]，依此类推。第 12 行代码以数组元素 [i][j] 的方式输出 students[0]，第 29 行代码将数组 students 的第 5 个元素 students[4] 直接输出。在 JavaScript 中，数组元素的个数和类型可以不相同。

数组 Array 的属性见表 5-5。

表 5-5　数组 Array 的属性

属　性	描　述
constructor	返回创建数组对象的原型函数
length	设置或返回数组元素的个数
prototype	允许用户向数组对象添加属性或方法

数组 Array 的方法见表 5-6。

表 5-6　Array 的方法（部分）

方　法	描　述	方　法	描　述
concat()	连接两个或更多的数组，并返回结果	reduce()	将数组元素计算为一个值（从左到右）
every()	检测数值元素的每个元素是否都符合条件	reverse()	反转数组的元素顺序
fill()	使用一个固定值来填充数组	shift()	删除并返回数组的第一个元素
forEach()	数组每个元素都执行一次回调函数	slice()	选取数组的一部分，并返回一个新数组
includes()	判断一个数组是否包含一个指定的值	sort()	对数组的元素进行排序
indexOf()	搜索数组中的元素，并返回它所在的位置	splice()	从数组中添加或删除元素
isArray()	判断对象是否为数组	toString()	把数组转换为字符串，并返回结果
join()	把数组的所有元素放入一个字符串	find()	返回符合传入测试（函数）条件的数组元素
push()	向数组的末尾添加一个或更多元素，并返回新的长度	unshift()	向数组的开头添加一个或更多元素，并返回新的长度
pop()	删除数组的最后一个元素并返回删除的元素		

2. 日期Date

在 JavaScript 中，使用 Date 对象处理时间和日期有关内容，有四种初始化方式。

（1）表示获取当前的日期与时间：

```
new Date();
```

（2）使用表示日期时间的字符串定义时间：

```
new Date(dateString);
```

例如，填入“May 10, 2000 12:12:00”。

（3）使用从 1970 年 1 月 1 日到指定日期的毫秒数定义时间：

```
new Date(milliseconds);
```

例如，填入 1232345。

（4）自定义年、月、日、时、分、秒和毫秒：

```
new Date(year,month,day,hours,minutes,seconds,milliseconds);
```

时分秒和毫秒默认为0。

可以用Date对象一系列方法分别获取指定的内容，Date对象的常见方法见表5-7。

表5-7　Date对象的常用的方法

方　法	描　述
getDate()	从 Date 对象返回一个月中的某一天（1 ~ 31）
getDay()	从 Date 对象返回一周中的某一天（0 ~ 6）
getFullYear()	从 Date 对象以四位数字返回年份
getHours()	返回 Date 对象的小时（0 ~ 23）
getMilliseconds()	返回 Date 对象的毫秒 (0 ~ 999）
getMinutes()	返回 Date 对象的分钟（0 ~ 59）
getMonth()	从 Date 对象返回月份（0 ~ 11）
getSeconds()	返回 Date 对象的秒数（0 ~ 59）
getTime()	返回 1970 年 1 月 1 日至今的毫秒数
getUTCDate()	根据世界时从 Date 对象返回月中的一天（1 ~ 31）
parse()	返回 1970 年 1 月 1 日午夜到指定日期（字符串）的毫秒数
setDate()	设置 Date 对象中月的某一天（1 ~ 31）
setHours()	设置 Date 对象中的小时（0 ~ 23）
setMinutes()	设置 Date 对象中的分钟（0 ~ 59）
setMonth()	设置 Date 对象中月份（0 ~ 11）
setSeconds()	设置 Date 对象中的秒钟（0 ~ 59）
setTime()	setTime() 方法以毫秒设置 Date 对象
toDateString()	把 Date 对象的日期部分转换为字符串
toString()	把 Date 对象转换为字符串
toTimeString()	把 Date 对象的时间部分转换为字符串。
UTC()	根据世界时返回 1970 年 1 月 1 日到指定日期的毫秒数

3. 字符串String

String 对象用于处理文本（字符串）。

创建 String 对象的语法格式如下：

```
new String(s);
```

或

```
String(s);
```

其中：

（1）参数 s 是要存储在 String 对象中或转换成原始字符串的值。

（2）返回值：当 String() 和运算符 new 一起作为构造函数使用时，它返回一个新创建的 String 对象，存放的是字符串 s。当不用 new 运算符调用 String() 时，它只把 s 转换成原始的字符串，并返回转换后的值。

字符串变量可以看成是对象。通常 JavaScript 字符串是原始值，可以使用字符创建：

```
var firstName="John"
```

也可以使用new关键字将字符串定义为一个对象：

```
var firstName=new String("John")
```

例如，下列代码

```
var x="John";
var y=new String("John");
typeof x;                      //返回 String
typeof y;                      //返回 Object
(x===y)?true:false;            //结果为 false，因为 x 是字符串，y 是对象
```

表示了字符串变量和字符串对象之间的区别。

String对象的属性见表5-8，String对象的方法见表5-9。

表 5-8　String 对象的属性

属　性	描　　述
constructor	对创建该对象的函数的引用
length	字符串的长度
prototype	允许用户向对象添加属性和方法

表 5-9　String 对象的方法（部分）

方　　法	描　　述
bold()	使用粗体显示字符串
charAt()	返回在指定位置的字符
charCodeAt()	返回在指定的位置的字符的 Unicode 编码
concat()	连接字符串
indexOf()	检索字符串
lastIndexOf()	从后向前搜索字符串
link()	将字符串显示为链接
localeCompare()	用本地特定的顺序来比较两个字符串
match()	找到一个或多个正则表达式的匹配
replace()	替换与正则表达式匹配的子串
search()	检索与正则表达式相匹配的值
slice()	提取字符串的片段，并在新的字符串中返回被提取的部分
split()	把字符串分割为字符串数组
sub()	把字符串显示为下标
substr()	从起始索引号提取字符串中指定数目的字符
substring()	提取字符串中两个指定的索引号之间的字符
sup()	把字符串显示为上标
toLocaleLowerCase()	把字符串转换为小写
toLowerCase()	把字符串转换为小写
toUpperCase()	把字符串转换为大写
toSource()	代表对象的源代码
toString()	返回字符串

实例 5.8 编写JavaScript代码，实现在字符串中查找指定的字符串。

操作过程：

使用indexOf()来定位字符串中某一个指定的字符首次出现的位置，核心代码如下：

```
var str="Hello world, welcome to the universe.";
var n=str.indexOf("welcome");
```

如果没找到对应的字符，则函数返回−1。

实例 5.9 编写JavaScript代码，实现在字符串中内容匹配。

操作过程：

match()函数用来查找字符串中特定的字符，如果找到，则返回这个字符。

```
var str="Hello world!";
document.write(str.match("world")+"<br>");
document.write(str.match("World")+"<br>");
document.write(str.match("world!"));
```

5.7.7 内置对象

1. Gobal对象

在JavaScript中，Gobal对象又称全局对象，其中包含的属性和函数可以用于所有的本地JavaScript对象。

2. Math对象

在JavaScript中，Math对象用于数学计算，无须初始化创建，可以直接使用关键词Math调用其所有的属性和方法。

提示：Math对象并不像Date和String那样是对象的类，因此没有构造函数Math()。像Math.sin()这样的函数只是函数，不是某个对象的方法。无须创建它，通过把Math作为对象使用就可以调用其所有属性和方法。

Math对象的常用属性和常用方法分别见表5-10和表5-11。

表5-10 Math对象的常用属性

属 性	描 述
E	返回算术常量e，即自然对数的底（约等于2.718）
PI	返回圆周率（约等于3.141 59）
SQRT2	返回$\sqrt{2}$的值（约等于1.414）

表5-11 Math对象的常用方法

方 法	描 述
abs(x)	返回数的绝对值
acos(x)	返回数的反余弦值
asin(x)	返回数的反正弦值
ceil(x)	对数进行上舍入

续表

方 法	描 述
cos(x)	返回数的余弦
exp(x)	返回 e 的指数
floor(x)	对数进行下舍入
log(x)	返回数的自然对数（底为 e）
max(x,y)	返回 x 和 y 中的最高值
min(x,y)	返回 x 和 y 中的最低值
pow(x,y)	返回 x 的 y 次幂
random()	返回 0 ~ 1 之间的随机数
round(x)	把数四舍五入为最接近的整数
sqrt(x)	返回数的平方根

5.7.8 宿主对象

宿主对象包括HTML DOM（文档对象模型）和BOM（浏览器对象模型）。具体内容和用法请参考第6章内容。

5.7.9 对象的事件

事件是预先定义好的、能够被对象识别并响应的动作，如单击（Click）事件、双击（DblClick）事件、装载完成（Load）事件、鼠标移动（MouseMove）事件等。不同的对象能够识别并响应不同的事件。通过触发这些事件，可以调用对象的方法，从而执行不同的动作。关于JavaScript中的事件处理，将在后面的6.3节中进行详细介绍。

5.8 全局函数和属性

全局对象是预定义的对象，作为 JavaScript 的全局函数和全局属性的占位符。通过使用全局对象，可以访问其他所有预定义的对象、函数和属性。全局对象不是任何对象的属性，所以它没有名称。全局对象只是一个对象，而不是类。既没有构造函数，也无法实例化一个新的全局对象。

表5-12和表5-13给出了全局函数和全局属性的具体含义。

表 5-12 全局函数

函 数	描 述
decodeURI()	解码某个编码的 URI
decodeURIComponent()	解码一个编码的 URI 组件
encodeURI()	把字符串编码为 URI
encodeURIComponent()	把字符串编码为 URI 组件
escape()	对字符串进行编码
eval()	计算 JavaScript 字符串，并把它作为脚本代码来执行。例如，eval（string）

续表

函数	描述
getClass()	返回一个 JavaObject 的 JavaClass
isFinite()	检查某个值是否为有穷大的数
isNaN()	检查某个值是否是数字。isNaN() 返回的值为 true 则不是数值，反之亦然
Number()	把对象的值转换为数字
parseFloat()	解析一个（文本框中的）字符串并返回一个浮点数
parseInt()	解析一个（文本框中的）字符串并返回一个整数
String()	把对象的值转换为字符串
unescape()	对由 escape() 编码的字符串进行解码

表 5-13　全局属性

属性	描述
Infinity	代表正的无穷大的数值
java	代表 java.* 包层级的一个 JavaPackage
NaN	指示某个值是不是数字值
Packages	根 JavaPackage 对象
undefined	指示未定义的值

小　结

本章主要介绍了JavaScript在网页中的作用，在网页中的插入方式，JavaScript的基本语法、程序结构、函数、对象、内建对象、全局函数和属性等内容。本章的难点是正则表达式。需要重点掌握的内容是JavaScript基本表达式、函数、对象和程序结构编写网页脚本程序。

习　题

一、选择题

1. 在网页中输出"Hello JavaScript"的JavaScript语句是（　　）。
   A. write("Hello JavaScript");　　B. response.write("Hello JavaScript");
   C. ("Hello JavaScript");　　D. document.write("Hello JavaScript");
2. JavaScript代码开始和结束的标签是（　　）。
   A. 以<java>开始，以</java>结束　　B. 以<script>开始，以</script>结束
   C. 以<style>开始，以</style>结束　　D. 以<js>开始，以</js>结束
3. 在HTML文档中，引用名为"MyJavaScript.js"的外部脚本时，正确的代码是（　　）。
   A. <script src="MyJavaScript.js">　　B. <script href="MyJavaScript.js">
   C. <script name="MyJavaScript.js">　　D. <script target="MyJavaScript.js">

4. 要创建名为myFun的函数，应该选择（　　）。

A. function:myFun(){}　　B. function myFun(){}

C. function=myFun(){}　　D. function myFun{}

5. 要在JavaScript中添加注释，正确的语句是（　　）。

A. 'This is a comment　　B. // This is a comment

C. <comment>　　D. <!-- This is a comment-->

6. 要求3和5中较大的数，应该选择（　　）。

A. Math.ceil(3,5)　　B. Math.max(3,5)

C. ceil(3,5)　　D. floor(3,5)

7. 定义JavaScript数组正确的语句是（　　）。

A. var name= Array("Tom","Mary")

B. var name=new Array("Tom","Mary","Jack")

C. var name="Tom","Jack"

D. var name= Array(1:"Tom",2:"Mary",3:"Jack")

8. 下列表达式结果为真的是（　　）。

A. null instanceof Object　　B. null===undefined

C. null==undefined　　D. NaN==NaN

9. 要编写当j不等于5时执行某些语句的条件语句是（　　）。

A. if =! 5 then　　B. if <> 5

C. if(j <> 5)　　D. if(j != 5)

10. 在HTML中，JavaScript代码要写在（　　）标签中。

A. <script>...</script>　　B. <style>...</style>

C. <link>...</link>　　D. <head>...</head>

二、简答题

1. JavaScript变量命名的规则有哪些？

2. 外部脚本文件中包含<script>...</script>吗？

3. setInterval("MyFun()",500)表示什么意思？

第6章

应用BOM与DOM编程

在Web开发中，浏览器对象模型（BOM）和文档对象模型（DOM）是构建动态式、交互式网页的基石。BOM提供了与浏览器窗口进行交互的方法和属性，如控制浏览器窗口、控制浏览器导航、处理定时器，以及与浏览器历史记录和书签进行交互等。DOM是HTML和XML文档的编程接口，它允许开发者通过JavaScript动态地访问和更新网页的内容、结构和样式。

本章探讨BOM与DOM的基本原理、常用方法和实际应用场景。通过学习和实践这些技术，将能够创建更加丰富、互动和响应式的Web应用。

学习目标

✧ 掌握BOM模型结构及应用window对象编程的方法。

✧ 掌握DOM模型结构及应用document对象编程的方法。

✧ 能够通过BOM与DOM的编程原理开发设计动态交互网页。

6.1 项目实践9：动态修改网页内容

项目描述

视频

项目实践9

设计一个文本网页，应用DOM编程，动态地修改网页文本中的错误，并将动态显示修改后的内容。

软件环境

Windows 10、Dreamweaver 21.2、Photoshop、Edge、Chrome。

设计指导

（1）新建站点和文件。打开Dreamweaver，新建站点后创建一个新网页文件，文档类型为HTML5，文件保存为“项目实践9-修改网页内容.html”。

（2）选择Dreamweaver的代码视图进行设计，输入如下代码。

项目实践 9- 修改网页内容 .html 的核心代码：

```
<!doctype html>
<html>
<head>
    <meta charset="utf-8">
    <title>修改网页内容</title>
    <script>
        var mdfy = false;
    </script>
</head>
<body>
    <main>
        <h1>修改诗歌中的错句</h1>
        <hr>
        <form id="frm" action="" method="post">
            <h2 id="d1" class="titles">黄鹤楼送孟浩然之广陵</h2>
            <h3 id="d2" class="titles">唐·李白</h3>
            <div id="d3" class="passages">故人西辞黄鹤楼,</div>
            <div id="d4" class="passages">烟花三月下扬州。</div>
            <div id="d5" class="passages">孤帆远景碧空尽,</div>
            <div id="d6" class="passages">唯见长江天际流。</div>
            <hr>
            <div>请输入错句的行号：<input  type="text"  value="2"  id="txt1"/></div>
            <div>请输入正确的内容：<input  type="text"  value="唐·李白"  id="txt2"/></div>
            <div>输入完成后，请点击按钮进行修改：<input type="button" value= "修改" onclick="Updt()" /></div>
            <div><input type="button" name="btn" value="修改后查看答案" id="btn" onclick= "ans()" /></div>
            <br>
            <div id="dn" class="passages"></div>
        </form>
    </main>
    <script>
        function Updt(){
            var inputObj1=document.getElementById("txt1");//alert(inputObj1.value);
            var inputObj2=document.getElementById("txt2");
            var idx="d"+inputObj1.value;                  //alert(idx);
            document.getElementById(idx).innerHTML=inputObj2.value;
            mdfy=true;
        }
        function ans(){
           if(mdfy==true) document.getElementById("dn").innerHTML="答案：孤帆远影碧空尽,";
        }
    </script>
</body>
</html>
```

（3）测试修改，保存文件，完成网页的设计。

（4）网页的浏览效果如图6-1所示。

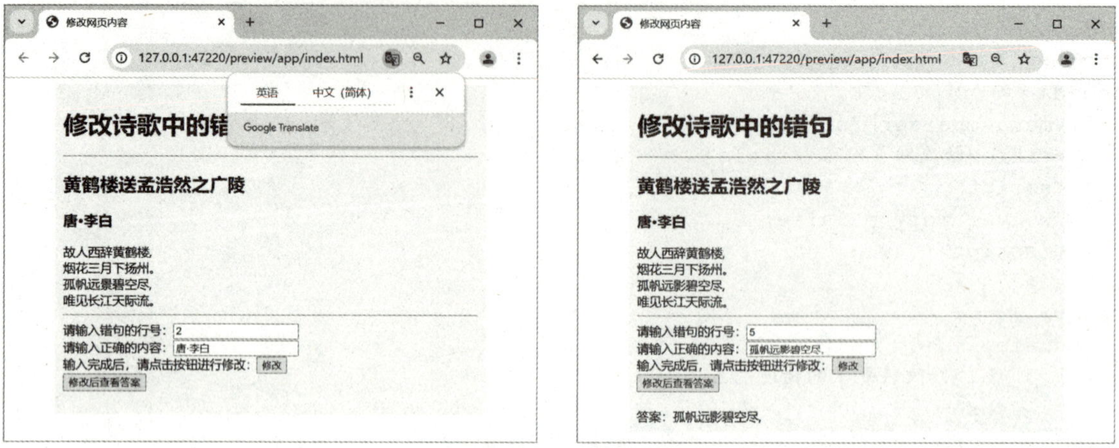

图6-1　修改前后浏览效果

项目总结

（1）在本项目的网页设计过程中，使用DOM编程实现动态地修改文本网页中的错误。

（2）第6～8行代码为JavaScript脚本程序，定义一个全局变量并赋值“var mdfy = false；”。

（3）第31～37行代码为修改网页文本内容的代码，第38～40行代码为显示正确答案的代码。

6.2 浏览器对象BOM

6.2.1 BOM模型

浏览器对象模型（browser object model，BOM）定义了JavaScript操作浏览器的接口，允许JavaScript 与浏览器交互和对话。例如，获取浏览器窗口的大小、屏幕的宽度和高度、浏览器的相关信息、当前页面URL的信息、访问历史记录等。在HTML5中，W3C正式将BOM纳入其规范之中。

BOM描述了浏览器中对象与对象之间的层次关系，提供了独立于页面内容并能够与浏览器窗口进行交互的对象结构，如图6-2所示。

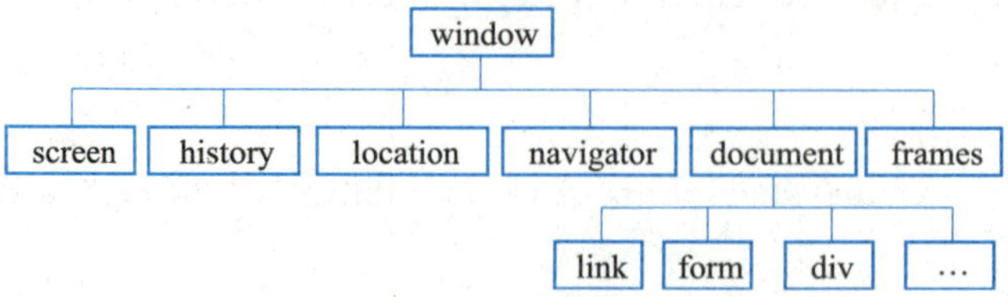

图6-2　BOM模型

window对象是BOM模型中的顶层对象，其他对象都是该对象的子对象。浏览器会为每一个页面自动创建window、document、location、navigator和history对象。

6.2.2　window对象

在JavaScript中，window对象表示浏览器窗口，即window对象与文档窗口相对应。当页面中包含frame或iframe元素时，浏览器为整个HTML文档创建一个window对象，然后再为每个框架对应的页面创建一个单独的window对象。

所有浏览器都支持window对象。所有JavaScript全局对象、函数及变量均自动成为 window 对象的成员。

在BOM中，全局变量是 window 对象的属性，全局函数是 window 对象的方法。在使用窗口的属性和方法时，允许以全局变量或系统函数的方式进行使用。例如，window.document可以简写成document形式。

window对象提供了处理窗口的属性和方法，具体见表6-1和表6-2。

表 6-1　window对象的属性

属　性	描　　述
closed	只读，返回窗口是否已被关闭
defaultStatus	可返回或设置窗口状态栏中的默认内容
innerWidth	只读，窗口的文档显示区的宽度（单位像素）
innerHeight	只读，窗口的文档显示区的高度（单位像素）
name	当前窗口的名称
opener	可返回对创建该窗口的 window 对象的引用
parent	如果当前窗口有父窗口，表示当前窗口的父窗口对象
self	只读，对窗口自身的引用
top	当前窗口的最顶层窗口对象
status	可返回或设置窗口状态栏中显示的内容

表 6-2　window对象的方法

方　法	描　　述
open()	打开一个新的浏览器窗口或查找一个已命名的窗口
close()	关闭浏览器窗口
setTimeout(code,millisec)	在指定的毫秒数后调用函数或计算表达式，仅执行一次
setInterval(code,millisec)	按照指定的周期（以毫秒计）来调用函数或计算表达式
clearTimeout()	取消由 setTimeout() 方法设置的计时器
clearInterval()	取消由 setInterval() 设置的计时器

1. open()方法

window对象的open()方法用于打开一个新窗口。其语法格式如下：

```
var targetWindow=window.open(url,name,features,replace)
```

其中，参数features用于设置窗口在创建时所具有的特征，如标题栏、菜单栏、状态栏、是否全屏显示等特征，具体见表6-3。

表 6-3 窗口特征

窗口特征	描 述
channelmode	是否使用 channel 模式显示窗口，取值范围 yes|no|1|0，默认为 no
directories	是否添加目录按钮，取值范围 yes|no|1|0，默认为 yes
fullscreen	是否使用全屏模式显示浏览器，取值范围 yes|no|1|0，默认为 no
location	是否显示地址栏，取值范围 yes|no|1|0，默认为 yes
menubar	是否显示菜单栏，取值范围 yes|no|1|0，默认为 yes
resizable	窗口是否可调节尺寸，取值范围 yes|no|1|0，默认为 yes
scrollbars	是否显示滚动条，取值范围 yes|no|1|0，默认为 yes
status	是否添加状态栏，取值范围 yes|no|1|0，默认为 yes
titlebar	是否显示标题栏，取值范围 yes|no|1|0，默认为 yes
toolbar	是否显示浏览器的工具栏，取值范围 yes|no|1|0，默认为 yes
width	窗口显示区的宽度，单位是像素
height	窗口显示区的高度，单位是像素
left	窗口的 y 坐标，单位是像素
top	窗口的 x 坐标，单位是像素

实例 6.1 分析下列代码的运行结果。

实例 6.1– 在网页中打开新窗口 .html 的核心代码：

```
<!doctype html>
<html>
<head>
    <meta charset="utf-8">
    <title> </title>
    <script>
        var w;
        function Login(){
            w=window.open("http://www.baidu.com","_blank","width=400,height=300,left=300,top=150");
        }
    </script>
</head>
<body>
    <script></script>
        <form>
            <input type="button" value="单击关闭窗口" onClick="w.close()" />
            <input type="button" value="单击打开窗口" onClick="Login()" />
        </form>
</body>
</html>
```

实验分析：

（1）网页打开后，显示“单击打开窗口”和“单击关闭窗口”两个按钮。

（2）单击“单击打开窗口”，会弹出一个新窗口，该窗口对象保存到全局变量w中，窗口URL定位到"http://www.baidu.com"，窗口大小为“width=400px，height=300px”，窗口位置为

“left=300px，top=150px”。

（3）单击“单击关闭窗口”，弹出的新窗口w会关闭。注意在第16行代码中，"w.close()"表示关闭窗口w。

打开新窗口的网页效果如图6-3所示。

图6-3 打开窗口的效果

2. close()方法

window对象的close()方法用于关闭指定的浏览器窗口。其语法格式如下：

```
targetWindow.close()
```

其中，当关闭当前页面中所打开的新窗口时，参数targetWindow为目标窗口对象；参数targetWindow也可以是window对象，此时可省略对象名称window。

3. alert()方法

在JavaScript中可以创建三种消息框（JavaScript弹窗）：警告框、确认框和提示框。

window对象的alert ()方法会弹出警告框，经常用于确保用户可以得到或看到某些信息。当警告框出现后，用户需要单击“确定”按钮才能继续进行操作。

alert ()方法的语法格式如下：

```
window.alert("sometext");
```

window.alert()方法可以不带上window对象名，直接使用alert()方法。例如，下面的代码

```
<html>
<head>
    <script>
        function myFunction() { alert("你好，我是一个警告框！"); }
    </script>
</head>
<body>
    <input type="button" onclick="myFunction()" value="显示警告框">
</body>
</html>
```

表示使用window对象的alert ()方法，弹出警告框。

4. confirm()方法

window对象的confirm ()方法会弹出确认框，通常用于验证是否接受用户操作。当确认框弹出时，用户可以单击“确认”或者“取消”按钮来确定用户操作。

如果单击“确认”按钮，确认框返回true；如果单击“取消”按钮，确认框返回false。

confirm ()方法的语法格式如下：

```
window.confirm("sometext");
```

window.confirm()方法可以不带上window对象名，直接使用confirm()方法。例如，下面的代码

```
var r=confirm("按下按钮");
    if(r==true){
        x="你按下了\"确定\"按钮!";
    }else{
        x="你按下了\"取消\"按钮!";
}
```

表示使用window对象的confirm ()方法，弹出确认框。

5. prompt()方法

window对象的prompt ()方法会弹出提示框，经常用于提示用户在进入页面前输入某个值。当提示框出现后，用户需要输入某个值，然后单击“确认”或“取消”按钮才能继续操作。

如果用户单击“确认”按钮，那么返回值为输入的值；如果用户单击“取消”按钮，那么返回值为null。

prompt ()方法的语法格式如下：

```
window.prompt("sometext","defaultvalue");
```

window.prompt()方法可以不带上window对象名，直接使用prompt()方法。例如，下面的代码

```
<div id="demo"></div>
<script>
    var person=prompt("请输入你的名字","Tom");
    if(person!=null && person!=""){
        x="你好，"+person+"!";
        document.getElementById("demo").innerHTML=x;
    }
</script>
```

表示使用window对象的prompt() 方法，弹出提示框。

6. setTimeout()方法

setTimeout()方法用于设置一个计时器，在指定的时间间隔后调用函数或计算表达式，且仅执行一次。setTimeout()方法语法格式如下：

```
var id_Of_timeout=setTimeout(code,millisec)
```

其中：

（1）参数code必需，表示被调用的函数或需要执行的JavaScript代码串。

（2）参数millisec必需，表示在执行代码前需等待的时间（以毫秒计）。

（3）code代码仅被执行一次。

（4）setTimeout()方法返回一个计时器的ID。

7. clearTimeout()方法

clearTimeout()方法用于取消由setTimeout()方法所设置的计时器。clearTimeout()方法语法格式如下：

```
clearTimeout(id_Of_timeout)
```

其中，参数id_Of_timeout表示由setInterval()方法返回的定时器ID。

例如，在下面的代码中

```
function openWin(){
    myWindow=window.open(' ',' ','width=200,height=100');
    myWindow.document.write("This is 'myWindow'");
}
function moveWin(){
    x+=10;
    y+=10;
    myWindow.moveBy(x,y);
    timer=setTimeout("moveWin()",1000);
}
function stopMove(){
    clearTimeout(timer);
}
```

设置了1 000 ms的延时，即moveWin()函数运行后，要等1 000 ms的时间才能看到窗口的移动。在此之前，可以通过stopMove()函数终止窗口发生移动。

8. setInterval()方法

setInterval()方法用于设置一个定时器，按照指定的周期（以毫秒计）调用函数或计算表达式。setInterval ()方法语法格式如下：

```
var id_Of_Interval=setInterval(code,millisec)
```

其中：

（1）参数code必需，表示被调用的函数名或需要执行的JavaScript代码串。

（2）参数millisec必需，表示调用code代码的时间间隔（以毫秒计）。

（3）setInterval()方法返回一个定时器的ID。

（4）setInterval()方法会不停地调用code代码，直到定时器被clearInterval()方法取消或窗口被关闭。

9. clearInterval()方法

clearInterval()方法用于取消由setInterval()方法所设置的定时器。clearInterval ()方法语法格式

如下：

```
clearInterval(id_Of_Interval)
```

其中，参数id_Of_Interval表示由setInterval()方法返回的定时器ID。

提示：①在文档流的加载过程中，文档流是可写的，此时用document.write()方法向文档流中可以写入内容，不用调用open()和close()方法打开和关闭输出流。②当文档加载完毕后，文档流不再可写了。如果此时向文档流中写入内容，则需要用open方法打开输出流（通常open()方法会在document.write()方法调用时自动调用），但在打开输出流时会清除当前文档中的所有内容（包括HTML、CSS和JavaScript代码）。

6.2.3 screen对象

在JavaScript中，screen对象包含有关用户屏幕的信息。window.screen对象在编写时可以不使用window这个前缀。

screen对象有screen.availWidth和screen.availHeight两个属性，具体含义如下：

screen.availWidth：可用的屏幕宽度；

screen.availHeight：可用的屏幕高度。

1. windo. Screen可用宽度

screen.availWidth属性返回访问者屏幕的宽度，减去界面特性，如窗口任务栏。以像素为单位。

2. windo. Screen可用高度

screen.availHeight属性返回访问者屏幕的高度，减去界面特性，如窗口任务栏。以像素为单位。

实例 6.2 分析下列代码的运行结果。

实例 6.2-窗口的宽度与高度.html 的核心代码：

```
<!doctype html>
<html>
<head>
    <meta charset="utf-8">
    <title>Screen</title>
    <script>
        document.write("<br>");
        document.write("屏幕可用宽度: "+screen.availWidth);
        document.write("<br>");
        document.write("屏幕可用高度: "+screen.availHeight);
        document.write("<br><br>");
        document.write("window可用宽度: "+window.innerWidth);
        document.write("<br>");
        document.write("window可用高度: "+window.innerHeight);
    </script>
</head>
<body>
```

```
</body>
</html>
```

实例总结：

（1）作为对比，在网页中同时显示屏幕尺寸和窗口尺寸。

（2）在屏幕分辨率设置为 800×600 px 的条件下，应用 Chrome 浏览器进行浏览，窗口大小设为适中，浏览结果如下：屏幕可用宽度 640，屏幕可用高度 480；window 可用宽度 500，window 可用高度 243，如图 6-4 所示。

（3）继续操作，保持浏览器窗口的尺寸不变，将屏幕分辨率设置为 1 920×1 080 px，其浏览结果如下：屏幕可用宽度 1 536，屏幕可用高度 864；window 可用宽度 500，window 可用高度 243，如图 6-5 所示。

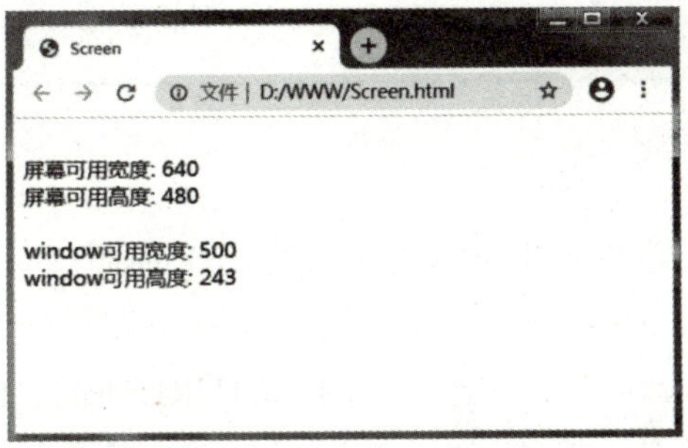

图 6-4　分辨率 800×600 px，Chrome 浏览器，窗口大小适中

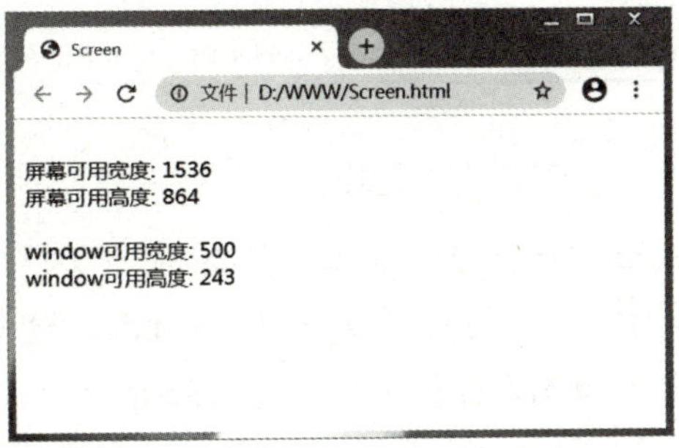

图 6-5　分辨率 1 920×1 080 px，Chrome 浏览器浏览效果（窗口大小适中）

（4）继续操作，将浏览器的窗口调整到最大化状态，其浏览结果如下：屏幕可用宽度 1 536，屏幕可用高度 864；window 可用宽度 1 536，window 可用高度 791，如图 6-6 所示。

（5）继续操作，将 Chrome 浏览器更换为 QQ 浏览器，并将浏览器的窗口调整到最大化状态，其浏览结果如下：屏幕可用宽度 1 536，屏幕可用高度 864；window 可用宽度 1 496，window 可用高度 798，如图 6-7 所示。

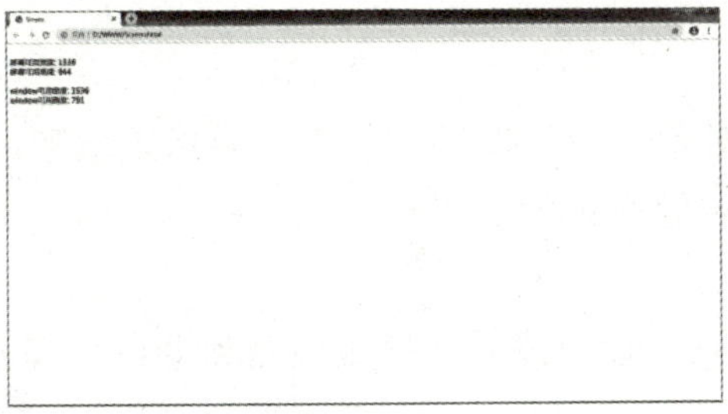

图 6-6　分辨率 1 920×1 080 px，Chrome 浏览器浏览效果（窗口大小最大化）

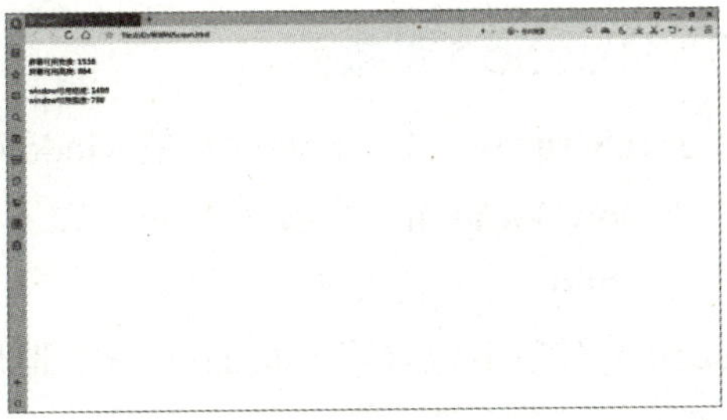

图 6-7　分辨率 1 920×1 080 px，QQ 浏览器浏览效果（窗口大小最大化）

（6）结论：屏幕可用的宽度和高度只与屏幕的分辨率有关；window 的可用宽度和高度只与窗口的大小状态、浏览器的类型有关。

6.2.4 navigator对象

在JavaScript中，navigator对象中包含浏览器的相关信息，如浏览器名称、版本号和脱机状态等信息。window. navigator对象在编写时可以不使用window这个前缀。表6-4列出了navigator对象的常用方法。

表6-4 navigator对象的常用方法

方　法	描　述
appName	可返回浏览器的名称，如Netscape、Microsoft Internet Explorer等
appVersion	可返回浏览器的平台和版本信息
platform	声明了运行浏览器的操作系统和（或）硬件平台，如Win32、MacPPC等
userAgent	声明了浏览器用于HTTP请求的用户代理头的值，由navigator.appCodeName的值之后加上斜线和navigator.appVersion的值构成
onLine	声明了系统是否处于脱机模式
cookieEnabled	浏览器启用了cookie时返回true，否则返回false

6.2.5 history对象

在JavaScript中，history对象用于保存用户在浏览网页时所访问过的URL地址。window. history对象在编写时可以不使用window这个前缀。

由于隐私方面的原因，JavaScript不允许通过history对象获取已经访问过的URL地址。history对象提供了back()、forward()和go()方法来实现针对历史访问的前进与后退功能。表6-5列出了navigator对象的常用方法。

表6-5 navigator对象的常用方法

方　法	描　述
back()	可加载历史列表中的前一个URL
forward()	可加载历史列表中的后一个URL
go(n | url)	可加载历史列表中的某个具体的页面

navigator对象的length属性表示访问历史记录列表中URL的数量。

6.2.6 location对象

在JavaScript中，location对象是window对象的子对象，用于提供当前窗口或指定框架的URL地址。window. location对象在编写时可以不使用window这个前缀。

1. location对象的属性

location对象中包含当前页面的URL地址的各种信息，如协议、主机服务器和端口号等，具体见表6-6。

表6-6 location对象的属性

属　性	描　述
protocol	设置或返回当前URL的协议
host	设置或返回当前URL的主机名称和端口号
hostname	设置或返回当前URL的主机名

续表

属　性	描　述
port	设置或返回当前 URL 的端口部分
pathname	设置或返回当前 URL 的路径部分
href	设置或返回当前显示的文档的完整 URL
hash	URL 的锚部分（从 "#" 号开始的部分）
search	设置或返回当前 URL 的查询部分（从问号 "?" 开始的参数部分）

2. location对象的方法

location对象提供了assign（url）、reload（force）和replace（url）三个方法，用于加载或重新加载页面中的内容。

（1）assign（url）可加载一个新的文档，与location.href实现的页面导航效果相同。

（2）reload（force）用于重新加载当前文档。参数force省略时默认为false。

当参数force为false且文档内容发生改变时，从服务器端重新加载该文档；

当参数force为false但文档内容没有改变时，从缓存区中装载文档；

当参数force为true时，每次都从服务器端重新加载该文档。

（3）replace（url）使用一个新文档取代当前文档，且不会在history对象中生成新的记录。

6.3 文档对象DOM

6.3.1 DOM模型

文档对象模型（document object model，DOM）定义了访问文档的标准。W3C DOM是一种与平台、语言无关的接口，允许程序和脚本动态地访问或更新HTML或XML文档的内容、结构和样式，且提供了一系列的函数和对象来实现访问、添加、修改及删除操作。

W3C DOM标准被分为三个不同的部分：

（1）Core DOM：所有文档类型的标准模型。

（2）XML DOM：XML文档的标准模型。

（3）HTML DOM：HTML文档的标准模型。

其中，HTML DOM是HTML的标准对象模型和编程接口。它定义了：

（1）作为对象的HTML元素。

（2）所有HTML元素的属性。

（3）访问所有HTML元素的方法。

（4）所有HTML元素的事件。

故HTML DOM是关于如何获取、更改、添加或删除HTML元素的标准。

HTML文档中的DOM模型如图6-8所示，document对象是DOM模型的根节点。

对比图6-1中的BOM可知，DOM属于BOM的一部分，用于对BOM中的核心对象document进行操作。

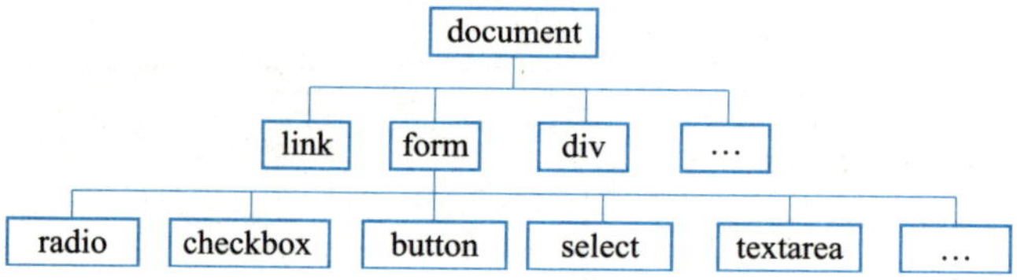

图 6-8 DOM 模型

6.3.2 HTML DOM

当网页被加载时，浏览器会创建页面的文档对象模型。HTML DOM 模型被结构化为对象树，图 6-9 表示的是某页面的对象 HTML DOM 树。

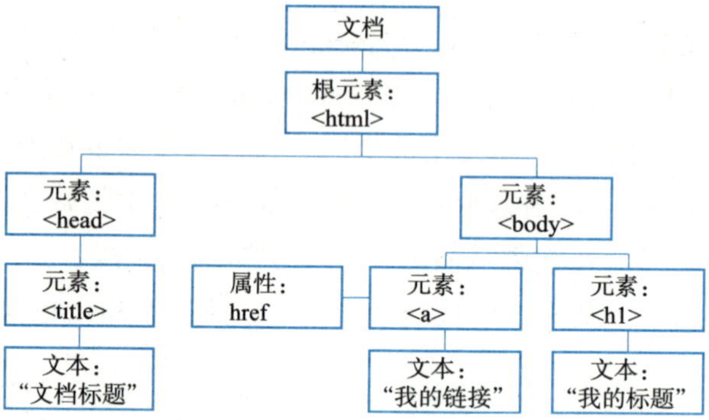

图 6-9 对象的 HTML DOM 树

在 HTML DOM 中，所有 HTML 元素都被定义为对象，能够通过 JavaScript 进行访问等操作。HTML DOM 方法是指能够（在 HTML 元素上）执行的动作（如添加或删除 HTML 元素）；HTML DOM 属性是指能够设置或改变的 HTML 元素的值（如改变 HTML 元素的内容）。

通过 HTML DOM，JavaScript 能够访问和改变 HTML 文档的所有元素。

（1）改变 HTML 元素的内容。

（2）改变 HTML 元素的样式（CSS）。

（3）删除已有的 HTML 元素和属性。

（4）添加新的 HTML 元素和属性。

（5）对页面中所有已有的 HTML 事件做出反应。

（6）在页面中创建新的 HTML 事件。

Document 对象的属性见表 6-7，Document 对象的方法见表 6-8。

表 6-7 Document 对象的属性（部分）

属　性	描　述
document.baseURI	返回文档的绝对基准 URI
document.body	返回 <body> 元素
document.cookie	返回文档的 cookie
document.documentElement	返回 <html> 元素
document.documentMode	返回浏览器使用的模式

续表

属　性	描　述
document.documentURI	返回文档的 URI
document.domain	返回文档服务器的域名
document.forms	返回所有 <form> 元素
document.head	返回 <head> 元素
document.images	返回所有 <img> 元素
document.implementation	返回 DOM 实现
document.inputEncoding	返回文档的编码（字符集）
document.lastModified	返回文档更新的日期和时间
document.links	返回拥有 href 属性的所有 <area> 和 <a> 元素
document.readyState	返回文档的（加载）状态
document.referrer	返回引用的 URI（链接文档）
document.scripts	返回所有 <script> 元素
document.strictErrorChecking	返回是否强制执行错误检查
document.title	返回 <title> 元素
document.URL	返回文档的完整 URL

表 6-8　Document对象的方法

方　法	描　述
document.addEventListener()	向文档添加句柄
document.adoptNode(node)	从另外一个文档返回 adapded 节点到当前文档
document.close()	关闭用 document.open() 方法打开的输出流，并显示选定的数据
document.createAttribute()	创建一个属性节点
document.createComment()	createComment() 方法可创建注释节点
document.createDocumentFragment()	创建空的 DocumentFragment 对象，并返回此对象
document.createElement()	创建元素节点
document.createTextNode()	创建文本节点
document.getElementsByClassName()	返回文档中所有指定类名的元素集合，作为 NodeList 对象
document.getElementById()	返回对拥有指定 id 的第一个对象的引用
document.getElementsByName()	返回带有指定名称的对象集合
document.getElementsByTagName()	返回带有指定标签名的对象集合
document.importNode()	把一个节点从另一个文档复制到该文档以便应用
document.normalize()	删除空文本节点，并连接相邻节点
document.normalizeDocument()	删除空文本节点，并连接相邻节点的
document.open()	打开一个流，以收集来自任何 document.write() 或 document.writeln() 方法的输出
document.querySelector()	返回文档中匹配指定的 CSS 选择器的第一元素
document.querySelectorAll()	document.querySelectorAll() 是 HTML5 中引入的新方法，返回文档中匹配的 CSS 选择器的所有元素节点列表
document.removeEventListener()	移除文档中的事件句柄（由 addEventListener() 方法添加）
document.renameNode()	重命名元素或者属性节点
document.write()	向文档写 HTML 表达式或 JavaScript 代码
document.writeln()	等同于 write() 方法，不同的是在每个表达式之后写一个换行符

实例 6.3 应用document 对象的属性和方法，编写一个对文档进行增、删、改、查操作的网页。

操作过程：

编写的代码如下：

实例 6.3- 对文档进行增删改查操作 .html 的核心代码：

```
<!doctype html>
<html>
<head>
   <meta charset="utf-8">
   <title>用按钮实现增删改查</title>
</head>
<body>
   <div id="div1">
      <h1 id="t1" class="titles">赠孟浩然</h1>
      <h2 id="t2" class="titles">[宋代]</h2>
      <h3 id="t3" class="titles">李白</h3>
      <p id="p1" class="passages">吾爱孟夫子，</p>
      <p id="p2" class="passages">红颜弃轩冕，白首卧松云。</p>
      <p id="p3" class="passages">醉月频中圣，迷花不事君。</p>
      <p id="p4" class="passages">高山安可仰，徒此揖清芬。</p>
   </div>
    <form name="dom" action="#" method="post" id="frm1">
       <input type="button" name="add" value="增加" onClick="Adds()">
       <input type="button" name="delete" value="删除" onClick="Delete()">
       <input type="button" name="modify" value="修改" onClick="Modify()">
   </form>
   <script>
      function Adds(){
         var para=document.createElement("h3");
         var node=document.createTextNode("[唐朝]");
         para.appendChild(node);
         var ele=document.getElementById("div1");
         var beforeTag=document.getElementById("t3");
         ele.insertBefore(para, beforeTag);
      }
      function Delete(){
         var tmp=document.getElementById("t2");
         tmp.remove();
      }
      function Modify(){
         var tmp=document.getElementById("p1");
         tmp.innerHTML="吾爱孟夫子，风流天下闻。"
      }
   </script>
   <div id="demo"></div>
</body>
</html>
```

6.4 事件机制

JavaScript采用事件驱动的响应机制，当用户与页面进行交互操作时就会触发相应的事件。当事件发生后，系统调用JavaScript中指定的事件处理函数（或相应函数）进行处理、实现相应的功能。

用户需要编写事件处理函数。

6.4.1 事件类型

在JavaScript中，事件分为操作事件和文档事件两大类。

1. 操作事件

操作事件是指用户在浏览器中操作所产生的事件。操作事件包括鼠标事件、键盘事件和表单事件。

常见的鼠标事件（mouse events）有鼠标点击、双击、按下、松开、移动、移出和悬停等事件。

常见的键盘事件（keyboard events）包括按下、松开、按下后又松开等事件。

表单及表单元素事件（form & element events）包括表单提交、重置和表单元素的改变、选取、获得焦点、失去焦点等事件。

2. 文档事件

文档事件是指文档本身所产生的事件，如文件加载完毕、卸载文档和文档窗口改变等事件。

6.4.2 事件句柄

事件句柄（event handlers）是界面对象的一个属性，存储特定事件处理函数的信息。当事件发生时，JavaScript就会找到界面对象中相应的事件句柄，调用绑定在上面的事件处理函数。一般句柄的形式是在事件的名称前面加上前缀on，如对应事件Click的句柄就是onClick。表6-9是一个属性列表，这些属性可插入HTML标签来定义事件动作。

表 6-9　事件句柄

属　性	描　述	属　性	描　述
onabort	图像加载被中断	onmousedown	某个鼠标按键被按下
onblur	元素失去焦点	onmousemove	鼠标被移动
onchange	用户改变域的内容	onmouseout	鼠标从某元素移开
onclick	鼠标点击某个对象	onmouseover	鼠标被移到某元素之上
ondblclick	鼠标双击某个对象	onmouseup	某个鼠标按键被松开
onerror	当加载文档或图像时发生某个错误	onreset	重置按钮被点击
onfocus	元素获得焦点	onresize	窗口或框架被调整尺寸
onkeydown	某个键盘的键被按下	onselect	文本被选定
onkeypress	某个键盘的键被按下或按住	onsubmit	提交按钮被点击
onkeyup	某个键盘的键被松开	onunload	用户退出页面
onload	某个页面或图像被完成加载		

6.4.3 事件绑定

当事件发生后，系统调用JavaScript中指定的事件处理函数进行处理，需要事先将事件和响应函数绑定到对象上。对HTML元素绑定事件的方式有HTML元素的属性绑定和JavaScript脚本动态绑定两种。

1. HTML元素的属性绑定事件

在HTML标签内，使用以on开头的某一属性（如onclick、onmouseover等）为该元素绑定指定的事件处理函数。例如，下面的代码

```
<!--HTML元素的属性绑定 -->
<input type="button" onclick="doSomething()" id="myButton"/>
<script type="text/javascript">
    function doSomething(){
        alert('响应用户的操作');
    }
</script>
```

即为使用HTML元素的属性绑定事件的方式。

2. JavaScript脚本动态绑定事件

通过JavaScript脚本获得文档中的某一对象Object，然后通过Object.onxxx方式为该元素绑定指定的事件处理函数。例如，下面的代码

```
<input type="button" id="myButton"/>
<script type="text/javascript">
    //JavaScript脚本动态绑定
    var myButton=document.getElementById("myButton");
    myButton.onmouseover=function(){
        alert('鼠标移到按钮上面');
    }
</script>
```

即为使用JavaScript脚本动态绑定事件的方式。

6.5 应用BOM、DOM编程

6.5.1 查找HTML元素

如果想通过JavaScript操作HTML元素，就需要首先找到这些元素。下面是一些如何使用document对象来访问和操作HTML的方法：

（1）通过id查找HTML元素。

（2）通过标签名查找HTML元素。

（3）通过类名查找HTML元素。

（4）通过CSS选择器查找HTML元素。

（5）通过HTML对象集合查找HTML元素。

1. 通过id查找HTML元素

在DOM中查找HTML元素，可以使用document.getElementById()方法。例如，在实例6.3中第36行代码

```
var tmp=document.getElementById("p1");
```

表示查找id="p1"的元素：如果元素被找到，此方法会以对象返回该元素（在tmp中）；如果未找到元素，tmp将包含null。

2. 通过标签名查找HTML元素

在DOM中查找HTML元素，可以使用getElementsByTagName()方法。在实例6.3中查找所有<p>元素的代码如下：

```
var x=document.getElementsByTagName("p");
```

查找 id="div1" 的元素，然后查找 "div1" 中所有 <p> 元素的代码如下：

```
var x=document.getElementById("div1");
var y=x.getElementsByTagName("p");
```

3. 通过类名查找HTML元素

如果需要找到拥有相同类名的所有HTML元素，就要使用getElementsByClassName()方法。例如，在实例6.3中返回包含class="passages"的所有元素的列表的代码如下：

```
var x=document.getElementsByClassName("passages");
```

4. 通过CSS选择器查找HTML元素

如果需要查找匹配指定CSS选择器（id、类名、类型、属性、属性值等）的所有HTML元素，应该使用querySelectorAll()方法。例如，在实例6.3中返回包含class="passages"的所有元素的列表的代码如下：

```
var x=document.querySelectorAll("div. passages ");
```

5. 通过HTML对象选择器查找HTML对象

在实例6.3中查找id="frm1"的form元素，然后在forms集合中显示所有元素值的代码可以编写如下：

```
var x=document.forms["frm1"];
var text="";
var i;
for (i=0;i<x.length;i++) {
      text+=x.elements[i].value+"<br>";
}
document.getElementById("demo").innerHTML=text;
```

提示：

（1）HTMLCollection 对象

应用getElementsByTagName()方法可以返回HTMLCollection对象，HTMLCollection对象是类数组的HTML元素列表（集合）。例如，下面的代码选取文档中的所有<p>元素：

```
var x=document.getElementsByTagName("p");
```

在该集合中的元素可通过索引号进行访问。例如，需访问第二个<p>元素，可以这样写：

```
y=x[1];
```

注意，索引从0开始。

（2）HTMLCollection 长度。

length 属性定义了 HTMLCollection 中元素的数量。例如，下面的代码选取文档中的所有<p>元素并在 id = "demo" 的元素中显示集合中元素的个数：

```
var myCollection = document.getElementsByTagName("p");
document.getElementById("demo").innerHTML = myCollection.length;
```

length 属性在需要遍历集合中元素时是有用的。例如，下面的代码选取文档中的所有<p>元素并改变所有<p>元素的背景色：

```
var myCollection=document.getElementsByTagName("p");
var i;
for (i=0;i<myCollection.length;i++) {
      myCollection[i].style.backgroundColor="red";
}
```

请注意： HTMLCollection 也许看起来像数组，能够遍历列表并通过数字引用元素（就像数组那样）。不过无法对 HTMLCollection 使用数组方法，如 valueOf()、pop()、push() 或 join()。HTMLCollection 并非数组。

6.5.2 改变HTML元素的内容

应用innerHTML属性可用于获取、替换、改变任何HTML元素包括<html>和<body>的内容。修改HTML元素的内容，其语法格式如下：

```
document.getElementById(id).innerHTML=new text
```

例如，在下列代码中

```
document.getElementById("demo").innerHTML="Hello JavaScript";
```

或者

```
x=document.getElementById("demo");   //查找元素
x.innerHTML="Hello JavaScript";      //改变内容
```

JavaScript采用getElementById()方法来“查找" id="demo”的 HTML 元素，并把该元素内容（innerHTML）更改为“Hello JavaScript”。

JavaScript 同时接收双引号和单引号，本实例也可以写成

```
document.getElementById("demo").innerHTML='Hello JavaScript';
```

6.5.3 改变HTML元素的属性值

修改HTML元素的属性值，其语法格式如下：

```
document.getElementById(id).attribute=new value
```

例如，在下面的代码中

```
<script>
  function changeImg(){
        element=document.getElementById('myImg')
        element.src=" bulbon.gif";
    }
</script>
<img id="myImg" onclick="changeImg()" src=" bulboff.gif" width="100" height="180">
```

JavaScript通过改变<img>标签的src属性（source）来变换一张HTML图像。JavaScript能够改变任意HTML元素的大多数属性，而不仅仅是图片。

6.5.4　改变HTML元素的属性

更改HTML元素的属性（样式），其语法格式如下：

```
document.getElementById(id).style.property=new style
```

例如，在下面的代码中

```
document.getElementById("demo"). style.color="#ff0000";
```

或者

```
x=document.getElementById("demo")     //找到元素
x.style.color="#ff0000";              //改变样式
```

JavaScript采用getElementById()方法来“查找”id="demo"的HTML元素，并把该元素的字体颜色设置为红色。

又如，在下列代码中

```
document.getElementById("demo").style.display="none";
```

JavaScript采用getElementById()方法来“查找”id="demo"的HTML元素，并把该元素设置为隐藏状态。

在下列代码中，

```
document.getElementById("demo").style.display="block";
```

JavaScript采用getElementById()方法来“查找"id="demo"的HTML元素，并把该元素恢复为显示状态。

改变HTML元素内容与属性的方法，可以参见表6-10。

表6-10　改变HTML元素内容和属性的方法

方　法	描　述
element.innerHTML = new html content	改变元素的 inner HTML
element.attribute = new value	改变 HTML 元素的属性值

续表

方　法	描　述
element.setAttribute(attribute, value)	改变 HTML 元素的属性值
element.style.property = new style	改变 HTML 元素的属性（样式）

6.5.5　删除已有的HTML元素

JavaScript可以删除已的有HTML 元素。如需删除某个 HTML 元素，需要知晓该元素的父元素，通过父元素来删除子元素。例如，下面的代码

```
<div id="div1">
     <p id="p1">这是第一个段落。</p>
     <p id="p2">这是第二个段落。</p>
</div>
<script>
     var parent=document.getElementById("div1");
     var child=document.getElementById("p1");
     parent.removeChild(child);
</script>
```

在这个HTML文档包中含了一个带有两个子节点（两个<p>元素）的<div>元素，查找id="div1"的元素，再查找id="p1"的<p>元素，用父元素来删除子元素。

请注意： 方法 node.remove() 是在 DOM 4 规范中实现的，但是由于糟糕的浏览器支持，不应该使用该方法。一种解决方法是，找到想要删除的子元素，并利用其 parentNode 属性找到父元素，再进行删除。代码如下：

```
var child=document.getElementById("p1");
child.parentNode.removeChild(child);
```

6.5.6　替换HTML元素

JavaScript可以替换已的有HTML 元素。如需替换元素，需要使用 replaceChild() 方法。

例如，下面的代码

```
<div id="div1">
     <p id="p1">这是第一个段落。</p>
     <p id="p2">这是第二个段落。</p>
</div>
<script>
     var para=document.createElement("h3");
     var node=document.createTextNode("这是文本标题。");
     para.appendChild(node);
     var parent=document.getElementById("div1");
     var child=document.getElementById("p1");
     parent.replaceChild(para,child);
</script>
```

表示把“<p id="p1">这是第一个段落。</p>”替换为“<h3 id="p1">这是文本标题。</h3>”

后显示出来。

6.5.7　添加新的HTML元素

JavaScript可以创建新HTML元素（节点）。如需向HTML DOM添加新元素，必须首先创建这个元素（元素节点），然后将其追加到已有元素中。

例如，下面的代码

```
<div id="div1">
     <p id="p1">这是第一个段落。</p>
     <p id="p2">这是第二个段落。</p>
</div>
<script>
     var para=document.createElement("h3");
     var node=document.createTextNode("这是文本标题。");
     para.appendChild(node);
     var element=document.getElementById("div1");
     element.appendChild(para);
</script>
```

表示先创建了一个新的<h3>元素，再创建其文本节点，然后向<h3>元素追加这个文本节点，最后向已有元素追加这个新元素（作为子元素）。

上面例子中的appendChild()方法，表示将新元素作为父元素的最后一个子元素追加进去。此外还可以使用insertBefore()方法。代码如下：

```
element.insertBefore(para,child);
```

添加、删除和替换HTML元素的常用方法见表6-11。

表6-11　添加、删除和替换HTML元素

方　法	描　述	方　法	描　述
document.createElement(element)	创建HTML元素	document.replaceChild(element)	替换HTML元素
document.removeChild(element)	删除HTML元素	document.write(text)	写入HTML输出流
document.appendChild(element)	添加HTML元素		

6.5.8　改变HTML输出流

例如，下面的代码

```
<html>
<body>
    <div>打印出目前的日期与时间：</div>
    <script> document.write(Date()); </script>
</body>
</html>
```

表示JavaScript能够在页面中创建动态HTML内容：

```
Sat Oct 31 2023 13:40:55 GMT+0800 (中国标准时间)
```

提示：在JavaScript中，document.write()可用于直接写入HTML输出流，但千万不要在文档加载后使用document.write()，以免覆盖文档的初始内容。

6.5.9 响应发生的事件

在下列代码

```
<button type="button" onclick="alert('欢迎学习JavaScript语言!')"> 点我! </button>
```

中，如果单击button按钮，就会发生onclick事件，JavaScript调用alert()函数，弹出窗口，显示“欢迎学习JavaScript语言！”。

6.5.10 验证输入数据

JavaScript常用于验证用户在表单中的输入数据是否正确。

在下列代码

```
if  isNaN(x) { alert("不是数字"); }
```

中，JavaScript对变量x的值不是数值时，弹出对话框进行警告。

小　结

本章主要介绍了BOM模型与BOM主要对象及应用、DOM模型与DOM主要对象及应用，事件机制等主要内容。需要重点掌握的内容是能够应用window等对象进行编程，应用DOM编程对HTML文档节点进行增加、删除、修改和动态显示等操作。

习　题

一、选择题

1. 打开名为myWin的新窗口的JavaScript语句是（　　）。

   A. open.new("http://www.baidu.com","myWin")

   B. window.open("http://www.baidu.com","myWin")

   C. new("http://www.baidu.com","myWin")

   D. new.window("http://www.baidu.com","myWin")

2. 要在浏览器状态栏中放入一条信息，正确的语句是（　　）。

   A. statusbar="my message"　　B. status("my message")

   C. window.status="my message"　　D. window.status("my message")

3. 要获得客户端浏览器的名称，正确的语句是（　　）。

   A. client.navName　　B. navigator.appName

   C. Browse.rname　　D. client.Browser

4. 下面（　　）项不是document对象的方法。

   A. getElementById()　　B. write()

   C. getElementsByTagName()　　D. reload()

5. 下列（　　）选项，表示能够获得焦点。

   A. Blur　　B. onBlur

   C. Focus　　D. onFocus

二、简答题

1. DOM和BOM之间的关系是什么？
2. 哪些对象在使用时可以省略window对象名？
3. 在document对象的方法中，getElementById()返回的结果是不是集合？

第7章

HTML5与CSS3高级应用

随着Web技术的飞速发展，HTML5与CSS3已经成为现代网页设计和开发的核心技术。HTML5不仅增强了网页的结构和语义化，还引入了一系列新的API和功能，极大地提升了用户体验和网页的交互性。CSS3则带来了更为丰富和强大的样式控制手段，使得开发者能够创造出更加美观和动态的网页效果。

学习目标

- ✧ 掌握元素的拖放、音频的自动播放、视频的触发播放等的应用。
- ✧ 掌握地理定位的应用。
- ✧ 掌握边框圆角、边框图像、颜色渐变、盒子阴影等的应用。
- ✧ 掌握转换、过渡、动画的应用。
- ✧ 能够应用HTML5与CSS3开发设计绚丽多彩的网页。

7.1 项目实践10：在网页中拖放图文元素

项目描述

设计一个网页，应用HTML5的拖放API对图片和文字进行拖动，放置在新的位置。拖动前的网页如图7-1所示，拖动后的网页如图7-2所示。要求对设计结果进行简要的分析。

视 频

项目实践10

图7-1 拖动前

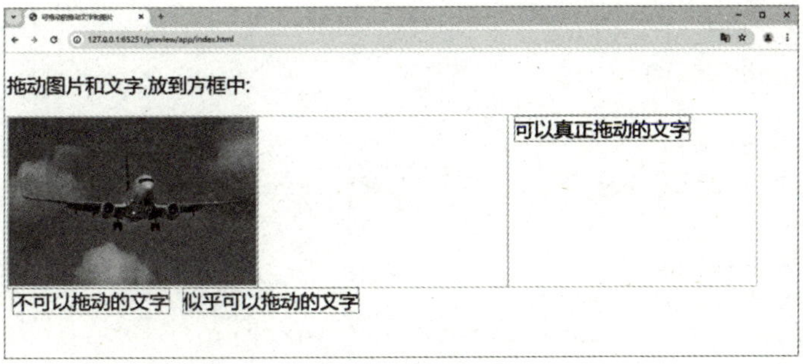

图 7-2 拖动后

软件环境

Windows 10、Dreamweaver 21.2、Photoshop、Edge、Chrome。

设计指导

（1）新建站点和文件。打开Dreamweaver，新建站点后创建一个新网页文件，文档类型为HTML5，文件保存为“项目实践10-拖放图文元素.html”。

（2）选择代码视图进行设计。在HTML文档中输入如下代码。注意图片要放到pic文件夹中。

（3）测试修改，保存文件，完成网页的设计。

项目实践 10- 拖放图文元素 .html 的核心代码：

```
<!doctype html>
<html>
<head>
   <meta charset="utf-8">
   <title>可拖动的拖动文字和图片</title>
   <style type="text/css">
      #div1, #div2, #div3{
         width: 457px;
         height: 317px;
         padding: 2px;
         border: 1px solid #aaaaaa;
         float: left;
      }
      p {
        font-size: 36px;
      }
      span {
        margin-top: 0px;
        margin-right: 10px;
        margin-bottom: 0px;
        margin-left: 10px;
        border: 1px solid #F00;
        font-size: 36px;
      }
   </style>
   <script type="text/javascript">
```

```
27        function allowDrop(ev){
28           ev.preventDefault();
29        }
30        function drag(ev){
31           ev.dataTransfer.setData("Text",ev.target.id);
32        }
33        function drop(ev){
34           ev.preventDefault();
35           var data=ev.dataTransfer.getData("Text");
36           ev.target.appendChild(document.getElementById(data));
37        }
38     </script>
39 </head>
40 <body>
41   <div>
42      <p>拖动图片和文字,放到方框中:</p>
43      <div  id="div1"  ondrop="drop(event)"  ondragover="allowDrop(event)">  </div>
44      <div  id="div2">  </div>
45      <div  id="div3"  ondrop="drop(event)"  ondragover="allowDrop(event)"> <img id="drag1" src="pic/bar.jpeg"  draggable="true"  ondragstart="drag(event)"> </div>
46      <div style="clear:both;">
47         <span  id="p1"  draggable="false">不可以拖动的文字</span>
48         <span  id="p2"  draggable="true">似乎可以拖动的文字</span>
49         <span  id="p3"  draggable="true"  ondragstart="drag(event)">可以真正拖动的文字</span>
50     </div>
51  </div>
52 </body>
53 </html>
```

项目总结

（1）在本项目的网页设计过程中，应用HTML5的拖放API对图片和文字进行拖动。

（2）第43 ~ 45行代码表示有三个排在一行的div框，前两个div框里面是空的，第三个div框中有一张飞机图片。

（3）在含有飞机图片的img标签中，设置有draggable = "true"，表示该图片可以拖动；设置有ondragstart = "drag(event)"，表示开始拖动时需要完成任务drag(event)，第30 ~ 32行是该任务的具体内容，“ev.dataTransfer.setData("Text",ev.target.id);”表示把<img>的id号设置为dataTransfer的数据。

（4）在第一个和第三个div框中，设置有ondragover = "allowDrop(event)"，表示该容器可以接收拖动的对象；ondrop = "drop(event)" 表示接下来要执行的任务，第33 ~ 37行代码是该任务具体内容，“ev.preventDefault();”表示解禁默认设置（默认不允许拖动元素的数据/元素放置到目标元素中），“ev.dataTransfer.getData("Text");”表示从dataTransfer中取出数据（即拖动对象的id号），“ev.target.appendChild(document.getElementById(data));”表示将id对象添加到容器中。因此，飞机图片可以在第一个和第三个div框中来回拖动。

（5）第46 ~ 50行代码表示有三段文本对象，第一个设置为draggable = "false"表示不可以拖动，第二个设置为draggable = "true"表示可以拖动，但不能被目标容器接收；进一步设置ondragstart = "drag(event)"后，将自身的id号传递给dataTransfer对象，这时容器才能识别拖动对象、接纳并将其添加为子对象进行显示。

（6）第二个div框未做拖放方面的任何设置，不接受任何拖动对象的放置。

7.2 HTML5 拖放 API

拖放（drag和drop）是HTML5标准的组成部分，拖放即抓取对象以后拖到另一个位置放置。在网页中应用HTML5拖放API，让页面中的元素变成可拖动的，可以开发出更加友好的人机交互界面。

7.2.1 应用拖放的过程

通过上面的项目体验可知，应用HTML5的API对元素进行拖放操作的过程如下：

1. 设置元素为可拖放

为了使元素可拖动，把 draggable 属性设置为 true，例如

```
<img draggable="true">
```

2. 设置拖动元素的传递数据

当元素拖动时，就会触发 ondragstart 事件。在ondragstart 事件的响应函数（如drag(ev)）中，利用dataTransfer.setData() 方法设置拖动元素传递的数据类型和值，例如：

```
function drag(ev) { ev.dataTransfer.setData("Text",ev.target.id); }
```

其中，Text 是一个 DOMString，表示要添加到 drag object 的拖动数据的类型，值是可拖动元素的 id（如"drag1"）。

3. 设置目标元素的属性

当拖动元素到达目标元素的上方时，触发ondragover事件。此时要对目标元素进行event.preventDefault()设置，阻止目标元素的默认处理方式（默认不允许拖动元素的数据/元素放置其中），为实现拖动元素放置到目标元素中做好准备。

4. 接受拖动元素

当目标元素接收拖动元素的设置准备好后，即可进行放置拖动元素到目标元素中，此时触发ondrop事件。在ondrop事件的响应函数中，利用dataTransfer.getData()方法，接收拖动元素传递的数据（如id），并将其添加为子元素，从而完成拖动过程。

在上面的例子中，ondrop事件调用的函数drop(event)如下：

```
function drop(ev){
    ev.preventDefault();
    var data=ev.dataTransfer.getData("Text");
```

```
    ev.target.appendChild(document.getElementById(data));
}
```

这段代码调用 preventDefault() 来避免浏览器对数据的默认处理；通过 dataTransfer.getData("Text") 方法获得被拖的数据，即被拖数据是被拖元素的 id ("drag1")；最后把被拖元素追加到放置元素（目标元素）中。

7.2.2 DragEvent事件

在拖放元素时，拖放动作会触发相关元素的拖放事件DragEvent，该事件继承于鼠标事件MouseEvent。常用的DragEvent事件见表7-1。

表7-1 常用的DragEvent事件

事件名称	事件目标	解　释
ondragstart	该事件由被拖拽的元素触发	当用户刚开始拖动元素时触发该事件
ondrag	该事件由被拖拽的元素触发	当元素处于拖动中触发该事件
ondragenter	该事件由目标元素触发	当拖动元素进入目标元素时发生触发该事件
ondragleave	该事件由目标元素触发	当拖动元素离开目标元素时触发该事件
ondragover	该事件由目标元素触发	当拖动元素在目标元素上移动时发生触发该事件，事件状态在 dragenter 之后，在 dragleave 之前
ondrop	该事件由目标元素触发	将拖动元素放置在目标元素中时触发该事件
ondragend	该事件由被拖拽的元素触发	当拖动操作结束时激发该事件。例如在拖动元素的过程中释放鼠标左键或按下键盘上的 Esc 键均可触发该事件。该事件状态在 drop 之后

从用户在拖动元素上点击鼠标左键开始拖动到将该元素被放置到指定的目标元素中，整个拖放过程触发的事件按照顺序如下进行：

```
dragstart->drag->dragenter->dragover->dragleave->drop->dragend
```

如果反复拖动元素离开和进入目标元素，则dragEnter和dragLeave事件会被执行多次。

7.2.3 dataTransfer对象

在HTML5中实现元素拖放，需要应用dataTransfer对象进行添加和处理数据。DragEvent中的datatransfer属性源于HTML5中的DataTransfer对象，其中包含的每项数据均可有独立的数据类型。

1. dataTransfer对象属性

（1）effectAllowed属性。

effectAllowed属性用来指定当元素被拖放时所允许的视觉效果。例如，如果设置为copyMove则表示拖动元素可以被复制或移动。effectAllowed属性必须在dragstart事件中设置。

effectAllowed提供所有允许的拖放类型，该属性值可设为none、copy、copyLink、copyMove、link、linkMove、move、all和uninitialized。

none：不允许任何拖放行为。

copy：表示被拖动的对象可以被复制到目标元素中。此时dropEffect应设置为copy。

move：表示被拖动的对象可以被移动到目标元素中。此时dropEffect应设置为move。

link：表示目标元素可以建立一个指向被拖动对象的链接。此时 dropEffect 应设置为 link。

copyLink：表示被拖动的对象可以被复制或链接到目标元素中。此时 dropEffect 可以是 copy 或 link。

copyMove：表示被拖动的对象可以被复制或移动到目标元素中。此时 dropEffect 可以是 copy 或 move。

linkMove：表示被拖动的对象可以被移动或链接到目标元素中。此时，dropEffect 可以是 move 或 link。

all：允许所有的拖放行为。

uninitialized：effectAllowed 的默认值，表示未初始化，其行为通常等同于 all。但在某些情况下，浏览器可能会根据上下文决定具体的行为。

例如，下面的代码

```
function dragStart(event) {
     event.dataTransfer.effectAllowed='copyLink';
     event.dataTransfer.setData("Text",event.target.id);
}
```

表示在 dragStart 中设置的拖放行为值为 copyLink。

（2）dropEffect 属性。

dropEffect 用于设置拖放操作使用的实际行为，该属性值应该设置为 effectAllowed 允许的值，否则拖放操作会失败。

在 dragenter 和 dragover 事件中设置 dropeffect 属性，允许设置的值有 copy、link、move 和 none。

copy：被拖动对象拷贝到目标元素。

move：被动对象移动到目标元素。

link：目标元素建立一个被拖动对象的链接。

none：不允许放到目标位置。

例如，下面的代码

```
function dragEnter(event){
     event.dataTransfer.dropEffect='move';
}
```

表示在 dragEnter 中设置拖放值为 move。

请注意： dropEffect 不是 effectAllowed，它们是 HTML5 拖放 API 中两个不同的属性，各自承担着不同的功能和作用。effectAllowed 属性实际上限制了 dropEffect 属性可以取的值。如果 effectAllowed 设置为 copy，则 dropEffect 只能设置为 copy；如果 effectAllowed 设置为 copyMove，则 dropEffect 可以是 copy 或 move。

为了实现有效的拖放操作，通常需要同时设置这两个属性。effectAllowed 在拖动开始时由拖动源设置，而 dropEffect 则在拖动过程中由放置目标根据 effectAllowed 的值进行设置或调整。

（3）type 属性。

types 属性返回一个 List 对象，包含所有存储到 dataTransfer 的数据类型，不同浏览器支持的数据类型不同，IE限制最严格，Chrome和Firefox可以用任意字符串作为一种类型。

（4）files属性。

files属性返回一个List对象，从本地硬盘拖动文件到浏览器中时，通过该属性获取文件列表，此时types属性为files。

（5）items属性。

items属性返回值为DataTransferItemList对象。

2. dataTransfer对象方法

（1）setData(format, data)方法。

setData(format,data)方法用于将指定格式的数据存储在dataTransfer对象中并进行传递。一般在ondragstart事件中使用，设置需要传递的数据内容。参数format定义数据类型，data定义需要存储的数据。

（2）getData(format, data)方法。

getData(format)方法用于从dataTransfer对象中获取指定格式的数据，一般在ondrop事件中使用，获取传递的数据内容。参数format定义要读取数据的数据类型，如果指定的数据类型不存在，则返回空字符串或报错。

（3）clearData([format])方法。

clearData([format])方法用于从dataTransfer对象中删除指定格式的数据，参数format可选，如果未指定格式，则删除对象中所有数据。

（4）setDragImage(element, x, y)方法。

setDragImage(element,x,y)方法用于设置拖放操作时跟随的图片。参数element定义图片，x设置图片与鼠标在水平方向上的距离，y设置图片与鼠标在垂直方向上的距离。默认情况下，被拖动对象转换为一张透明图片跟随鼠标移动，也可以通过该函数自定义的图片。

7.3 音频和视频

7.3.1 音频

早期大多数音频是通过插件（如Flash）来播放的。随着HTML5的出现，播放音频文件变得十分简单，不需要使用任何插件，用户只要打开浏览器就能享受美妙的音乐。HTML5提供了在网页上嵌入音频元素的标准即使用<audio>元素来播放音频。

1. HTML. Audio元素

在HTML5中，应用音频要使用<audio>和<source>元素，它们的含义见表7-2。

表7-2 <audio>和<source>元素

标　签	描　述
<audio>	定义了声音内容
<source>	规定了多媒体资源，可以是多个，在<video>与<audio>标签中使用

2. 音频格式

在HTML5中<audio>元素支持三种音频格式文件，具体是MP3、Wav和 Ogg。浏览器的支持情况见表7-3。

表7-3 浏览器支持的音频格式

浏 览 器	MP3	Wav	Ogg
Internet Explorer 9+	Yes	No	No
Chrome 6+	Yes	Yes	Yes
Firefox 3.6+	Yes	Yes	Yes
Safari 5+	Yes	Yes	No
Opera 10+	Yes	Yes	Yes

3. <audio>元素的属性

<audio>元素的属性见表7-4。通过属性的设置可以控制音频的播放行为，如进行循环播放、是否显示播放按钮等。

表7-4 Audio元素的属性

属 性	描 述
src	指定要播放的视频或音频的 URL 地址
autoplay	指定该属性时，视频或音频装载完成后会自动播放
controls	指定该属性时，视频或音频播放时显示播放控制条
loop	指定该属性时，视频或音频播放完后会再次重复播放
preload	用于设置是否预加载视频或音频； 取值为 auto（预加载）、meta（只载入元数据）、none（不执行加载）； 设置 autoplay 属性时，proload 属性将被忽略
muted	指定该属性时，视频或音频输出应该被静音

在网页中应用<audio>元素时也要同时使用<source>元素，其type属性的属性值（音频格式的MIME类型）见表7-5。

表7-5 音频格式的MIME类型

Format	MIME-type
MP3	audio/mpeg
Ogg	audio/ogg
Wav	audio/wav

4. <audio>元素的方法

<audio>元素的常用方法见表7-6。

表7-6 <audio>元素的常用方法

方 法	描 述
addTextTrack()	向音频添加新的文本轨道
canPlayType()	检测浏览器是否能播放指定的音频类型
load()	重新加载音频元素

续表

方　法	描　述
play()	开始播放音频
pause()	暂停播放当前的音频

5. <audio>元素的事件

<audio>元素的常用事件见表7-7。

表7-7　<audio>元素的常用事件

事　件	描　述
canplay	浏览器可以播放音频时
pause	当音频已暂停时
play	当音频已开始或不再暂停时
playing	当音频在因缓冲而暂停或停止后已就绪时
progress	当浏览器正在下载音频时
volumechange	当音量已改变时
timeupdate	当目前的播放位置已更改时

实例 7.1 设计一个播放音乐的简单网页，可以使用用户自定义的静音按钮，并分析关键代码的作用。

操作过程：

（1）新建站点和文件。打开Dreamweaver，新建站点后创建一个新网页文件，文档类型为HTML5，文件保存为“实例7.1-带有静音按钮的音频播放网页.html”。

（2）选择代码视图进行设计。在HTML文档中键入以下核心代码：

实例 7.1- 带有静音按钮的音频播放网页 .htm 的核心代码：

```
<html>
<head>
    <style>
        #box {
            width: 100%; height: 150px;
            border: 1px solid red;
            text-align: center;
        }
    </style>
</head>
<body>
    <section>
    <h1>Music: Sleep Away</h1><hr>
    <div id="box">
        <audio id="Audio" title="Audio" preload="metadata" controls autoplay>
            <source src="Audio/Sleep Away.mp3" type="audio/mp3">
            <source src="Audio/Sleep Away.ogg" type=" audio/ogg ">
            <p>Audio Player: 您的浏览器不支持 audio 元素! </p>
        </audio><br>
```

```
20         <input type="button" value="静音开关" onClick="SetMuted()" id="setMuted1" />
21         <p id="setMuted2"></p>
22     </div>
23     </section>
24     <script>
25         var Myaudio=document.getElementById("Audio");
26         function SetMuted(){
27             if(!Myaudio.muted){
28                 Myaudio.muted=true;
29                 document.getElementById("setMuted1").value="点击关闭静音";
30                 document.getElementById("setMuted2").innerHTML="音乐播放器停止播放音乐";
31             }
32             else{
33                 Myaudio.muted=false;
34                 document.getElementById("setMuted1").value="点击打开静音";
35                 document.getElementById("setMuted2").innerHTML="音乐播放器正在播放音乐";
36             }
37         }
38     </script>
39 </body>
40 </html>
```

（3）完成网页的设计，进行测试修改，通过后发布网页。网页的浏览效果截图如图 7-3 所示。

（a）初始状态　　（b）播放状态

图 7-3　音频播放器

实例总结：

（1）第 15 ~ 19 行是音频播放器音源设置代码，第 24 ~ 38 行是自定义静音开关代码。

（2）<audio>元素允许使用多个<source>元素来链接不同格式的音频文件。浏览器默认使用第一个格式的音频文件，如果浏览器不支持第一个格式的音频文件，就使用第二个，依此类推。如果浏览器不支持所有格式的音频文件，则显示第 18 行代码的内容。

（3）第 18 行代码是在<audio>…</audio>之间插入浏览器不支持<audio>元素的提示文本。

（4）在<audio>元素中，设置 controls 属性可以提供播放、暂停和时间显示、播放进度条、静音开关、设置等控件的面板。不设置 controls 属性将无任何可见元素。

（5）可以应用 JavaScript 代码设置用户自定义按钮功能。在本实例中自定义的静音开关与音频播放器自带的静音开关效果相同。

7.3.2 视频

视频的格式很多，早期大多数视频也是通过插件来播放的。HTML5通过在网页上嵌入<video>元素来播放视频。

1. HTML. Video元素

在HTML5网页中使用视频需要用到<video>元素和<source>元素等。这些元素具体含义见表7-8。

表7-8 HTML5<video>元素

标　签	描　述
<video>	定义一个视频
<source>	定义多种媒体资源，比如 <video> 和 <audio>
<track>	定义在媒体播放器文本轨迹

2. 视频格式

在HTML5中<video>元素支持三种视频格式，具体是MP4、WebM和Ogg。浏览器的支持情况具体见表7-9。

表7-9 视频格式与浏览器支持情况

浏 览 器	MP4	WebM	Ogg
Internet Explorer	Yes	No	No
Chrome	Yes	Yes	Yes
Firefox	Yes	Yes	Yes
Safari	Yes	No	No
Opera	Yes（从 Opera 25 起）	Yes	Yes

说明：①MP4是指带有H.264视频编码和AAC音频编码的MPEG 4文件；②WebM是指带有VP8视频编码和Vorbis音频编码的WebM文件；③Ogg是指带有Theora视频编码和Vorbis音频编码的Ogg文件。

3. <video>元素的属性

<video>元素的属性见表7-10。

表7-10 <video>元素的属性

属　性	描　述
autoplay	用于设置或返回是否在就绪（加载完成）后随即播放音频
controls	用于设置或返回视频（音频）是否应该显示控件（如播放 / 暂停等）
currentSrc	返回当前视频或（音频）的 URL
currentTime	用于设置或返回视频（音频）中的当前播放位置（以秒计）
duration	返回视频（音频）的总长度（以秒计）
defaultMuted	用于设置或返回视频（音频）默认是否静音
height	播放器的高度
muted	用于设置或返回是否关闭声音

续表

属　性	描　述
ended	返回视频（音频）的播放是否已结束
readyState	返回视频（音频）当前的就绪状态
paused	用于设置或返回视频（音频）是否暂停
preload	视频面加载时进行加载，并预备播放。如果使用 autoplay，则忽略该属性
volume	用于设置或返回视频（音频）的音量
loop	用于设置或返回视频（音频）是否应在结束时再次播放
networkState	返回视频（音频）的当前网络状态
src	用于设置或返回视频（音频）的 src 属性的值
width	播放器的宽度

与<audio>元素的用法相同，在<video>元素中也要使用<source>元素，其type属性的属性值见表7-11。

表 7-11　type属性的属性值

格　式	MIME-type
MP4	video/mp4
WebM	video/webm
Ogg	video/ogg

4. <video>元素的方法

<video>元素的常用方法见表7-12。

表 7-12　<video>元素的常用方法

方　法	描　述
addTextTrack()	向视频添加新的文本轨道
canPlayType()	检查浏览器是否能够播放指定的视频类型
load()	重新加载视频元素
play()	开始播放视频
pause()	暂停当前播放的视频

5. 使用DOM进行视频控制

在HTML5中<video>和<audio>元素同样拥有方法、属性和事件，并且<video>元素的方法、属性和事件可以使用JavaScript进行控制。

<video>元素的方法用于播放、暂停及加载等，<video>元素的属性（如时长、音量等）可以被读取或设置，DOM 事件能够通知<video>元素开始播放、已暂停、已停止等。

实例 7.2 设计一个网页，在其中嵌入视频，并设计一组按钮控制视频的操作。

（1）新建站点和文件。打开Dreamweaver，新建站点后创建一个新网页文件，文档类型为HTML5，文件保存为“实例7.2-带有按钮的视频播放网页.html”。

（2）选择代码视图进行设计。在HTML文档中键入以下核心代码：

实例 7.2- 带有按钮的视频播放网页 .html 的核心代码：

```
<html>
<head>
    <style>
        #A1 {width: 848px; float: left; }
        #A2 {float: right;}
        h1 {text-align: center; font-size: 36px;}
    </style>
</head>
<body>
    <section>
        <h1>qiāng jìn jiǔ</h1>
        <h1>将 进 酒</h1>
        <aside><img src="pics/timg-1.jpg" width="100%" height="100%" alt=""/></aside>
        <article id="A1">
            <video id="myVideo" width="848" height="480" controls>
                <source src="Video/濮存昕读.mp4" type="video/mp4">
            </video>
            <div id="buttonDiv">
                <input type="button" value="播放/暂停" onClick="PlayorPause()"/>
                <input type="button" value="增大音量" onClick="AddVolume()"/>
                <input type="button" value="减小音量" onClick="MinVolume()"/>
                <input type="button" value="加速播放" onClick="AddSpeed()"/>
                <input type="button" value="减速播放" onClick="MinSpeed()"/>
                <input type="button" value="设置静音" onClick="SetMuted()" id="setMuted"/>
            </div>
        </article>
        <article id="A2">
            <span>jūn bú jiàn huáng hé zhī shuǐ tiān shàng lái, bēn líu dào haǐ bú fù huí。</span><br>
            <span>君 不 见 黄 河 之 水 天 上 来，奔 流 到 海 不 复 回。</span><br>
            ……
            <span>呼 儿 将 出 换 美 酒，与 尔 同 销 万 古 愁。</span><br>
        </article>
        <div style="clear: both;"></div><hr>
        <article id="A3">
            <h2>译文</h2>
                你难道看不见那黄河之水从天上奔腾而来，波涛翻滚直奔东海，从不再往回流。<br>
                ……
                让他拿去换美酒来吧，让我们一起来消除这无穷无尽的万古长愁！
            <h2>注释</h2>
                将进酒：属乐府旧题。将(qiāng)：请。<br>
                ……
                尔：你。销：同&ldquo;消&rdquo;
          </article>
    </section>
    <script>
        var obVideo=document.getElementById("myVideo");
```

```
    window.onscroll=function(){
      //获取滚动条当前的位置:
      var scrollTop=0;
      if (document.documentElement&&document.documentElement.scrollTop) {
        scrollTop=document.documentElement.scrollTop;
      }
      else if(document.body) {
        scrollTop=document.body.scrollTop;
      }
      //通过记录的滚动条位置来确定在一个范围内播放，范围外暂停:
      if(scrollTop>=480 &&scrollTop<=1500){   //不是用循环while还是用如果if
        //window.alert(scrollTop);
        obVideo.play();
      }else{
        obVideo.pause();
      }
    }
  var video=document.getElementById("myVideo");
  function PlayorPause(){  //播放/暂停
    if(video.paused){
      video.play()
    }
    else{
      video.pause();
    }
  }
  function AddVolume(){  //加音
    if(video.volume<1){
      video.volume+=1;
    }
  }
  function AddSpeed(){  //加速
    video.playbackRate+=1;
  }
  function SetMuted(){  //设置静音
    if(!video.muted){
      video.muted=true;
      document.getElementById("setMuted").value="取消静音";
    }
    else{
      video.muted=false;
      document.getElementById("setMuted").value="设为静音";
    }
  }
  </script>
</body>
</html>
```

（3）完成网页的设计，进行测试修改，通过后发布网页。网页的浏览效果截图（长屏）如图7-4所示。

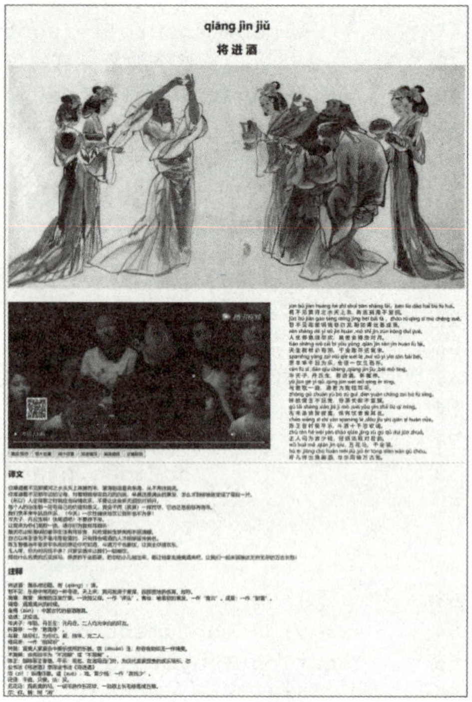

图 7-4　视频网页播放效果（长屏截图）

实例总结：

（1）本案例通过<aside>…</asdie>容器放置诗歌的主题图片，通过<article id="A1">框放置视频，通过<article id="A2">框放置诗歌的文本内容，通过<article id="A3">框放置诗歌的译文与注释。

（2）在<video>…</video>标签之间插入的内容是提供给不支持video元素的浏览器显示的。<video>元素支持多个<source>元素，<source>元素可以链接不同的视频文件，浏览器将使用第一个可识别的格式。

（3）<video> 元素提供了播放、暂停和音量控件等来控制视频，同时<video>元素也提供了width和height属性控制视频的尺寸。如果设置了高度和宽度，所需的视频空间会在页面加载时保留；如果没有设置这些属性，浏览器不知道大小的视频，浏览器就不能再加载时保留特定的空间，页面就会根据原始视频的大小而改变。

（4）在视频画面下方布置有六个自定义控件按钮，具体代码见第64 ~ 90行代码。

（5）图7-4是网页截取长屏的效果。当网页打开时，在标清屏幕下只看到主题图片。当单击浏览器窗口垂直滚动条向下滑动时，逐渐看到视频画面的一部分，继续滚动到一定位置（480 px）时，则视频开始主动播放。继续向页尾滚动到一定位置（1 500 px）时，则视频停止播放。该功能由表中第46 ~ 63行代码实现。

7.4 地理定位

HTML5中，使用Geolocation API来获取用户的地理位置信息，由于获取地理位置信息会涉及用户隐私，通常浏览器会首先向用户获取请求，只有在用户接收请求后，才能正常获取信息。

7.4.1 获取用户地理位置的步骤

1. 检测浏览器对HTML5地理定位的支持情况

在HTML5中，地理定位由navigator.geolocation对象提供。因此在使用地理定位前，可以先通过检测该对象是否存在来判断设备的浏览器是否支持地理定位。例如：

```
if(navigator.geolocation) { alert( "您的浏览器支持HTML5地理定位")};
```

2. 使用getCurrentPosition（方法来获得用户的位置）

使用 getCurrentPosition() 方法可以获得用户的位置并返回用户位置的经度和纬度，它的第二个参数用于处理错误，规定当获取用户位置失败时运行的函数。例如：

```
<script>
        if(navigator.geolocation) {
            navigator.geolocation.getCurrentPosition(showPosition, showError);
        }
        function showPosition(position) {
            alert("纬度"+position.coords.latitude+"经度"+position.coords.longitude);
          }
        function showError(error) {
            switch(error.code)       {
            case error.PERMISSION_DENIED:
                alert("用户拒绝对获取地理位置的请求");
                break;
            ...
        }
</script>
```

7.4.2 Geolocation对象

Geolocation对象是从全局navigator对象中定义的，可以直接通过navigator.geolocation获取。Geolocation对象比较简单，只有三个方法，见表7-13。

表 7-13 Geolocation 对象的方法

方 法 名	方法描述
getCorrentPosition()	当前位置，获取用户位置信息
watchPosition()	监视位置，不断获取用户移动时的位置信息
clearWatch()	清除监视，停止 watchPosition()

1. getCurrentPosition()方法

要获取地理位置，Geolocation API提供了两种模式：单次获得和重复获得地理位置。单次获得地理位置使用getCurrentPosition()方法，其语法格式如下：

```
navigator.geolocation.getCurrentPosition(successCallback,
                                          [errorCallback], [positionOptions])
```

该方法最多可以有三个参数：

（1）success：成功获取位置信息的回调函数，它是该方法唯一必需的参数。

（2）error：用于捕获获取位置信息出错的情况。

（3）option：第三个参数是配置项，该对象影响了获取位置时的一些细节。

如果获得地理位置成功，则getCurrentPosition()方法返回位置对象，始终会返回latitude、longitude 以及accuracy属性。如果可用，也会返回其他属性。位置对象包含的属性见表7-14。

表 7-14 位置对象的属性

属 性	描 述
coords.latitude	十进制数的纬度
coords.longitude	十进制数的经度

续表

属　性	描　述
coords.accuracy	位置精度
coords.altitude	海拔，海平面以上以米计
coords.altitudeAccuracy	位置的海拔精度
coords.heading	方向，从正北开始以度计
coords.speed	速度，以米 / 秒计
timestamp	响应的日期 / 时间

2. watchPosition()方法

watchPosition()方法的参数与getCurrentPosition()方法的参数相同，用于返回用户的当前位置，并继续返回用户移动时的更新位置。

watchPosition()方法和getCurrentPosition()方法的主要区别是它会持续告诉用户位置的改变，所以基本上它一直在更新用户的位置。当用户在移动的时候，这个功能会非常有利于追踪用户的位置。

3. clearWatch()方法

clearWatch()方法用于停止watchPosition()方法。

7.4.3 在地图上显示地理位置

HTML5提供了地理位置信息的API，通过浏览器来获取用户当前位置。基于此特性可以开发基于位置的定位服务。在获取地理位置信息时，首先浏览器都会向用户询问是否愿意共享其位置信息，待用户同意后才能使用。

实例 7.3 应用百度地图定位的方法，编写显示某个地理位置的网页。

（1）新建站点和文件。打开Dreamweaver，新建站点后创建一个新网页文件，文档类型为HTML5，文件保存为“实例7.3-在百度地图上显示地理位置.html”。

（2）选择代码视图进行设计。在HTML文档中输入以下核心代码：

实例 7.3- 在百度地图上显示地理位置 .html 的核心代码：

```
<html>
<head>
<style>
    section { width: 1600px; }
    html,body {margin:0;padding:0;}
    .iw_poi_title {color:#CC5522;font-size:14px;font-weight:bold;overflow:hidden;white-space:nowrap}
    .iw_poi_content {font:12px arial,sans-serif;overflow:visible;white-space:-moz-pre-wrap;word-wrap:break-word}
</style>
<!--引用百度地图API:-->
<script type="text/javascript" src="http://api.map.baidu.com/api?key=&v=1.1&services=true"></script>
```

```
</head>
<body>
    <section>
    <!--百度地图容器:-->
    <div style="width: 1600px; height: 1080px;" id="dituContent"></div>
    <hr>
    <asdie>
          百度地图JavaScript API GL 是一套由JavaScript语言编写的应用程序接口<br>
          百度地图JavaScript API支持HTTP和HTTPS，免费对外开放。<br>
          如果您在使用过程遇到技术问题，可查看常见问题或通过工单联系我们。
    </asdie>
    </section>
    <script>
        //创建和初始化地图函数:
        function initMap(){
            createMap();//创建地图
            setMapEvent();//设置地图事件
            addMapControl();//向地图添加控件
            addRemark();//向地图中添加文字标注
        }
        //创建地图函数:
        function createMap(){
            var map=new BMap.Map("dituContent");//在百度地图容器中创建一个地图
            var point=new BMap.Point(114.41200,30.550000);//定义一个中心点坐标
            map.centerAndZoom(point,15);//设定地图的中心点和坐标并将地图显示在地图容器中
            window.map=map;//将map变量存储在全局
        }
        //地图事件设置函数:
        function setMapEvent(){
            map.enableDragging();//启用地图拖拽事件，默认启用(可不写)
            map.enableScrollWheelZoom();//启用地图滚轮放大缩小
            map.enableDoubleClickZoom();//启用鼠标双击放大，默认启用(可不写)
            map.enableKeyboard();//启用键盘上下左右键移动地图
        }
        //地图控件添加函数:
        function addMapControl(){
            //向地图中添加缩放控件
            var ctrl_nav=new BMap.NavigationControl({anchor:BMAP_ANCHOR_TOP_LEFT, type:BMAP_NAVIGATION_CONTROL_LARGE});
            map.addControl(ctrl_nav);
            //向地图中添加缩略图控件
            var ctrl_ove=new BMap.OverviewMapControl({anchor:BMAP_ANCHOR_BOTTOM_RIGHT, isOpen:1});
            map.addControl(ctrl_ove);
            //向地图中添加比例尺控件
            var ctrl_sca=new BMap.ScaleControl({anchor:BMAP_ANCHOR_BOTTOM_LEFT});

            map.addControl(ctrl_sca);
```

```
56          }
57          //文字标注数组
58          var lbPoints=[{point:"114.41200|30.550000", content:"武汉市东湖景区"}];
59          //向地图中添加文字标注函数
60          function addRemark(){
61              for(var i=0;i<lbPoints.length;i++){
62                  var json=lbPoints[i];
63                  var p1=json.point.split("|")[0];
64                  var p2=json.point.split("|")[1];
65                  var label=new BMap.Label("<div style='padding:2px;'>"+json.
content+"</div>",{point:new BMap.Point(p1,p2),offset:new BMap.Size(3,-6)});
66                  map.addOverlay(label);
67                  label.setStyle({borderColor:"#999"});
68              }
69          }
70          initMap();//创建和初始化地图
71      </script>
72 </body>
73 </html>
```

（3）完成网页的设计，进行测试修改，通过后发布网页。

代码中，第34行代码(114.41200,30.550000)表示定位中心点坐标，第35行代码(point,15)表示放大级别为15，第58行代码 var lbPoints = [{point:"114.41200|30.550000", content:"武汉市东湖景区"}]表示应用该数据在定位中心点标识“武汉市东湖景区”。

请注意：第 15 行代码中 div 框的大小 "width: 1600px; height: 1080px;" 要用绝对值表示，不能用百分比表示。

7.5 CSS3 边框

7.5.1 边框圆角

应用border-radius 属性为边框创建圆角。语法格式如下：

```
border-radius: none | <length> [/<length>];
```

参数说明如下：

none: 默认值，表示元素没有圆角。

<length>：长度值，不可为负数。

如果在 border-radius 属性中只指定一个值，那么将生成四个圆角，但是如果要在四个角上一一指定，可以使用以下规则：

四个值:第一个值为左上角，第二个值为右上角，第三个值为右下角，第四个值为左下角。例如：

```
border-radius: 15px 50px 30px 5px;
```

三个值:第一个值为左上角，第二个值为右上角和左下角，第三个值为右下角。例如：

```
border-radius: 15px 50px 30px;
```

两个值:第一个值为左上角与右下角，第二个值为右上角与左下角。例如：

```
border-radius: 15px 50px;
```

7.5.2　边框图像

应用border-image 属性，可以使用图像创建一个边框，即border-image 属性允许指定一个图片作为边框。语法格式如下：

```
Border-image: none | <image> [<number>|<percentage>];
```

参数说明如下：

none：默认值，表示边框无背景图。

<image>：使用绝对或相对URL地址指定边框的背景图片。

<number>：设置边框宽度或边框背景图片大小，单位为像素。

<percentage>：设置边框背景图像大小，单位为百分比。

图 7-5 表示为边框设置图像的效果（border-image:url(border.png) 30 30 round; ）。

图 7-5　边框图像

7.6　CSS3 背景

在CSS3中包含几个新的背景属性，提供更大背景元素控制。它们是background-image、background-size、background-origin和background-clip。

1. background-origin

background-origin属性定义background-position属性的参考位置。默认情况下，background-position属性总是根据元素左上角为坐标原点进行定位背景图像，使用background-origin属性可以改变这种定位方式。语法格式如下：

```
background-origin:  padding-box | border-box | content-box;
```

参数说明如下：

border-box：从边框开始显示背景。

padding-box：从边框与内容之间的空白区域开始显示背景。

contect-box：从内容区域开始显示背景。

图 7-6 表示了这三个区域的关系。

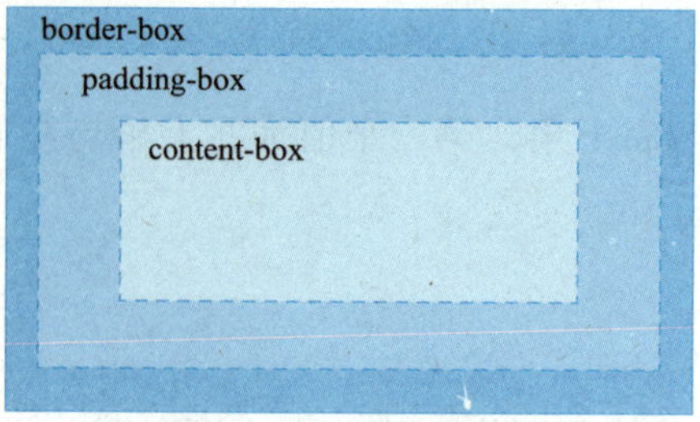

图 7-6 背景原点设置示意图

2. background-size

应用background-size属性指定背景图像的大小。

在 CSS3之前，背景图像大小由图像的实际大小决定。在 CSS3 中，可以规定背景图像的尺寸，允许在不同的环境中指定背景图像的大小，重复使用背景图像。

以像素或百分比规定背景图像的尺寸。如果以百分比规定尺寸，指定的大小是相对于父元素的宽度和高度的百分比的大小。例如

```
background-size:100% 100%;
background-size:80px 60px;
```

3. background-clip

应用background-clip背景剪裁属性是从指定位置开始绘制。语法格式如下：

```
background-clip: padding-box | content-box;
```

4. background-image

在CSS3中可以通过background-image属性添加多张背景图片。不同的背景图像之间用逗号隔开，可以给不同的图像设置多个不同的属性。例如：

```
background-image: url(img_flwr.gif), url(paper.gif);
background-position: right bottom, left top;
background-repeat: no-repeat, repeat;
```

或者写成

```
background: url(img_flwr.gif) right bottom no-repeat, url(paper.gif) left
top repeat;
```

7.7 颜色渐变

应用CSS3 的颜色渐变（gradients）属性可以在两个或多个指定的颜色之间显示平稳的过渡。通过使用gradients属性代替图像，可以减少下载的时间和宽带的使用。此外，渐变效果的元素在放大时看起来效果更佳，因为gradient是由浏览器生成的。

CSS3 定义了两种类型的渐变（gradients）:

线性渐变（linear gradients）：向下/向上/向左/向右/对角方向。

径向渐变（radial gradients）：由它们的中心定义。

1. 线性渐变

为了创建一个线性渐变，必须至少定义两种颜色节点（颜色节点即想要呈现平稳过渡的颜色），同时还要设置一个起点和一个方向（或一个角度）。

语法格式如下：

```
background-image: linear-gradient( direction, color-stop1, color-stop2, ...);
```

图 7-7 是一个上下方向渐变的示例图。

图 7-7　上下方向的渐变

（1）线性渐变：从上到下（默认情况下）

从顶部开始的线性渐变，起点是红色，慢慢过渡到蓝色，示例代码如下：

```
background-image: linear-gradient( #e66465,#9198e5 );
```

（2）线性渐变：从左到右

从左边开始的线性渐变，起点是红色，慢慢过渡到蓝色，示例代码如下：

```
background-image: linear-gradient(to right,red ,yellow);
```

（3）线性渐变：对角

通过指定水平和垂直的起始位置来制作一个对角渐变。

从左上角开始（到右下角）的线性渐变，起点是红色，慢慢过渡到黄色，示例代码如下：

```
background-image: linear-gradient( to bottom right,red,yellow);
```

2. 使用角度

如果想要在渐变的方向上做更多的控制，可以定义一个角度，而不用预定义方向（to bottom、to top、to right、to left、to bottom right 等）。语法格式如下：

```
background-image: linear-gradient(angle,color-stop1,color-stop2);
```

角度是指水平线和渐变线之间的角度，逆时针方向计算，如图 7-8 所示。例如，0deg 将创建一个从下到上的渐变，90deg 将创建一个从左到右的渐变。请注意，很多浏览器（Chrome、Safari、Firefox 等）使用了旧的标准，即 0deg 将创建一个从左到右的渐变，90deg 将创建一个从下到上的渐变。

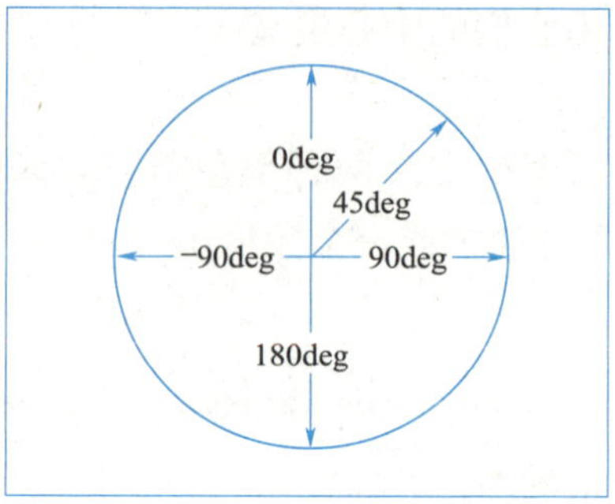

图 7-8　渐变角度

例如，下面的代码

```
background-image: linear-gradient(0deg,red,yellow);
background-image: linear-gradient(90deg,red,yellow);
background-image: linear-gradient(180deg,red,yellow);
background-image: linear-gradient(-90deg,red,yellow);
```

的渲染效果如图 7-9 所示。

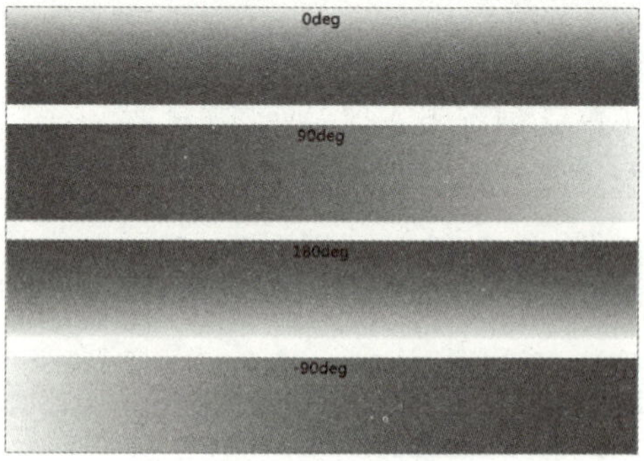

图 7-9　不同角度的渲染效果

3. 使用透明度（transparent）

CSS3 渐变也支持透明度（transparent），可用于创建减弱变淡的效果。为了添加透明度，使用 rgba() 函数来定义颜色节点。rgba() 函数中的最后一个参数可以是从 0 到 1 的值，它定义了颜色的透明度：0 表示完全透明，1 表示完全不透明。

例如，下面的代码

```
background-image: linear-gradient(to right,rgba(255,0,0,0),rgba(255,0,0,1));
```

表示从左边开始的线性渐变，起点是完全透明，慢慢过渡到完全不透明的红色，如图 7-10 所示。

图 7-10　设置透明度的线性渐变效果

4. 径向渐变

径向渐变由它的中心定义。为了创建一个径向渐变，也必须至少定义两种颜色节点。同时也可以指定渐变的中心、形状（圆形或椭圆形）、大小。默认情况下，渐变的中心是center（表示在中心点），渐变的形状是ellipse（表示椭圆形），渐变的大小是farthest-corner（表示到最远的角落）。语法如下：

```
background: radial-gradient( center,shape size,start-color, ...,last-color );
```

例如，下面的代码

```
background-image: radial-gradient(red,yellow,green);
background-image: radial-gradient(circle,red,yellow,green);
```

分别表示椭圆形和圆形的径向渐变，如图7-11和图7-12所示。

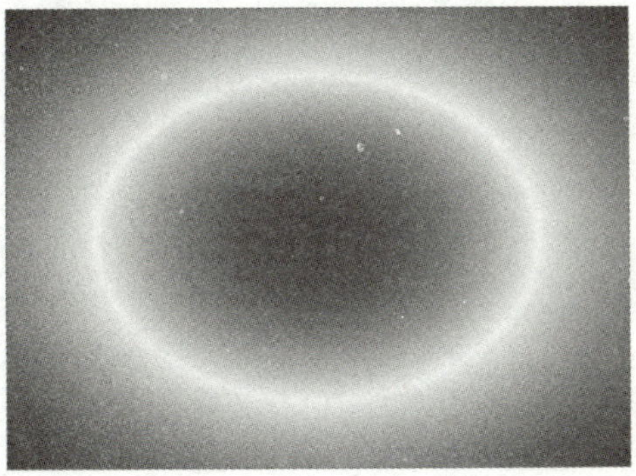

图 7-11　椭圆形径向渐变效果

图 7-12　圆形径向渐变效果

7.8 盒子阴影

应用box-shadow属性可为元素添加阴影效果。该属性值包含六个参数：阴影类型、X轴位移、Y轴位移、阴影大小、阴影扩展和阴影颜色。例如，下列代码的浏览效果如图7-13所示。

```
background-color:#ffff00;
box-shadow: 10px 10px 5px #888888;
```

图 7-13　盒子阴影效果

实例 7.4 设计一个网页，使用盒子阴影制作图像卡片。

（1）新建站点和文件。打开Dreamweaver，新建站点后创建一个新网页文件，文档类型为HTML5，文件保存为“实例7.4-盒子阴影应用效果.html”。

（2）选择代码视图进行设计。在HTML文档中键入以下核心代码：

实例 7.4- 盒子阴影应用效果 .html 的核心代码：

```
<!doctype html>
<html>
<head>
  <meta charset="utf-8">
  <title>盒子阴影应用</title>
  <style>
  div.polaroid {
       width: 250px;
       box-shadow: 0 4px 8px 0 rgba(0, 0, 0, 0.2),  0 6px 20px 0 rgba(0, 0, 0, 0.19);
       text-align: center;
  }
div.container {padding: 10px;}
  </style>
</head>
<body>
    <h2> 图像卡片</h2>
    <p>box-shadow属性可以用来创建纸质样式卡片:</p>
    <div class="polaroid">
        <img src="pic-css/夹竹桃花朵.jpg" alt="flower" style="width:100%">
        <div class="container">
           <p>夹竹桃花朵</p>
        </div>
    </div>
</body>
</html>
```

（3）测试、修改，完成设计。浏览效果如图7-14所示。

图 7-14　盒子阴影的应用

7.9　转换属性（状态）

CSS3 转换（transform）可以对元素进行移动、缩放、转动、拉长或拉伸，转换的效果是让某个元素改变形状、大小和位置。可以使用 2D 或 3D 转换来转换元素。

1. 2D转换

在CSS3中，2D transform属性中主要包含的一些基本功能如下：移动、旋转、缩放、倾斜、旋转、拉伸元素。2D transform属性的语法格式如下：

```
CSS选择器 { transform: none | <transform-function > [ <transform-function> ] ; }
```

参数说明如下：

transform属性的默认值是none，属性值transform-function具有以下可选值，这些值可以是一个，也可以写多个：

（1）translate()：元素位移。

（2）rotate()：元素旋转。

（3）scale()：元素缩放。

（4）skew()：元素倾斜。

（5）matrix()：多种变形。

translate()方法，根据左(X 轴)和顶部(Y 轴)位置给定的参数，从当前元素位置移动。

matrix()方法把2D变换方法合并成一个。matrix方法有六个参数，包含旋转、缩放、移动（平移）和倾斜功能。

实例 7.5 设计一个网页，使用translate()方法移动元素。

（1）新建站点和文件。打开Dreamweaver，新建站点后创建一个新网页文件，文档类型为HTML5，文件保存为“实例7.5-应用translate方法移动元素.html”。

（2）选择代码视图进行设计。在HTML文档中输入以下核心代码：

实例 7.5- 应用 translate 方法移动元素 .html 核心代码：

```
<!doctype html>
<html>
<head>
   <meta charset="utf-8">
   <title>translate</title>
   <style>
        div{
             width:200px;
             height:100px;
             background-color:red;
             border:1px solid black;
             font-size: 24px;
        }
        div#div2{
            transform:translate(50px,100px);
```

```
            -ms-transform:translate(50px,100px);      /* IE9 */
            -webkit-transform:translate(50px,100px); /* Safari and Chrome */
        }
    </style>
</head>
<body>
    <div>before translate</div>
    <div id="div2">after translate</div>
</body>
</html>
```

（3）测试、修改，完成设计，浏览效果如图7-15所示。可以看出，第二个div相对于原始位置偏离了50 px和100 px。

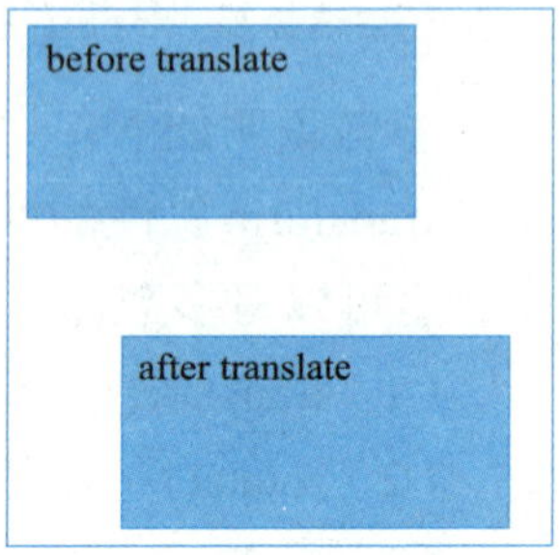

图 7-15　应用 translate 方法移动第二个元素

2. 3D转换

CSS3允许使用3D转换来对元素进行格式化。3D转换方法有rotateX()、rotateY()。rotateZ()实际上就是2D旋转。例如，下面的代码

```
transform: rotateX(120deg);
transform: rotateY(130deg);
```

表示绕沿X轴的3D旋转和沿Y轴的3D旋转。

7.10 过渡属性（过程）

在CSS3中，过渡（transition）是指从一种样式逐渐改变为另一种的效果，如渐显、渐弱、颜色变化、大小变化等。这种效果可以在鼠标单击、获得焦点、被点击或对元素任何改变中触发，并圆滑地以动画效果改变CSS的属性值。要实现这一点，必须规定两项内容：

（1）指定要添加效果的CSS属性。

（2）指定效果的持续时间。

实例 7.6 分析下列代码的运行结果。

实例 7.6- 过渡效果 .html 的核心代码：

```
<!doctype html>
<html>
<head>
  <title>transition</title>
  <style>
     div{
        width: 100px;
        height: 100px;
        background: yellow;
        transition: width 1s,height 5s,background 10s,transform 15s;
        -moz-transition: width 1s,height 5s,background 10s,-moz-transform
  15s;/* Firefox 4 */
```

```
        -webkit-transition: width 1s,height 5s,background 10s,-webkit-transform 15s;
                                                          /* Safari and Chrome */
        -o-transition: width 1s,height 5s,background 10s,-o-transform 15s; /* Opera */
    }
    div:hover{
        width: 200px;
        height: 200px;
        background: red;
        transform: rotate(180deg);
        -moz-transform: rotate(180deg);        /* Firefox 4 */
        -webkit-transform: rotate(180deg);     /* Safari and Chrome */
        -o-transform: rotate(180deg);          /* Opera */
    }
  </style>
</head>
<body>
   <div>请把鼠标指针放到黄色的 div 元素上，浏览过渡效果。</div>
   <p><b>注意：</b>本例在 Internet Explorer 中无效。</p>
</body>
</html>
```

（1）新建站点和文件。打开Dreamweaver，新建站点后创建一个新网页文件，文档类型为HTML5，文件保存为“实例7.6-过渡效果.html”。

（2）选择代码视图进行设计。在HTML文档中输入核心代码：

实例总结：

（1）当鼠标移动黄色文字块（见图7-16）上时，其width花时1 s、height花时5 s、background颜色花时 10 s发生改变，同时文字块花时15 s旋转180°。

（2）当鼠标（任何时候）离开文字块（见图7-17）时，文字块的当前状态反着变化，还原到原始状态。

（3）过渡（transition）就是在两种状态之间进行切换（在触发条件下）。

图 7-16　过渡前状态

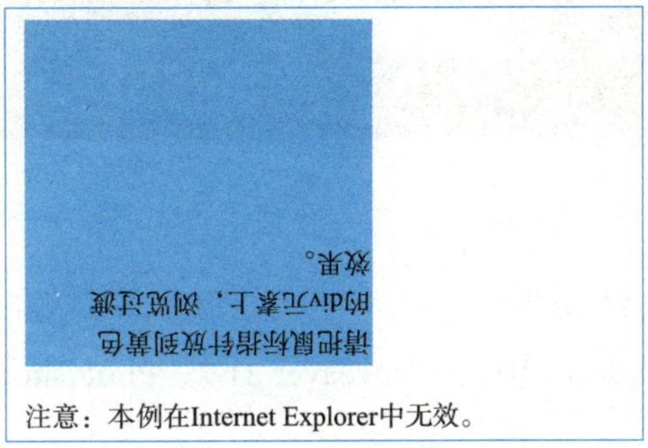

图 7-17　过渡完成后状态

表7-15给出了transition的详细属性，可以对transition进行更多的属性设置，实现更多的效果。

表 7-15 transition 属性

属　　性	描　　述
transition	简写属性，用于在一个属性中设置四个过渡属性
transition-property	规定应用过渡的 CSS 属性的名称
transition-duration	定义过渡效果花费的时间。默认是 0
transition-timing-function	规定过渡效果的时间曲线。默认是 "ease"
transition-delay	规定过渡效果何时开始。默认是 0

7.11 项目实践 11：制作多个关键帧动画

项目描述

应用CSS的@keyframes规则和animation属性，设计一个图7-18所示的动画网页，要求动画开始、中间和结束的状态符合图7-18（a）、（b）、（c）的位置要求。

视频
项目实践11

(a)　(b)　(c)

图 7-18 汽车飞行动画（起飞、飞行、降落）

软件环境

Windows 10、reamweaver 21.2、Photoshop、Edge、Chrome。

设计指导

（1）新建站点和文件。打开Dreamweaver，新建站点后创建一个新网页文件，文档类型为HTML5，文件保存为“项目实践11-汽车飞行动画.html”。

（2）选择代码视图进行设计。在HTML文档中键入如下代码，注意图片要放到pic文件夹中。

（3）保存网页，测试修改网页，完成后发布网页。

项目实践 11- 汽车飞行动画 .html 的核心代码

```
<!doctype html>
<html>
<head>
    <meta charset="utf-8">
    <title>飞行汽车</title>
    <style type="text/css">
    <!--
    .bj {
        background-image: url(pic/bj.jpg); background-repeat: no-repeat; height: 560px;
    }
    .fly img{
        position: absolute; left: 0px; top: 400px;
    }
    .car img{
        position: absolute; left: 340px; top: 340px;
         -webkit-transition: 5s linear;
    }
    .car img:hover{
        -webkit-transform: translate(385px,-75px);
    }
    @keyframes myfirst{
        0%   {-webkit-transform: translate(0px,0px);}
        30%  {-webkit-transform: translate(100px,-250px);}
        40%  {-webkit-transform: translate(650px,-250px);}
        70% {-webkit-transform: translate(700px,-155px);}
        100% {-webkit-transform: translate(700px,-155px);}
    }
    .fly img{
        animation: myfirst 20s;
        -webkit-animation: myfirst 20s;   /* Safari 与 Chrome */
    }
  -->
  </style>
</head>
<body>
  <div class="bj">
      <div class="fly"><img src="pic/汽车1.png" width="343" height="121" /></div>
      <div class="car"><img src="pic/汽车2.png" width="343" height="121" /></div>
</div>
</body>
</html>
```

项目总结

（1）动画用0%、30%、40%、70%、100%五个关键帧表示了四段动画效果：汽车爬升、空中飞行、汽车降落和汽车缓行，用时间间隔和距离（高度和长度）控制动画动作的快慢。

（2）在动画中，对象位置发生改变，可以用属性“transform: translate(x, y);”来表示。

（3）如果将第29行代码“animation: myfirst 20s;”修改为“animation: myfirst 20s linear 2s infinite alternate;”，则表示

```
animation-name: myfirst;
animation-duration: 20s;
animation-timing-function: linear;
animation-delay: 2s;
animation-iteration-count: infinite;
animation-direction: alternate;
```

（4）在本实例中，飞机和汽车是作为实体图像出现在<div>...</div>中的。

7.12 CSS3动画

在CSS3中，使用动画（animation）属性可以创建更复杂的动画，取代许多网页动画图像、Flash动画和JavaScript实现的效果。CSS3这种动画也是使元素从一种样式（状态）逐渐变化为另一种样式（状态）的效果，可以任意多次改变样式。

1. CSS3动画原理

创建CSS3动画，要首先建立@keyframes的具体规则，然后再将该规则绑定到对象（选择器）上。

（1）在@keyframes规则内，如果指定一个CSS样式，动画将逐步从目前的样式更改为新的样式；如果指定多个CSS样式，动画将按照样式的顺序依次更改。

（2）在@keyframes规则内，用form或0%表示初始的样式（第一帧），用to或100%表示最后的样式（结束帧），n%表示中间帧，0<n<100。

（3）用@keyframes定义动画后，要它绑定到一个目标对象（选择器）上，否则动画不会有任何效果。必须定义动画的名称、规定动画的时长。如果忽略时长，则动画不会允许，因为默认值是0。

表7-16列出了@keyframes规则和animation属性。

表7-16 @keyframes 规则和animation属性

属　性	描　述
@keyframes	规定动画
animation	所有动画属性的简写属性，除了 animation-play-state 属性
animation-name	规定 @keyframes 动画的名称
animation-duration	规定动画完成一个周期所花费的秒或毫秒。默认是 0
animation-timing-function	规定动画的速度曲线。默认是 "ease"
animation-delay	规定动画何时开始。默认是 0
animation-iteration-count	规定动画被播放的次数。默认是 1
animation-direction	规定动画是否在下一周期逆向地播放。默认是 "normal"
animation-play-state	规定动画是否正在运行或暂停。默认是 "running"
animation-fill-mode	规定对象动画时间之外的状态

2. 两个关键帧动画

制作两个帧的动画只需开始和结束两个状态的样式。用百分比来规定变化发生的时间，0%是

动画的开始，100%是动画的完成。

也可以用关键词"from"和"to"，等同于0%和100%。为了得到最佳的浏览器支持，应该始终定义0%和100%选择器。

实例 7.7 分析下列代码的运行结果。

实例 7.7－两个关键帧的动画 .html 的核心代码：

```
1 <!doctype html>
2 <html>
3 <head>
4   <style>
5     div{
6         width:100px;  height:100px;  background: red;
7       animation: myfirst 5s;
8         -moz-animation: myfirst 5s;     /* Firefox */
9         -webkit-animation: myfirst 5s; /* Safari and Chrome */
10        -o-animation: myfirst 5s;       /* Opera */
11    }
12    @keyframes myfirst{
13       from { background: red; }
14       to { background: yellow; }
15    }
16    /* Firefox */
17    @-moz-keyframes myfirst{
18       from {background:red;}
19       to {background:yellow;}
20    }
21    /* Safari and Chrome */
22    @-webkit-keyframes myfirst{
23       from {background:red;}
24       to {background:yellow;}
25    }
26    /* Opera */
27    @-o-keyframes myfirst{
28        from {background:red;}
29        to {background:yellow;}
30    }
31  </style>
32 </head>
33 <body>
34    <div> </div>
35 </body>
36 </html>
```

实例总结：

（1）打开网页后，宽度和高度均为 100 px 的红色矩形，在 5 s 内颜色逐渐过渡到黄色。

（2）第 7 行代码 “animation: myfirst 5s;” 表示将名称为 myfirst 的动画绑定到 div 标签上，动画持续时间长度为 5 s。

小　　结

本章主要介绍了HTML5中的拖放API，音频和视频、地理定位、CSS3的边框、背景、颜色渐变、转换属性、过渡属性、@keyframes规则等内容。本章的难点是拖放API和地理定位。需要重点掌握的内容是在网页设计中恰当应用拖放API、视频、地理定位，以及应用转换属性和过渡属性设计CSS动画。

习　　题

一、选择题

1. 用于播放HTML5视频文件的正确标签是（　　）。

A. <movie>　　B. <media>

C. <video>　　D. <audio>

2. 以下（　　）不是canvas的方法。

A. getContext()　　B. fill()

C. stroke()　　D. controller()

3. HTML5不支持的视频格式是（　　）。

A. Ogg　　B. MP4

C. Flv　　D. WebM

4. 下面（　　）项表示HTML5内建对象用于在画布上绘制。

A. getConten　　B. getContext

C. getGraphics　　D. getCanvas

5. 如果希望实现以慢速开始、然后加快、最后慢慢结束的过渡效果，应该使用（　　）的过渡模式。

A. ease　　B. ease-in

C. ease-out　　D. ease-in-out

二、简答题

1. 简述画布中stroke和fill的区别。
2. 如何使用HTML5地理定位API获取一次当前的定位信息？
3. 在画布上绘制空心矩形和实心矩形分别使用的是哪种方法？
4. 平滑过渡属性有哪几个函数？

第二部分

综合项目实践

第8章

项目一 《西游记》小说网站设计

8.1 项目描述

以班级为团队，每名学生选择《西游记》小说章回的1～n个，设计出该章回的网页（页面），上传到网络的共享文件夹或FTP服务器中。当《西游记》所有章回的页面设计完成后，再设计一个网站的主页，在主页中显示章回的目录，通过超链接将所有的页面链接起来，形成一个完整的《西游记》小说网站。

基本要求：网站页面的风格要统一。①在页首部分使用统一的logo，banner使用“中国古典小说《西游记》”文字展现网站主题；②页脚部分统一注明设计者、设计时间和版权等信息；③在页面中间主体部分中，小说正文、诗歌、短文要醒目，页面布局整洁、色彩搭配和谐。

8.2 实践目标

通过本项目的开发实践，达到以下教学目标：

✧学会Web前端网站开发的策划方法。

✧掌握应用恰当的标签设计文本网页的结构。

✧掌握应用CSS渲染页面效果与统一网站风格的方法。

✧认真体会团队开发网站的分工与协作过程，领悟团队精神的重要性。

8.3 需求分析

需求分析是网站开发过程中的一个关键步骤，由开发团队或项目负责人提出，通过与用户或客户进行深入的沟通和交流，来明确和细化用户对网站的具体需求和期望。通过需求分析，开发团队能够制订出符合用户期望的开发计划，并确保网站的功能、性能、安全性和用户体验等方面都能够满足用户的需求。在实际操作中，需求分析可能会涉及多个相关方，包括用户、客户、开发团队和测试团队等，他们共同协作，以确保最终开发出的网站能够满足用户的期望和需求。

8.3.1　界面需求

✧页面布局：页面布局清晰直观，页首设置导航栏（便于用户快速访问其他章回或网站导航），主体区域用于展示小说文本内容，底部则设置信息区（包含版权声明、相关网站链接等）。

✧页面风格：各章回页面需维持统一的视觉风格，涵盖颜色搭配、字体选择及版面布局等方面，以彰显网站的专业性和一致性。界面设计需整洁美观，图文配色和谐，与《西游记》的古典韵味相得益彰。

8.3.2　功能需求

✧导航功能：顶部导航栏的设计需确保用户能轻松跳转至上一回、下一回或网站主页。

✧响应式设计：网页需能在不同设备（如手机、平板、计算机）上完美呈现，以优化用户体验。

✧阅读辅助功能（可选）：提供如字体大小调整、背景色切换等辅助阅读功能，以满足不同用户的个性化阅读需求，确保文本清晰可读。

8.3.3　内容需求

✧文本内容：每个网页需准确展示《西游记》指定章节的正文内容，包括文字描述及精美插图。同时保持原著的文学风格和语言特色，确保文本准确无误。通过精心设计的排版、恰当的插图选择，提升网站的视觉吸引力，强化用户的阅读体验。

✧章节标题：需清晰显示章节及标题（如“第一回 灵根育孕源流出 心性修持大道生”），并对章节标题进行艺术设计，以突出显示。

✧段落划分：遵循原著的段落划分，确保文本的可读性和连贯性。

8.3.4　技术需求

✧HTML5：采用HTML5标准构建网页结构，确保网站的兼容性和可维护性。

✧CSS3：运用CSS3进行页面样式设计，涵盖布局、字体、颜色、背景等样式，以打造美观且实用的页面。

✧JavaScript（可选）：借助JavaScript技术，提升页面的交互性，如实现阅读辅助功能等。

✧图片处理：对插入的图片进行适当处理，确保其尺寸和格式符合网页展示的要求，以提升页面的加载速度和视觉效果。

✧团队协作工具：采用版本控制系统（如Git）进行代码的版本管理和团队协作，确保团队成员之间的代码同步和冲突解决。同时，利用项目管理工具（如Trello、Jira等）进行任务分配、进度跟踪和沟通协作，以提高工作效率。

✧测试与验证：团队成员需相互测试各自负责的页面，确保内容无误、链接有效、风格统一。此外，还需进行跨浏览器测试，以确保网站在不同浏览器下均能正常显示。

✧部署与发布：将网站部署至网络共享文件夹或云服务器，包括域名注册（可选）、服务器配置等步骤。确保网站能够被外部用户访问，且用户可通过URL直接跳转至网站主页。

8.4 开发环境

Windows 10、Dreamweaver 21.2、Photoshop、Edge、Chrome。

8.5 开发指导

8.5.1 制定网页设计规范书

为了确保《西游记》小说网站的网页设计达到专业、统一和高质量的标准，特制定本规范书。该规范将指导设计团队在整个设计过程中的行为，确保网页的视觉效果、用户体验和技术实现均符合项目要求。规范的具体描述如下：

1. 界面设计规范

《西游记》页面由页首、主体和页脚三部分组成。页首包括logo、banner与导航，宽度设置默认；主体部分包括章回、标题、诗歌、正文、短句等，划分大段落，宽度设置默认；页脚部分包括设计者及设计时间、版权信息等，宽度设置默认。

2. 视觉设计规范

（1）色彩搭配。主色调：采用金色、棕色、红色等古典色调，营造《西游记》的古典韵味。辅助色：使用白色、灰色等中性色作为背景色，提高页面可读性。强调色：用于突出重要信息，如章节标题、导航按钮等。

（2）字体与排版。标题字体：使用具有中国特色的字体，如楷体、行书等，用于章节标题和重要信息。正文字体：选择清晰易读的字体，如宋体、微软雅黑等，确保文本的可读性。排版规范：段落间距、行间距、字间距等应符合阅读习惯，避免过密或过疏。

（3）图片与图标。图片选择：应选择与章回内容相关的插图，应确保图片质量高、尺寸合适。图标设计：应简洁明了，符合用户认知习惯，用于导航按钮、功能提示等。

3. 交互设计规范

（1）导航设计。顶部导航栏包含首页、上一回、下一回、关于我们等主要导航项。

（2）链接样式。应统一链接的样式和颜色，确保用户能够清晰识别。

（3）按钮设计。应简洁明了，具有明确的操作提示，如“阅读全文”“返回首页”等。

（4）阅读辅助功能。字体大小调整：提供字体大小调整功能，满足不同用户的阅读需求。背景色切换：提供多种背景色选择，提高用户的阅读舒适度。

4. 技术实现规范

（1）HTML与CSS。使用HTML5和CSS3构建页面结构，确保网站的兼容性和可维护性。遵循语义化HTML的原则，提高网页的可读性和可访问性。使用CSS进行页面样式设计，包括布局、字体、颜色、背景等。

（2）JavaScript。合理使用JavaScript实现交互功能，避免过度依赖JavaScript导致页面加载缓慢。确保JavaScript代码的安全性和稳定性，避免影响用户体验。

（3）图片处理。对插入的图片进行适当处理，确保其尺寸和格式适合网页展示。使用CSS的background-image属性或<img>标签进行图片插入，确保图片能够正确显示。

5. 测试与优化规范

（1）功能测试。确保所有链接有效，功能正常，无错误提示。

（2）兼容性测试。在不同浏览器和设备上进行测试，确保网站兼容。

（3）性能优化。优化图片大小、减少HTTP请求、使用CDN等技术提高页面加载速度。

（4）用户体验测试。邀请目标用户进行测试，收集反馈，进行必要的调整。

6. 维护与更新规范

（1）定期更新。根据用户反馈和技术发展，定期更新网站内容和技术架构。

（2）数据分析。利用网站分析工具监测用户行为，了解用户需求，为优化提供依据。

（3）备份与恢复。定期备份网站数据，确保在出现意外情况时能够及时恢复。

（4）通过遵循以上设计规范，设计团队可以确保《西游记》小说网站的网页设计达到专业、统一和高质量的标准，为用户提供良好的阅读体验。

下面以《西游记》第一回与第一百回为例，给出具体的HTML与CSS、JavaScript代码设计规范。

```
《西游记》代码设计与文件命名规范书
1.HTML代码
  <html>
  <head>
      <title>西游记第n回</title>
      <style>
          内部样式表
      </style>
      <link href="CSS/xyj.css" rel="stylesheet" type="text/css">  //外部样式表
      <script src="js/xyjScript.js" ></script>                     //引用外部js代码
      <script>
          内部JavaScript代码
      </script>
  </head>
  <body>
      <header>
          <img src="Logo/header.png" width="100%" height="100%" alt=""/>//图片页首
      </header>
      <nav>
          主页||上一回|下一回||<button>更换皮肤</button> | <button >增大字号</button>
      </nav>
      <main>
          <h2>章回名称：第一回</h2>
          <h3>章回标题：灵根育孕源流出  心性修持大道生</h3>
          <hr>
          <aside class="begin">
              卷首诗歌（如果有）        //第一回有卷首诗歌
```

```
        </aside>
        <div id="box">                //本章回小说正文部分
            <section>                 //小说正文部分划分为若干个大段落
                <article class="txt">正文......<img align="left">......正文
</article>    //插图靠左
                  <span class="poetry">短句......</span>
                <article class="txt">正文......</article>
                <aside class="poetry">    诗歌......</aside>
                ......
                <article class="txt">正文......<img align="right">......正文
</article>    //插图靠右
            </section>                //小说正文部分划分为若干大段落
            ......
            <section>......</section>
        </div>
    </main>
    <footer>
        <img src="Logo/footer.png" width="100%" height="100%" alt=""/> //图片页脚
    </footer>
  </body>
  </html>
```

2.CSS代码

在上面的HTML代码中，指定了class名称的，必须使用该名称，不得更改。

外部样式表的引用要放在内部样式表的后面。

3.JavaScript代码

可以同时使用外部js代码与内部js代码。

4.CSS与JavaScript文件名

外部样式表统一命名为xyj.css，外部JavaScript文件统一命名为xyjScript.js。

5.插图图片编号与对齐方式

正文中如果有插图图片，图片文件的主名命名为Pic00n0m，其中三位数00n表示第n回（例如，001表示第1回，100表示第100回），两位数0m表示本页面中的第m张插图。

插图左对齐使用align="left"，或者应用class="toleft"，并在CSS中设置左对齐属性；插图右对齐使用align="right"，或者应用class="toright"，并在CSS中设置右对齐属性。

6.文件夹名

网站根目录下的Logo文件夹存放Logo图标，Pics文件夹存放各章回的插图，CSS文件夹存放外部样式表xyj.css，js文件夹存放外部JavaScript文件xyjScript.js。

7.页面文件名

第n回的页面文件名必须保存为"西游记00n.html"。例如，第一回的页面保存为"西游记001.html"，第十回的页面保存为"西游记010.html"，第一百回的页面保存为"西游记100.html"。

8.主页文件名

主页文件名统一命名为index.html。

8.5.2 任务一：设计网页模板

《西游记》共有一百回，每回的网页界面都是相同的，故先设计一个网页模板，供所有的章回页面设计时使用。

应用Dreamweaver 21.2设计网页的具体操作步骤在“项目体验1 诗歌网页设计”中有着非常详

细的描述，下面就只给出本项目的核心操作步骤。

1. 准备素材

应用Photoshop等图像软件制作《西游记》页面的logo图标，或者搜索公开发布的图片，引用效果佳的图片作logo图标。将素材保存到站点的logo文件夹中。

2. 新建站点

打开Dreamweaver 21.2，单击菜单栏中的“站点”，新建一个名称为“西游记小说网站”的站点，站点的文件夹设置为E:\XYJ。

3. 新建网页

在Dreamweaver 21.2的启动面板上单击“新建”按钮，或者单击菜单栏中的“文件”>“新建”，新建一个HTML5的网页文件。

4. 保存网页

单击菜单栏中的“文件”>“保存”，将文件保存为“Web页面设计模板.html”。

5. 制作页面

在Dreamweaver 21.2中选择“代码”视图，在其中输入如下代码：

Web页面设计模板.html的核心代码：

```
<!doctype html>
<html>
<head>
    <meta charset="UTF-8"/>
    <title>网页模板</title>
    <style>
         header { background-color: #2E8B57; height: 130px; display: flex; }
         footer {
             background-color: #2E8B57; height: 100px;
             text-align: center; line-height: 100px; }
         div#theme {
             font-size: 48px; font-family: '华文琥珀'; color: #FF0;
             display: flex; align-items: center; justify-content: center;
             flex-basis: 1; flex-grow: 1; flex-shrink: 0; }
         nav { width: 90%; margin: auto; padding: 10px; text-align: right; }
         main {
             background-color: azure;
             width: 90%; margin: auto; padding: 10px; }
    </style>
</head>
<body>
        <header>
            <img src="Logo/xyj.jfif" width="173" height="130" alt=""/>
            <div id="theme">中国古典小说 《西游记》</div>
        </header>
        <nav>主页|上一回|下一回|联系我们</nav>
        <main>
            <section>
```

```
                页面主体内容
            </section>
        </main>
        <footer>
            <div style="line-height: 1.5;display: inline-block;vertical-align:
middle;">
                <span>Copyright ©2024 WebStudy </span>
                <span> All rights reserved.</span><br>
                <span>Designed By Me.</span><br>
            </div>
        </footer>
</body>
</html>
```

6. 浏览、测试与修改网页

至此网页模板制作初步完成，保存文件，单击“状态栏”右下的“浏览”按钮，浏览网页的设计效果，如图8-1所示。

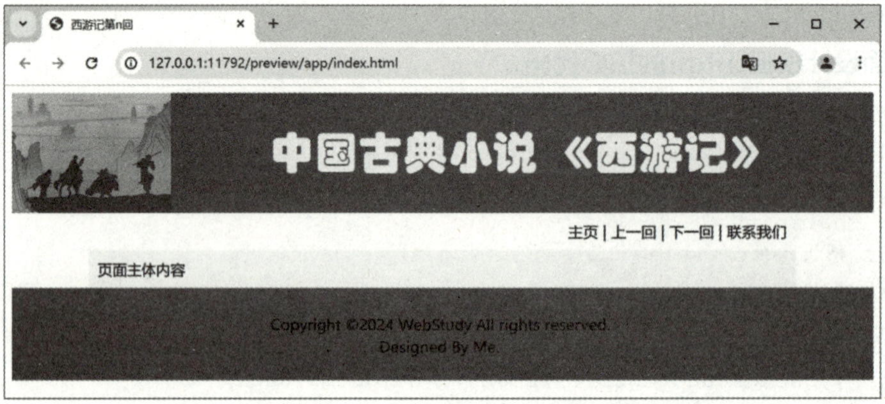

图8-1 网页设计模板

对网页进行测试，如果浏览效果未达到设计要求，可以对网页进行修改，直到符合要求为止。

7. 整理代码格式

代码的格式应做到错落有致，层次分明。在本书中项目的CSS代码采用紧凑格式编排。

8. 发布网页

保存网页文件，完成网页模板制作，并将网页发布到共享文件夹或FTP服务器中，供团队其他成员设计时用。

请注意：本书为减少代码量，突出显示项目的核心代码，在浏览器中对页首和页脚部分进行截图，保存为图像文件，并将它们插入 <header></header> 与 <footer></footer> 标签中，以代替原来的 HTML 代码。即

```
<header> <img src="Logo/header.png" width="100%" height="100%" alt=""/> </header>
<footer> <img src="Logo/footer.png" width="100%" height="100%" alt=""/> </footer>
```

8.5.3　任务二：设计西游记小说的章回页面

下面以《西游记》第一回与第一百回为例，进行具体的章回页面设计。

1.《西游记》第一回页面设计

（1）建立页面文件。

打开 Dreamweaver 21.2，打开“西游记小说网站”站点，打开“Web 页面设计模板.html”，将该文件另存为“西游记 001.html”，该网页的核心代码参见任务一。

（2）输入小说文本内容。

《西游记》第一回有一首卷首诗，故在<main>...</main>容器中，首先插入如下代码：

```
<h2>第一回</h2>
<h3>灵根育孕源流出　心性修持大道生</h3>
<hr>
<aside class="begin">
    诗曰：<br>
        混沌未分天地乱，茫茫渺渺无人见。<br>
        自从盘古破鸿蒙，开辟从兹清浊辨。<br>
        覆载群生仰至仁，发明万物皆成善。<br>
        欲知造化会元功，须看《西游释厄传》。
</aside>
```

请注意，在<aside>首标签中要按规范书的要求使用 class="begin" 选择器。

《西游记》第一回小说正文分成三个大段落，故在<main>...</main>容器中，接着插入如下代码：

```
<div id="box">
    <section>...</section>  //第一对<section></section>
    <section>...</section>  //第二对<section></section>
    <section>...</section>  //第三对<section></section>
</div>
```

在<div>首标签中要按规范书的要求使用 id="box" 选择器。

再接着在三个<section>...</section>容器中插入相应的小说正文文本内容，在每一自然段正文的外面要套上<article class=” txt” >...</article>标签。例如：

```
<article class="txt">盖闻天地之数......故曰"人生于寅"。</article>
<article class="txt">感盘古开辟......赋曰：</article>
```

在正文中如果有短文，则要在短文的外面套上<span class="poetry">...</span>标签，例如：

```
<span class="poetry">势镇汪洋，威宁瑶海......万劫无移大地根。</span>
```

在正文中如果有诗歌，则要在诗歌的外面套上<aside class="poetry">...</aside>标签，例如：

```
<aside class="poetry">
    一派白虹起，千寻雪浪飞。<br>...
    潺湲名瀑布，真似挂帘帷。
</aside>
```

至此，《西游记》第一回小说的正文全部输入完成，并且有关标签使用了规范书指定的选择器。

（3）设计导航栏目。

在<nav>...</nav>标签中，设计导航栏目如下，满足项目的功能需求。

```
<nav>主页 || 上一回 | 下一回 || <button>更换皮肤</button> | <button">
    增大字号</button> || <a>还原皮肤</a> | <a>还原字号</a> || 联系我们</nav>
```

（4）设计CSS样式。

新建外部样式表。单击菜单栏中的“文件”>“新建”，打开“新建文档”对话框，如图8-2所示，选择文档类型为CSS，单击“创建”按钮，将文件保存为CSS/xyj.css，写在该文件中的样式就构成了外部样式表。

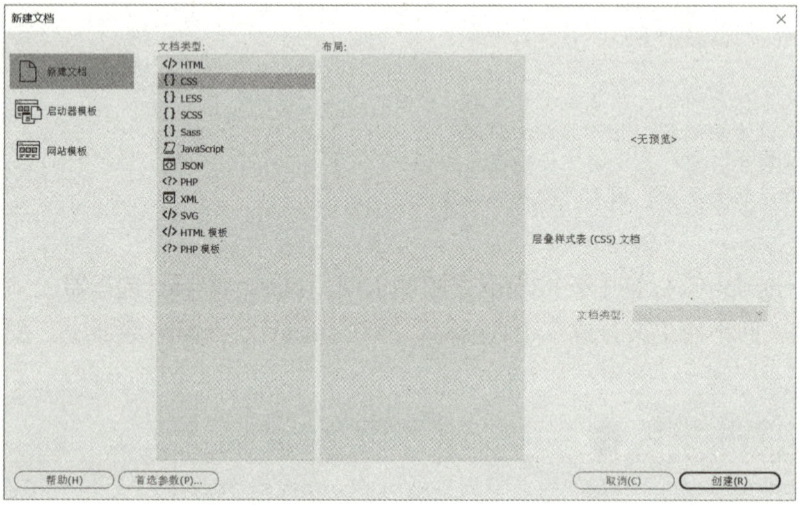

图 8-2 “新建文档”对话框

背景设置。为<body>标签在外部样式表中设置“background-color: rgba(196, 196, 196, 0.2);”属性；为<main>标签在内部样式表中设置“background-color: azure;”属性，在外部样式表中设置“background-color: rgba(255, 255, 0, 0.1);”属性，在外部样式表排在内部样式表的后面，故外部样式表中的样式起作用；为<div>标签在外部样式表中设置“background-color: white;”属性；<section>标签未设置背景属性。

字号大小设置。<body>在外部样式表中设置“font-size: 20px;”属性，其他子容器标签均未设置字号大小，故继承<body>在外部样式表中设置的“font-size: 20px;”属性。

容器布局居中对齐设置。<header>和<footer>容器未设置宽度属性，其中的图片设置width="100%" 和height="100%"属性，故在浏览器放大与缩小显示网页时，图片两端始终保持与浏览器左右两端接触。<nav>和<main>设置“width: 90%;”与“margin: auto;”属性，故导航栏目与小说正文主体部分会在网页中居中对齐。

本文居中对齐设置。<h2>与<h3>设置“text-align: center;”属性，章回与标题会居中对齐。

小说正文样式设置。设置“.txt {text-indent: 2em; text-align: justify;}”样式后，小说正文两端

对齐，且段落的首行会空出2个汉字的空白。

诗歌样式设置。设置“aside {padding: 0.5em 4em;}”样式，诗歌与上下段落之间空出0.5个汉字字符间距，左边（含右边）空出4个汉字的空白；设置“.begin {text-indent: -2em;}”样式，卷首诗歌首行会向左退回2个汉字的空白。

短文样式设置。设置“span {padding: 0.5em 2em; text-align: justify;}”样式后，短文与上下段落之间空出0.5个汉字字符间距，左边与右边空出2个汉字的空白，且左边与右边两端对齐。

诗歌与短文共同样式设置。设置“.poetry {color:cadetblue;}”样式后，诗歌与短文的文字颜色为cadetblue颜色。

大段落之间空白行设置。设置“section { margin-bottom: 1em; }”样式后，大段落结束后会有1个行字字符的空白行。

最后，样式的设计结果如下：

内部样式表：

```
<style>
    header,footer,h2,h3 { text-align: center; }
    nav { width: 90%;  margin: auto;padding: 10px;text-align: right; }
    main { background-color: azure; width: 90%; margin: auto;padding: 10px; }
    section { margin-bottom: 1em; }
    .txt {text-indent: 2em; text-align: justify; color: black; }
    aside { font-family:"仿宋"; padding: 0.5em 4em; }
    .begin { text-indent: -2em; font-weight:bold; }
    span { font-family:"仿宋"; padding: 0.5em 2em; text-align: justify; display: block; }
    .poetry { color:cadetblue; font-weight: 700; }
</style>
```

外部样式表：

```
@charset "utf-8";
    body { background-color: rgba(196,196,196,0.2);  font-size: 20px;  color: blue; }
    main { background-color:  rgba(255,255,0,0.1); }
    div { background-color: white; }
```

（5）超链接设计。

在<nav>...</nav>导航栏目中，将“主页”链接到西游记小说网站的主页，代码如下：

```
<a href="index.html">主页</a>
```

将“下一回”链接到西游记小说网站的第二回，代码如下：

```
<a href="西游记002.html">下一回</a>
```

将“联系我们”链接到邮箱，代码如下：

```
<a href="mailto: Me@qq.com">联系我们</a>
```

网页的浏览效果如图8-3所示。

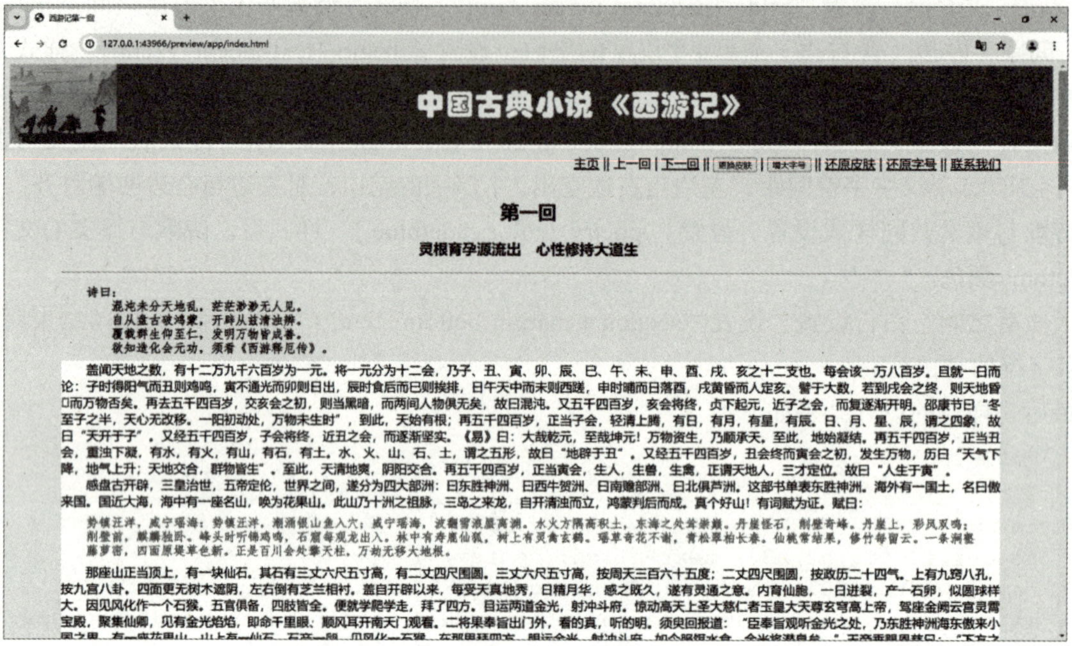

图8-3　《西游记》第一回页面的浏览效果（部分）

（6）交互性设计。

在<nav>...</nav>导航栏目中，为“更换皮肤”与“增大字号”分别设计响应函数，代码如下：

```
<button onClick="bgcolors()">更换皮肤</button>
<button onClick="javascript: fontsizes()">增大字号</button>
```

在<head>...</head>标签中，编写如下JavaScript代码：

```
<script>
    function bgcolors(){ document.getElementById("box").style.backgroundColor
="#FF0"; }
    function fontsizes(){ document.getElementById("box").style.fontSize=
"32px"; }
</script>
```

为“还原皮肤”与“还原字号”分别设计响应函数，代码如下：

```
<a href="javascript: bgcolor0()">还原皮肤</a>
<a href="javascript: fontsize0()">还原字号</a>
```

新建外部JavaScript文件。单击菜单栏中的“文件” > “新建”，打开“新建文档”对话框，如图8-2所示，选择文档类型为“JavaScript”，单击“创建”按钮，将文件保存为“js/xyjScript.js”。在外部xyjScript.js文件中，编写如下JavaScript代码：

```
function bgcolor0(){ document.getElementById("box").style.backgroundColor=
"#FFF"; }
```

```
function fontsize0(){ document.getElementById("box").style.fontSize=
"20px"; }
```

单击“更换皮肤”与“增大字号”按钮，页面的浏览效果如图8-4所示。

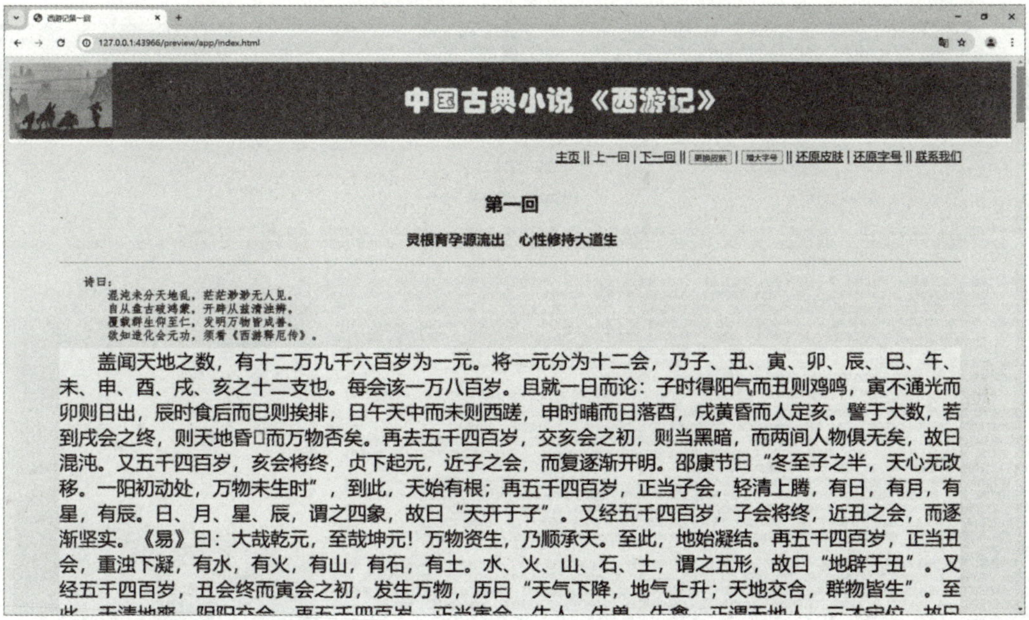

图8-4　《西游记》第一回页面的浏览效果（单击导航栏的按钮后）

（7）浏览、测试与修改网页。

网页制作完成，保存文件，浏览网页的设计效果，如果有不符合设计要求的地方，则需要修改，直到满足要求为止。

（8）整理代码格式。

代码的格式应做到错落有致，层次分明。

（9）发布网页。

保存网页文件，完成网页制作，并将网页发布到共享文件夹或FTP服务器中，供设计团队的其他成员测试和连接使用。

2.《西游记》第一百回

第一百回的设计与第一回基本相同。主要区别是在第一百回中有两幅插图，插图与正文之间需要进行合理的排版布局。

第一幅图排版，采用插图靠右对齐，文字环绕在其左侧与底部，并留有适当的间隙。代码如下：

```
<img src="Pics/Pic10001.jpg" width="587" height="747" align="right" hspace
="25px" alt=""/>
```

第二幅图排版，采用插图靠左对齐，文字环绕在其右侧与底部，并留有适当的间隙。代码如下：

```
<img src="Pics/Pic10002.jpeg" width="500" height="637" align="left" hspace="25px"
```

```
    vspace="10px" alt=""/>
```

在HTML代码中，插图是可以放在文本中任何位置的。设计好的《西游记》第一百回的浏览效果如图8-5所示。

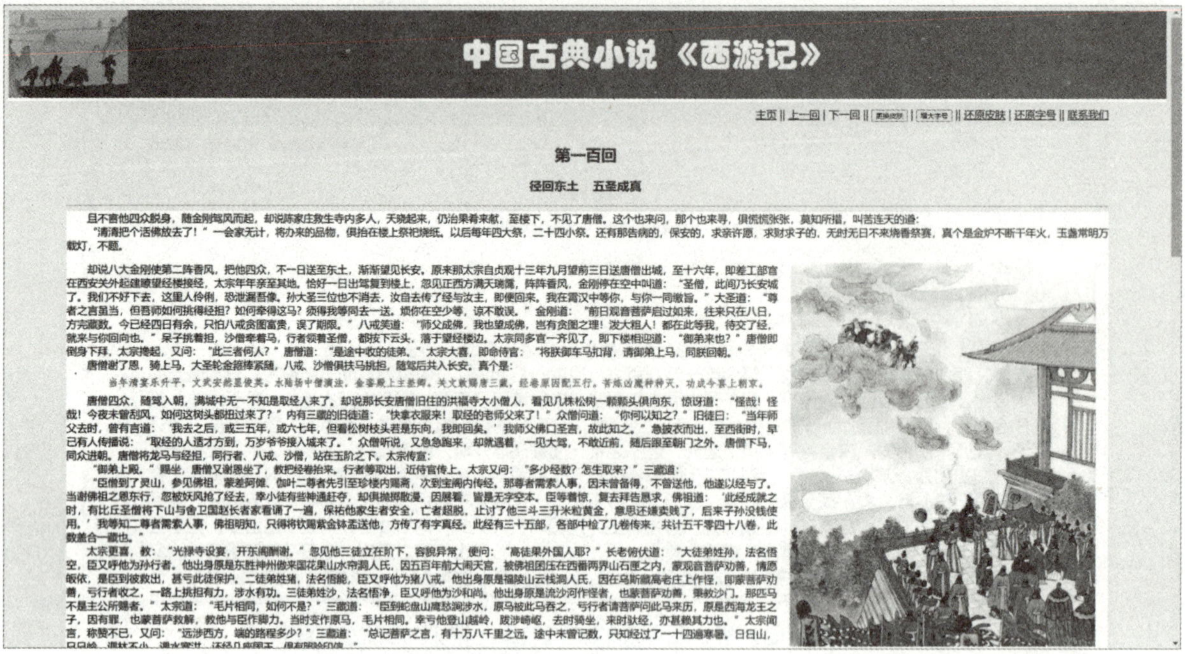

图 8-5　《西游记》第一百回页面的浏览效果（部分）

8.5.4　任务三：设计网站主页

西游记小说网站主页的设计，不仅仅要展示小说的章回目录，更要通过logo、banner、图像和小说简介等元素，充分展现设计的艺术效果。

1. 建立主页文件

打开Dreamweaver 21.2，选择“西游记小说网站”站点，打开“Web页面设计模板.html”，将该文件另存为“index.html”，这个文件就是所需要设计的主页，网页的核心代码参见任务一。

2. 设计主页的logo及banner

接下来，需要为网站设计一个独特的logo图像，这个logo应该能够代表《西游记》这部经典小说，可以考虑使用与《西游记》相关的元素。banner采用文本元素设计。设计完成后编写如下代码：

```
<header>
    <img src="Logo/xyj.png"  height="200"  alt=""/> //只设置height属性值
    <div id="theme">中国古典小说网络版</div>             //在#theme选择器中设置样式
</header>
```

3. 输入标题、作者与小说简介文本内容

在主页文件index.html中编写如下代码：

```
<h2>《西游记》</h2>
<h3>〖明〗吴承恩 原著</h3>
<section class="begin"> 西游记》是......中国古典四大名著。</section>
<section class="begin"> 西游记》......版本十三种。</section>
<hr>
```

4. 设计目录

《西游记》小说共有100回，目录做成一行写两回标题，采用“display: grid;”属性布局。HTML代码如下：

```
<section class="catalog">
    <h4>第 一 回</h4>
    <h4><a href="西游记001.html">灵根育孕源流出  心性修持大道生</a></h4>
    <h4>第 二 回</h4>
        <h4><a href="西游记002.html">悟彻菩提真妙理  断魔归本合元神</a></h4>
        ......
    </section>
```

编写的CSS代码如下：

```
.catalog {
    display: grid;              //采用网格布局
    grid-template-columns: repeat(2, 1fr 4fr);     //每行4列
    padding-left: 12%;          //目录居中显示
}
```

5. 设计导航

在导航中，设计背景音乐。编写的代码如下：

```
<nav>
    <audio id="Audio" title="Audio" preload="metadata" autoplay controls>
        <source src="Audio/Sleep Away.mp3" type="audio/mp3"> </audio>
</nav>
```

6. 设计超链接

为目录中的每一回标题设置超链接，指向对应的小说页面。为“联系我们”等也要设计链接。

7. 浏览、测试与修改网页

网页制作完成，保存文件，浏览网页的设计效果，如果有不符合设计要求的地方，则需要修改，直到满足要求为止。

8. 整理代码格式

代码的格式应做到错落有致，层次分明。

9. 发布网页

保存网页文件，完成网页制作，并将网页发布到WWW服务器上。西游记小说网站主页的浏览效果如图8-6所示。

完整的代码请下载源代码查看。

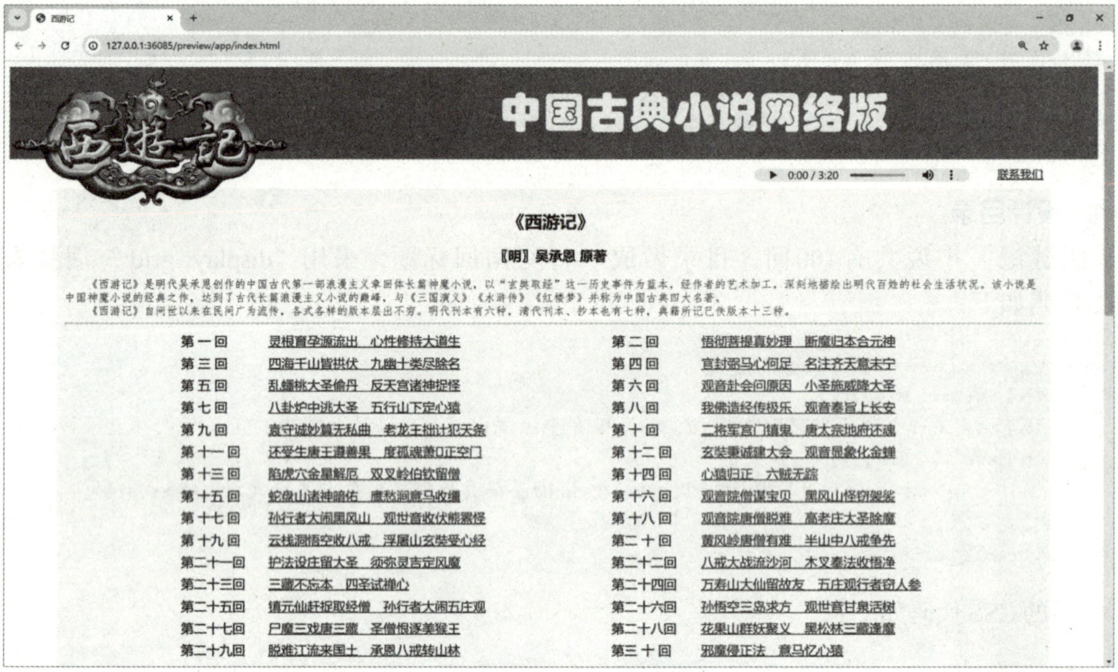

图 8-6 西游记小说网站主页的浏览效果（部分）

8.6 总结：相关知识剖析

8.6.1 Web页面宽度

在网站的设计中，页面的宽度可以设置为固定值，亦可以设置为相对值。

1. 页面设置为固定值

页面设置为固定值是指对<body>容器或其内的子容器设置一个固定值，单位通常为px（其他单位见图8-7）。例如，显示屏幕的分辨率为高清标准（1 920×1 080 px）时，页面宽度可以根据用户的实际需求设置为1 900 px、1 800 px、1 600 px等值，如果页面宽度设置超过1 920 px时，页面会产生水平滚动条。

设置了固定宽度值的页面，当显示屏幕分辨率增大或减少时，会产生缩小或放大的视觉效果，但其内部的板块布局结构与样式不会发生改变。

2. 页面设置为相对值

页面设置为相对值是指对<body>容器或其内的子容器设置一个相对值，单位通常为%（见图8-7）。例如，显示屏幕的分辨率为高清标准（1 920×1 080 px）时，页面宽度可以根据用户的实际需求设置为80%、90%等值。

设置了相对宽度值的页面，当显示屏幕分辨率增大或减少时，容器本身不会产生缩小或放大的视觉效果，但其内部的板块布局结构与样式会发生改变，尤其是其内的弹性子元素会发生大小变化的视觉效果。

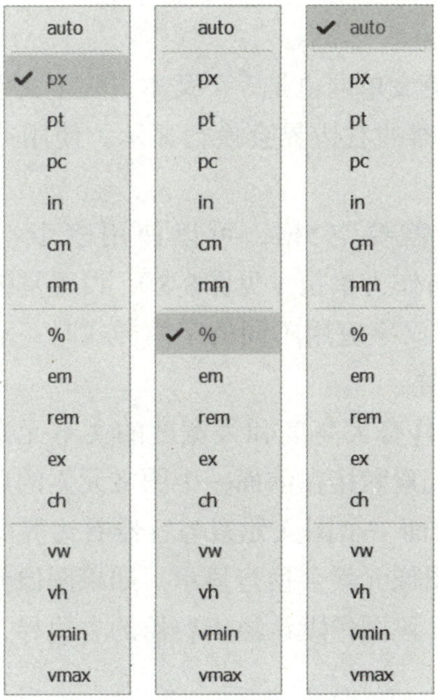

图 8-7　宽度、高度与长度单位

在网页中，如果未对页面的宽度进行设置，则默认为“width: auto”，表示为页面设置了一个100%的相对值。

3. 混合布局设计

在网站的设计中，页面的宽度往往会结合固定值与相对值的优点进行混合布局设计。

页首<header>和页脚<footer>两个板块部分采用相对值设置宽度，中间主体<main>、<section>或者<div>板块采用固定值设置，这样可以达到一个视觉平衡的效果。在显示屏幕分辨率增大或减少时，页首或页脚始终与浏览器的左右两边接触或保持相同间距，中间主体随着显示屏幕分辨率增大或减少产生缩小或放大视觉效果，但其内部的板块布局结构与样式保持固定不变。

本项目是纯文本网页设计，<body>标签及其内部嵌套的<header>、<section>、<h2>、<h3>、<h4>、<hr>、<aside>、<article>、<div>、<footer>标签均未设置宽度值，按默认规则进行显示。即在通常情况下，<body>标签内的子标签容器宽度（如<div>）不超过<body>的宽度，<body>的宽度不超过浏览器窗口的宽度，浏览器窗口的宽度不超过屏幕当前分辨率的水平宽度。

在本项目中，无论是放大缩小网页还是改变浏览器窗口的大小，均不出现水平滚动条。文本容器的大小随着屏幕当前分辨率、浏览器窗口的大小而变化，容器中的文本元素默认从左到右逐个排列，当其宽度之和超过容纳它的父容器宽度（即文本充满容器的当前行）时，文本就自动换行到新一行（使用
的情况除外），反之亦然，这就是伸缩性规则。因此本项目的文本网页可以视为弹性布局网页。

根据上述规则，为了让使用不同分辨率设备的用户得到相同的浏览效果和体验，在设计网页时要设定好网页的宽度（固定值）。

8.6.2 图文混排

一个汉字是一个文本，一个英文单词也是一个文本。一个文本串在容器中从左到右排列时，碰到容器的右边界会换行显示。使用
标签可以让文本强行换行显示。

一串汉字往往在段落开始需要空2格，可以使用多个空格符（ ）来实现，但最好使用em作为单位（见图8-8），设置具体的数值，例如2em，表示空2格。在对汉字应用不同的字体样式时，空格符（ ）的渲染效果可能会不一样。

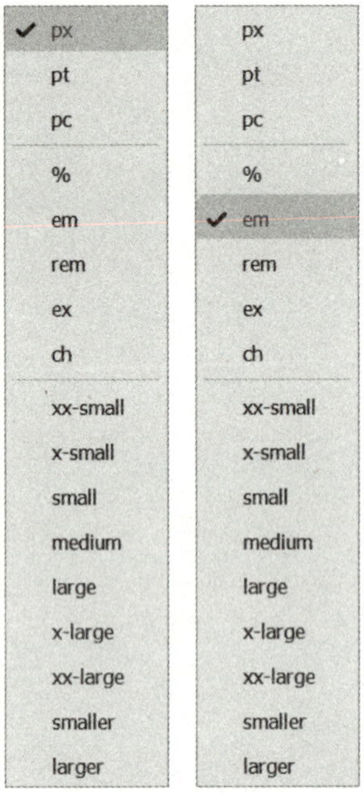

图 8-8 字体大小单位

图像元素<img>可视为一个具有大高度和大宽度的文本元素，可以放在文本中的任何位置。图像元素紧接在前面一个图文元素的后面显示，两者底端对齐（默认）。当前面一个图文元素与容器右边界的空白空间小于图像元素的宽度时，该图像元素会换行显示。如果图像元素为第一个元素而容器的宽度不够时，该图像默认溢出容器的右边界，其后的图文元素会换行显示。

所谓的图文混排是指文本元素与图像元素布局在一个容器中，可以在垂直顶端对齐、居中对齐和底端对齐，在水平方向上图片靠左对齐、靠右对齐。

图片靠左对齐设置：align="left" 或 float="left"

图片靠右对齐设置：align="right" 或 float="right"

8.6.3 外部样式表的位置

在本项目中，外部样式表的导入是放在内部样式表后面的，主要是在给这个网站设置统一的样式与风格时编写CSS代码使用。根据CSS规则，当样式发生冲突现象时，由于外部样式表离需要应用该样式的HTML元素更近，故外部样式表中的样式可以发挥作用。如果此时某个页面需要内部样式表的样式发挥作用，可以使用“!important”来实现目的。

第9章

项目二　诗歌画册网页设计

9.1 项目描述

按照“项目体验1 诗歌网页设计”的设计方法和步骤，采选一些诗歌，设计完成若干首图文并茂、意境表达效果佳的诗歌网页，最后把它们制作为一个可翻动的画册。

基本要求：①各页面的风格要统一；②页面要有“向前翻”和“向后翻”的导航；③能够实现连续的循环翻动。

9.2 实践目标

✧ 掌握应用恰当的标签设计图文网页的方法。

✧ 掌握应用CSS渲染页面效果与统一网站风格的方法。

✧ 掌握动态与交互式网页的设计方法。

9.3 需求分析

本项目的需求分析具体如下：

✧ 界面需求：页面布局清晰美观，主体区域用于展示诗歌文本内容和配图，文本在配图中的位置和字体大小要恰当与和谐。

✧ 功能需求：在页面顶端设置“上一首”和“下一首”导航栏，实现页面“向前翻”和“向后翻”的功能，并且向任何一个方向都能够实现循环翻动。

✧ 内容需求：选用的诗歌内容能够给人积极向上的正能量。

✧ 技术需求：应用JavaScript脚本语言编程，实现导航功能和翻页功能。

9.4 开发环境

Windows 10、Dreamweaver 21.2、Photoshop、Edge、Chrome。

9.5 开发指导

9.5.1 诗歌网页总体策划

在“项目体验1 诗歌网页设计”中，页面未设置宽度值，在浏览器中放大或缩小网页时，会产生文本在配图中的位置变化，从而引起视觉效果的改变。故在本项目中，网页页面采用高清标准（1 920 × 1 080 px），实现单页或整页的翻动效果。

9.5.2 任务一：诗歌页面的设计

本项目选用了“登高”“出塞”“咏柳”三首诗歌，诗歌页面的具体设计过程如下：

1. 建立主页文件

打开Dreamweaver 21.2，新建“诗歌画册”站点，站点文件夹名称确定为“项目二诗歌画册”。接着再新建一个HTML5类型的文件，将该文件保存为“index.html”，这个文件就是所需要设计的主页。

2. 编写主页的HTML代码

在body容器中插入一对<nav>...</nav>标签，在该标签中插入导航按钮<button>...</button>，输入网页的主题“诗歌画册”。代码如下：

```
    <nav>
        <button><h2>上一首</h2></button><h1>诗歌画册</h1><button><h2>下一首</h2>
</button>
    </nav>
```

接着插入一对<main>...</main>标签作为诗歌主体的布局容器，然后在其中插入三对<section>...<section>标签，在每对<section>... <section>标签中输入一首诗歌。代码如下：

```
    <main>
        <section id="s1">
            <h1>第一首 登高</h1>
            <h3>杜甫</h3>
            <p>风急天高猿啸哀，渚清沙白鸟飞回。</p>
            <p>无边落木萧萧下，不尽长江滚滚来。</p>
            <p>万里悲秋常作客，百年多病独登台。</p>
            <p>艰难苦恨繁霜鬓，潦倒新停浊酒杯。</p>
        </section>
        <section id="s2">...</section>
        <section id="s3">...</section>
    </main>
```

3. 编写主页的CSS代码

为每首诗歌配上背景图。先将section容器尺寸统一设置为“width: 1650px; height: 830px;”，再应用其id选择器为诗歌设置相应的背景图。代码如下：

```
#s1 { background-image: url(pic/p1.jpg); }
#s2 { background-image: url(pic/p2.jpg); }
#s3 { background-image: url(pic/p3.jpeg); }
section {
    background-repeat: no-repeat;background-size: cover;
    width: 1650px;height: 830px; }
```

将三首诗歌的section容器重叠在一起，形成一个单页页面，代码如下：

```
section { position:absolute; }
```

将三首诗歌在网页中居中显示，需要外套一对<main>...</main>来实现，其CSS代码如下：

```
main {
    position: relative;width: 1650px;margin: 0 auto;
}
```

最后为导航栏目设置居中对齐显示属性，代码如下：

```
nav { text-align: center; }
h1,h2 { display: inline; }
```

全部的HTML与CSS代码完成后，网页的浏览效果如图9-1所示。请注意，最后的一首诗歌会遮盖住前面的两首诗歌，显示在页面中。

图 9-1　网页浏览效果

9.5.3 任务二：诗歌画册的设计

要实现画册的翻动功能，应该编写JavaScript代码，应用显示或隐藏section框来模拟诗歌页面的翻动效果。

单击“上一首”按钮向前翻，先将所有的诗歌隐藏起来，代码如下：

```
for(var j=1;j<=3;j++) {
          document.getElementById("s"+j).style.visibility="hidden";
}
```

紧接着计算出即将要显示的诗歌的序号n，编写如下代码，将其section框显示出来：

```
document.getElementById("s"+n).style.visibility="visible";
```

单击“下一首”按钮向后翻，其代码与上面类似。

对网页进行调试、修改，完成后的网页浏览效果如图9-2所示。

图 9-2　诗歌画册翻动的浏览效果

诗歌画册网页的完整代码如下：

```
<!doctype html>
<html>
<head>
  <meta charset="utf-8">
  <title>诗歌画册</title>
  <style type="text/css">
      body { background-color: antiquewhite; }
      #s1 { background-image: url(pic/p1.jpg); }
      #s2 { background-image: url(pic/p2.jpg); }
      #s3 { background-image: url(pic/p3.jpeg); }
      main { position: relative;
          width: 1650px;height: 862px;
          margin: 0 auto; }
      section { background-repeat: no-repeat;background-size: cover;
          width: 1650px;height: 830px;
          position:absolute;
          text-align: center;
          padding-top: 2em; }
      nav { text-align: center;font-size: 20px; }
      h1,h2 { display: inline; }
      h1 { padding: 0 2em;}
      p { font-size: 20px; }
```

```
  </style>
</head>
<body>
    <nav><button onClick="up()"><h2>上一首</h2></button><h1>诗歌画册</h1>
        <button onClick="javascript: down()"><h2>下一首</h2></button> </nav><br>
    <main>
        <section id="s1">
            <h1>第一首 登高</h1>
            <h3>[唐代] 杜甫</h3>
            <p>风急天高猿啸哀，渚清沙白鸟飞回。</p>
            <p>无边落木萧萧下，不尽长江滚滚来。</p>
            <p>万里悲秋常作客，百年多病独登台。</p>
            <p>艰难苦恨繁霜鬓，潦倒新停浊酒杯。</p>
        </section>
        <section id="s2">
            <h1>第二首 出塞</h1>
            <h3>[唐代] 王昌龄</h3>
            <p>秦时明月汉时关，万里长征人未还。</p>
            <p>但使龙城飞将在，不教胡马度阴山。</p>
        </section>
        <section id="s3">
            <h1>第三首 咏柳</h1>
            <h3>[唐代] 贺知章</h3>
            <p>碧玉妆成一树高，万条垂下绿丝绦。</p>
            <p>不知细叶谁裁出，二月春风似剪刀。</p>
        </section>
    </main>
    <script>
        var n=3;
        function up(){
            for(var j=1;j<=3;j++) {
              document.getElementById("s"+j).style.visibility="hidden";
            }
            n=n%3;
            if(n==0) n=3;
            n--;
            if(n==0) n=3;
            document.getElementById("s"+n).style.visibility="visible";
        }
        function down(){
            for(var i=1;i<=3;i++) {
                document.getElementById("s"+i).style.visibility="hidden";
            }
            n=n%3;
            n++;
            document.getElementById("s"+n).style.visibility="visible";
        }
    </script>
</body>
</html>
```

9.6 总结：相关知识剖析

9.6.1 静态定位

静态定位是指对元素框设置“position: static;”样式来定位。如果没有对元素框设置position属性及属性值，那么该元素框的position属性默认为static值。

假设在body中有多个div框，都设置“position: static;”样式进行定位，则这些div框按照在文档流中的顺序从上到下紧紧地排成一列（左对齐），显示在浏览器中。此时设置left属性与top属性等都不起作用。

假设这些div框的宽度小于body的宽度，可以设置“margin: m auto”样式（m为某个具体数值），让这些div框在body中居中显示。

9.6.2 相对定位

相对定位是指对元素框设置“position: relative;”样式来定位。

假设在body中有多个div框，都设置“position: relative;”样式进行定位，则这些div框按照在文档流中的顺序从上到下紧紧地排成一列，显示在浏览器中。此时可以设置left属性与top属性等，对div框的位置进行调整。请注意，left、top、right和bottom属性的值是指div框偏离它在队列中原始位置的值。例如，“right :0px”并不表示该div框在浏览器中靠右显示，而是其右边偏离原来右边位置的值为0 px，故该div会保持在原始位置不动。

同样地，假设这些div框的宽度小于body的宽度，可以设置“margin: m auto”样式（m为某个具体数值），让这些div框在body中居中显示。

9.6.3 绝对定位

绝对定位是指对元素框设置“position: absolute;”样式来定位。

假设在body中有多个div框，都设置“position: absolute;”样式进行定位，则这些div框按照在HTML文档中的顺序从里到外（*z*轴方向，正方向指向屏幕外）叠成一堆，显示在浏览器中。此时一般要设置left属性与top属性等将这些div框的位置错开，防止它们重叠在一起。但在本项目中却要利用它们重叠在一起，构成一个满屏的单页页面显示效果。

div框的父容器一般要设置“position: absolute;”或“position: relative;”样式，此时left、top、right和bottom属性的值是指div框偏离父容器相应边框的值。例如，“right :0px”表示div框的右边偏离父容器右边位置的值为0 px。

假设div框的宽度小于body的宽度，设置“margin: m auto”样式（m为某个具体数值）、让该div框在body中居中显示是无效的。在本项目中，采用在<section>...</section>的外面套上<main>...</main>父容器来解决。

9.6.4 visibility

在网页中经常需要隐藏和显示某个HTML元素，实现动态效果。隐藏元素有以下两种方法。

```
</style>
    div#div01 { display: none; }
    div#div02 { visibility: hidden; }
</style>
```

请注意，visibility属性可以将页面中的元素隐藏，但是被隐藏的元素仍占原来的空间；当不希望对象在隐藏时仍然占用页面空间时，可以使用display属性。

visibility属性的取值范围为visible或hidden。

第10章

项目三　高考校园游览网站设计

10.1 项目描述

从一个高考生的视角设计大学校园网站，学生通过浏览该网站，能够对学校的办学历史、办学特色、学院专业、师资力量、教育教学、科学研究等方面有一个比较全面的了解，为今后恰当地选择学校和专业提供良好的帮助。

基本要求：①网页要有页首和页脚部分；②栏目板块要清晰，界面要整洁，视觉效果好。

10.2 实践目标

通过该项目的开发实践，达到以下教学目标：

✧学会Web前端网站开发的策划方法。

✧掌握大型网站的布局设计方法。

✧掌握应用组件或模块设计网站的方法。

✧掌握网页的动态性与交互性设计方法。

10.3 需求分析

校园网站是一个内容比较多的大型网站，主页的版面布局要清晰；校园网的用户角色众多，网站的功能要满足用户的需求。

10.3.1 界面需求

✧主页页面布局：主页页面布局板块要清晰，板块的主题要突出，不能因内容多而杂乱无章。内容多的版块可以采用选项卡进行切换，达到布局紧凑美观的效果。板块和板块之间要善于用banner分割开来，让用户能够快速找到自己所需要浏览的板块。

✧视觉效果：页面要整洁美观，空白内容的占比要合适。在页面中使用动态与交互设计，增强网页的渲染效果。

10.3.2　功能需求

✧导航功能：导航栏的设计放在页面的顶部、页首Banner板块之前。导航栏打开时应在页面的最外层，不会被Banner等遮盖住。较长的页面要有浮动的“返回页首”的功能按钮或图标。

✧焦点栏目：页面的黄金位置要布放焦点内容板块。

✧切换选项卡：内容多的版块采用合适形式的选项卡进行切换，使得板块紧凑、切换方便，用户体验效果好。

10.3.3　内容需求

✧一级导航栏目：从高考学生的视角来看，导航栏目应该有学校概况、师资队伍、院系专业、教育教学、科学研究和联系我们等核心栏目。

✧二级、三级导航栏目：在院系专业栏目中，应该有该专业的人才培养方案和实验、实训室条件，让学生知道大学几年到底要学习哪些课程，做好自己未来几年的学业规划；在教育教学栏目，要有学校近几年的教研项目和教学成果，让学生知道学校的教学实力如何；在科学研究栏目，要有学校近几年的科研项目和科研成果，让学生了解该专业的科研水平和未来的发展趋势。

✧焦点内容：该板块展示主页的重要内容，包括头条新闻（图片与文字）、政治学习、重要通知、学校新闻、最新教学科研成果等。

10.3.4　技术需求

✧HTML5：采用HTML5标准构建网页结构，确保网站的兼容性和可维护性。

✧CSS3：运用CSS3进行页面样式设计，涵盖布局、字体、颜色、背景等样式，以打造美观且实用的页面。

✧JavaScript：借助JavaScript技术，提升页面的交互性和动态性，增强网页的视觉效果。

✧图片处理：对插入的图片进行适当处理，确保其尺寸和格式符合网页展示的要求，以提升页面的加载速度和视觉效果。

✧测试与验证：网站需进行跨浏览器测试，以确保网站在不同浏览器下均能正常显示。

✧部署与发布：将网站部署至网络共享文件夹或云服务器中，包括域名注册（可选）、服务器配置等步骤。确保网站能够被外部用户访问，且用户可通过URL直接跳转至网站主页。

10.4　开发环境

Windows 10、Dreamweaver 21.2、Photoshop、Edge、Chrome。

10.5　开发指导

10.5.1　网站主页设计策划

按照上面的需求分析，网站主页设计的策划如下：

1. 网站主页的页首

页首包括导航板块和Banner板块。

导航板块采用“菜单式导航栏”，一级菜单栏直接显示在页首的最顶端，二级、三级菜单栏通过mouseover交互方式展开显示。

Banner板块是很重要的形象展示区，通常会超过1/2的屏幕高度。其内容包括思政教育、校园标志性建筑、重要活动、教学科研成果等，采用轮播图播放这些图片。

页首部分采用弹性宽度布局设计。

2. 网站主页的主体

主体包括焦点板块和特色板块。

焦点板块左侧展示头条新闻等内容，包含图片与文字。右侧空间采用选项卡展示主页的重要内容，如学习、通知、新闻、教学、科研等栏目。

特色板块展示教学与科研的项目、成果与获奖、学校综合排名等专题特色内容。

主体的各板块之间可用banner来分隔。

主体部分采用固定宽度布局设计。

3. 网站主页的页脚

页脚包括友情链接、版权信息等板块。

页脚部分采用弹性宽度布局设计。

4. 网站主页的框架代码

主页的框架代码如下，在此基础之上编写主页的完整代码：

项目三　高考校园游览网站主页框架代码：

```
<html>
<head>
    <style>  内部样式表  </style>
    <script>  JavaScript代码  </script>
</head>
<body>
    <nav>  菜单式导航栏  </nav>
    <header>  Banner轮播图  </header>
    <div>  banner分隔  </div>
    <section>  焦点板块：头条新闻+重要内容  </section>
    <div>  banner分隔  </div>
    <section>  特色板块        </section>
    <div>  友情链接  </div>
    <footer>  版权信息  </footer>
</body>
</html>
```

5. 高考校园游览网站设计的预期效果图

高考校园游览网站设计的预期效果如图10-1所示。

图 10-1　网页的预期效果图

10.5.2 任务一：菜单式导航栏目设计

菜单式导航栏代码应放在代码第7行处。第一级菜单的HTML代码编写如下：

```
<nav>
    <ul class="ulbox nav1">                                              //一级菜单栏
        <li class="navlist navlist1"><h3><a>首页</a></h3></li>   //一级菜单名
        <li class="navlist navlist1"><h3><a>学校概况</a></h3></li>
        <li class="navlist navlist1"><h3><a>机构设置</a></h3></li>
        <li class="navlist navlist1"><h3><a>师资队伍</a></h3></li>
        <li class="navlist navlist1"><h3><a>院系专业</a></h3></li>
        <li class="navlist navlist1"><h3><a>教育教学</a></h3></li>
        <li class="navlist navlist1"><h3><a>科学研究</a></h3></li>
        <li class="navlist navlist1"><h3><a>联系我们</a></h3></li>
    </ul>
</nav>
```

第二级菜单以“院系专业”为例、第三级菜单以“计算机学院”为例，具体的HTML代码如下：

```
<li class="navlist navlist1">
   <h3><a>院系专业</a></h3>                                       //一级菜单名
    <ul class="childbox nav2">                                    //二级菜单栏
        <li class="navlist navlist2">
            <h3><a>计算机学院</a></h3>                             //二级菜单名
            <ul class="childbox nav3">                            //三级菜单栏
                <li class="navlist navlist3"><a>计算机科学与技术</a></li>
                <li class="navlist navlist3"><a>软件工程</a></li>
                <li class="navlist navlist3"><a>网络工程</a></li>
                <li class="navlist navlist3"><a>物联网工程</a></li>
                <li class="navlist navlist3"><a>数据科学与大数据技术</a></li>
                <li class="navlist navlist3"><a>人工智能</a></li>     //三级菜单名
            </ul>
        </li>
        <li class="navlist navlist2"><h3><a>电子信息学院</a></h3></li>
        <li class="navlist navlist2"><h3><a>智能制造学院</a></h3></li>
        <li class="navlist navlist2"><h3><a>马克思主义学院</a></h3></li>
        <li class="navlist navlist2"><h3><a>外语学院</a></h3></li>
        <li class="navlist navlist2"><h3><a>艺术学院</a></h3></li>
        <li class="navlist navlist2"><h3><a>文法学院</a></h3></li>
        <li class="navlist navlist2"><h3><a>经济学院</a></h3></li>
        <li class="navlist navlist2"><h3><a>医学院</a></h3></li>    //二级菜单名
            </ul>
        </li>
```

在完成菜单式导航栏HTML代码的编写后，还要在内部样式表中（代码第3行处）编写CSS代码，使其达到图10-2的预期浏览效果。

图 10-2　菜单栏预期效果图

给导航栏设置宽度、高度、背景颜色和z-index等样式，具体的CSS代码如下：

```
nav { position: relative;
    z-index: 1000;background-color: goldenrod;width: 100%;height: 64px; }
```

去除所有列表标签的序号以及项目符号的CSS代码如下：

```
ul,dl,ol,li { list-style: none; }
```

给一级菜单栏设置宽度、高度以及使其在导航栏中居中的CSS代码如下：

```
.ulbox { margin: auto;width: 1358px;height: 64px; font-size: 24px; }
```

将一级菜单名排成一行的CSS代码如下：

```
.navlist1 { display: inline-block; }
```

调整一级菜单名的八个项目之间的间距，其CSS代码如下：

```
.ulbox li { position: relative;margin: 0px -1px; }
```

给一级菜单名的八个项目设置高度、填充、背景颜色和字体颜色的CSS代码如下：

```
.navlist1 a { display: inline-block;line-height: 64px;padding: 0 30px;
              background-color: #EEE;color: #00F; }
```

隐藏二级菜单栏、三级菜单栏的CSS代码如下：

```
.childbox { position: absolute;display: none; }
```

对二级菜单栏、菜单名设置的CSS代码如下：

```
.nav2 { top: 65px; }                                              //菜单栏位置
.navlist2 a { text-align: center;padding: 0; line-height: 36px;width: 200px;
        background-color: #FFF;color: #00A;}                      //菜单名背景字体颜色
.navlist2 a:hover { background-color: #CCC;  color: #F00; }  //鼠标hover改变颜色
```

对三级菜单栏、菜单名设置的CSS代码如下：

```
.nav3 { top: 5px;left: 205px; }                                //菜单栏位置
.navlist3 a { text-align: center;padding: 0;line-height: 30px;width: 250px;
background-color: azure;color: #333;}                //菜单名背景字体颜色
    .navlist3 a:hover { background-color: #0A0;  color: #F00; }  //鼠标hover改变
颜色
```

在完成CSS代码的编写后，最后来编写实现交互性与动态性的代码。

当鼠标移动到（一级）菜单名的上面（发生mouseover事件）时会弹出下一级菜单栏（如果有），因此，需要同时编写JavaScript代码和CSS代码来实现。

在第4行代码处，编写下列代码覆盖原代码：

```
<script type="text/javascript" src="jQuery/jquery-1.11.1.min.js"></script>
<script>
    $(function(){
        $(".ulbox").find("li").mouseover(function(){         //当鼠标移到菜单名上时
            if($(this).hasClass("navlist2")){                //判断其是否为二级菜单名
                $(this).find("a").eq(0).addClass("hover2");//是，则增加hover2类选
择器
            }else if($(this).hasClass("navlist1")){    //否，则判断是否为一级菜单名
                $(this).find("a").eq(0).addClass("hover1");//是，则增加hover1类选
择器
            }else { };                                     //否，鼠标移到三级菜单名上了
            $(this).find(".childbox").eq(0).show();      //显示当前对象的下一级菜单栏
        }).mouseout(function(){                             //当鼠标离开菜单名时
            $(this).find(".childbox").eq(0).hide();      //隐藏当前对象的下一级菜单栏
            $(this).find("a").eq(0).removeClass();       //移除当前类选择器
        })
    })
</script>
```

为配合上述JavaScript代码的动作，在内部样式表中还需要编写如下CSS代码来实现：

```
.ulbox .hover1 { background-color: #F0F;color: #FFF; } /* 设置背景颜色和字体颜色 */
.ulbox .hover2 { background-color: #FF0;color: #F00; } /* 设置背景颜色和字体颜色 */
```

此外，当鼠标悬停在菜单名对象上时，上述动态设置的背景颜色和字体颜色会被下列代码覆盖：

```
.navlist1 a:hover { background-color: #AAA;  color: #F00; }
```

```
    .navlist2 a:hover { background-color: #CCC;  color: #F00; }
    .navlist3 a:hover { background-color: #0A0;  color: #F00; }
```

只有当鼠标不悬停（mouseout）在菜单名对象上时，上述动态设置的背景颜色和字体颜色才会起作用。

最后，将菜单式导航栏的动态交互效果描述如下：

当鼠标移动到一级菜单名“首页”上时，其背景色变为#AAA，字体颜色变为#F00；鼠标离开时，背景色还原为#EEE，字体颜色还原为#00F。

当鼠标移动到一级菜单名“院系专业”上时，背景色变为#AAA，字体颜色变为#F00，同时弹出显示二级菜单栏；当鼠标接着移动到二级菜单名“计算机学院”上时，二级菜单名的背景色变为#CCC，字体颜色变为#F00，弹出三级菜单栏，同时一级菜单名“院系专业”的背景色动态改变为#F0F，字体颜色动态改变为#FFF。

当鼠标接着移动到三级菜单名“计算机科学与技术”上时，其背景色变为#0A0，字体颜色变为#F00，此时一级菜单名“院系专业”的背景色保持为#F0F不变，字体颜色保持为#FFF不变，而二级菜单名“计算机学院”的背景色动态改变为#FF0，字体颜色动态改变为#F00。

当鼠标离开菜单栏指向网页的其他区域时，弹出的三级、二级菜单栏都会一起隐藏。

在菜单式导航栏目设计完成后，可将完整的代码另存为menu.html文件，其浏览的效果如图10-3所示。

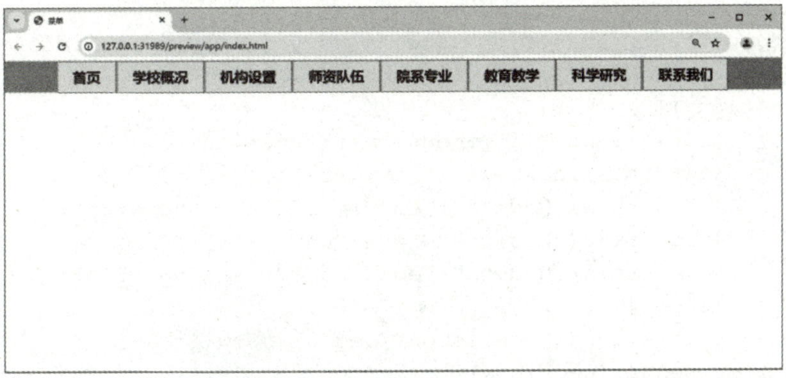

图 10-3　菜单式导航栏目的浏览效果

menu.html核心代码：

```
<!doctype html>
<html>
<head>
    <meta charset="UTF-8"/>
    <title>菜单</title>
    <style>
        * { margin: 0;padding: 0; }
        ul,dl,ol,li { list-style: none; }
        a { text-decoration: none; }
        a:hover { text-decoration: none; }
```

```
        nav { position: relative;z-index: 1000;background-color: goldenrod;
            width: 100%;  height: 64px;}
        .ulbox { margin: auto;width: 1358px;height: 64px;font-size: 24px;
            border: 1px solid red;}
        .ulbox li { position: relative;margin: 0px -1px; }
        .ulbox h3 { cursor: pointer; }
        .ulbox .hover1 { background-color: #F0F;color: #FFF; }
        .ulbox .hover2 { background-color: #FF0;color: #F00; }
        .navlist1 { display: inline-block; }
        .navlist1 a { display: inline-block;line-height: 64px;
                padding: 0 30px;background-color: #EEE;  color: #00F;}
        .navlist1 a:hover { background-color: #AAA;color: #F00; }
        .childbox { position: absolute;display: none; }
        .nav2 { top: 65px; }
        .navlist2 a { text-align: center;padding: 0;line-height: 36px;width: 200px;
              background-color: #FFF;  color: #00A;}
        .navlist2 a:hover { background-color: #CCC;color: #F00; }
        .nav3 { top: 5px;left: 205px; }
        .navlist3 a { text-align: center;padding: 0;line-height: 30px;width: 250px;
              background-color: azure;color: #333;}
        .navlist3 a:hover { background-color: #0A0;color: #F00; }
    </style>
    <script type="text/javascript" src="jQuery/jquery-1.11.1.min.js"></script>
    <script>
        $(function(){
            $(".ulbox").find("li").mouseover(function(){
                if($(this).hasClass("navlist2")){
                    $(this).find("a").eq(0).addClass("hover2");
                }else if($(this).hasClass("navlist1")){
                    $(this).find("a").eq(0).addClass("hover1");
                }else { };
                $(this).find(".childbox").eq(0).show();
            }).mouseout(function(){
                $(this).find(".childbox").eq(0).hide();
                $(this).find("a").eq(0).removeClass();
            })
        })
    </script>
</head>
<body>
    <nav>
        <ul class="ulbox nav1">
            <li class="navlist navlist1"><h3><a href="index.html">首页</a></h3>
</li>
            <li class="navlist navlist1">
                <h3><a>学校概况</a></h3>
```

```
56                 <ul class="childbox nav2">
57                     <li class="navlist navlist2">
58                         <h3><a>学校简介</a></h3>
59                     </li>
60                     ......
61                 </ul>
62             </li>
63             <li class="navlist navlist1"><h3><a>机构设置</a></h3></li>
64             <li class="navlist navlist1"><h3><a>师资队伍</a></h3></li>
65             <li class="navlist navlist1"><h3><a>院系专业</a></h3>
66                 <ul class="childbox nav2">
67                     <li class="navlist navlist2"><h3><a>计算机学院</a></h3>
68                         <ul class="childbox nav3">
69                             <li class="navlist navlist3"><a>计算机......</a></li>
70                             <li class="navlist navlist3"><a>软件工程</a></li>
71                             ......
72                         </ul>
73                     </li>
74                     <li class="navlist navlist2"><h3><a>电子信息学院</a></h3></li>
75                     ......
76                 </ul>
77             </li>
78             <li class="navlist navlist1">
79                 <h3><a>教育教学</a></h3>
80                 <ul class="childbox nav2">
81                     <li class="navlist navlist2"><h3><a>教学研究</a></h3></li>
82                     <li class="navlist navlist2"><h3><a>教学成果</a></h3></li>
83                     <li class="navlist navlist2"><h3><a>在线教育</a></h3></li>
84                </ul>
85             </li>
86             <li class="navlist navlist1">
87                 <h3><a>科学研究</a></h3>
88                 <ul class="childbox nav2">
89                     <li class="navlist navlist2"><h3><a>科研项目</a></h3></li>
90                     <li class="navlist navlist2"><h3><a>科研成果</a></h3></li>
91                 </ul>
92             </li>
93             <li class="navlist navlist1"><h3><a>联系我们</a></h3></li>
94         </ul>
95     </nav>
96 </body>
97 </html>
```

请注意，第23行代码的CSS设置非常重要，如果省略，浏览效果将会如图10-4所示，达不到预期的效果。

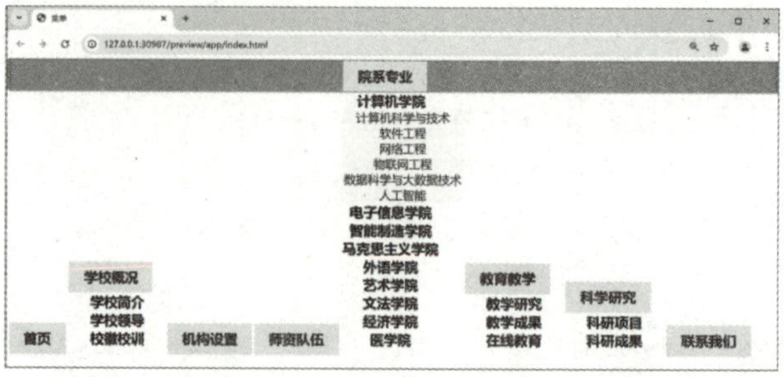

图 10-4 二级、三级菜单栏未隐藏的浏览效果

10.5.3 任务二：主页的Banner栏目设计

第8行代码的位置是用来编写轮播图代码的。“项目二 诗歌画册网页”就是一个很好的轮播图实例，在本项目中应用<iframe>...</iframe>框架整体引用它。具体代码如下：

```
    <header>
        <div class="divfrm1">
            <iframe class="ifrm1" src="Galleryloop/Gallery.html" frameborder="0">
</iframe>
        </div>
    </header>
```

其中，Gallery.html网页就是通过修改“项目二 诗歌画册网页”得来的，只需要修改图片的尺寸与数量即可，这里不再赘述。

对iframe框架的CSS设置如下：

```
    .ifrm1 { width: 1680px; height: 850px; }
```

为了使其在网页中居中显示，在其外面套上一对<div class=” divfrm1” >...</div>，相应的CSS代码如下：

```
    .divfrm1 { width: 1680px;height: 850px;margin: 20px auto 0px;padding: 5px; }
```

主页的Banner栏目的浏览效果如图10-5所示。

图 10-5 主页的 Banner 栏目（部分图片）的浏览效果

10.5.4　任务三：主页的焦点板块设计

主页的焦点板块在网页中的位置和尺寸大小一般是固定的，但其内容需要经常更新。因此从维护网页的角度出发，在主页中采用<iframe>...</iframe>框架整体引用该模块比较好。这样在更新网页内容时，就不需要修改主页内容，而只需要修改该模块的内容即可。主页焦点板块的代码如下：

```
    <div class="divBanner">焦点栏目</div>
    <section>
        <div class="divfrm2">
            <iframe class="ifrm2"  src="Focus/focus-news.htm" frameborder="0">
</iframe>
        </div>
    </section>
```

对iframe的CSS设置如下：

```
    .ifrm2 { width: 1688px; height: 500px; }
```

为了使其在网页中居中显示，在其外面套上一对<div class=”divfrm2”>...</div>，相应的CSS代码如下：

```
    .divfrm2 { width: 1688px; height: 500px; margin: 0 auto;padding: 0px;
             position: relative; left: -7px;}
```

下面重点介绍focus-news.html模块的设计。

焦点板块左侧展示“头条新闻”栏目，包含图片与文字。右侧采用选项卡展示主页“重要内容”栏目，例如学习、通知、新闻、教学、科研等。其HTML代码如下：

focus-news.html的HTML代码

```
<body>
<main id="wrap">
    <section class="left">
        <img src="pic/W020241014622864410968.jpg" width="810" height="435"
alt=""/>
        <div>2024年9月9日至10日，全国教育大会在北京召开......</div>
    </section>
    <section class="right" id="right">
        <ul class="menu clearfix" id="menu">
            <li class="current">学习</li>
            <li>通知</li>
            <li>新闻</li>
            <li>教学</li>
            <li>科研</li>
        </ul>
        <div class="clear"> </div>
        <article class="details current"><!----------------学习------------------->
            <dl class="current">
```

```
                <dt>汇聚全党全社会合力加快建设教育强国<span></span></dt>
                <dd><i></i>全国教育大会是对新时代新征程加快建设......</dd>
                <dd><i></i>面向未来，确保实现2035年建成教育强国的目标......</dd>
                <dd><i></i>蓝图已经绘就，号角已经吹响......</dd>
            </dl>
            <dl>
                <dt>深入推动教育高水平对外开放<span></span></dt>
                <dd><i></i>推动教育高水平对外开放是加快建设教育强国的......</dd>
            </dl>
            <dl>
                <dt>培养造就新时代高水平教师队伍<span></span></dt>
                <dd><i></i>有高质量的教师，才会有高质量的教育......</dd>
            </dl>
        </article>
        <article class="details"><!-----------------通知-------------------->
            <dl class="current">
                <dt>教育部等七部门联合印发......<span></span></dt>
                <dd><i></i>文件从医疗健康、文化提升、生活服务......</dd>
            </dl>
            <dl>
                <dt>教育部关于做好2025届全国普通高校毕业生......<span></span></dt>
                <dd><i></i>高校毕业生是党和国家宝贵的人才资源......</dd>
            </dl>
            <dl>
                <dt>教育部办公厅关于做好"优师计划"师范生......<span></span></dt>
                <dd><i></i>为贯彻落实......</dd>
            </dl>
        </article>
        <article class="details"><!-----------------新闻-------------------->
            <dl class="current">
                <dt><span>......</span></dt>
                <dd><i></i>......</dd>
            </dl>
        </article>
        <article class="details"><!-----------------教学-------------------->
            <dl class="current">
                <dt>教研项目<span></span></dt>
                <dd><i></i>国家级项目</dd>
                <dd style="text-indent:2em">全国教育科学规划重大项目</dd>
                <dd style="text-indent:2em">全国教育科学规划一般项目</dd>
                <dd style="text-indent:2em">国家社科基金教育学重大项目</dd>
                <dd style="text-indent:2em">国家社科基金教育学一般项目</dd>
                <dd style="text-indent:2em">国家自然科学基金......</dd>
                <dd style="text-indent:2em">国家教育考试科研规划课题</dd>
                <dd><i></i>省部级项目</dd>
                <dd style="text-indent:2em">教育部人文社科研究重点课题</dd>
                <dd style="text-indent:2em">教育部重点课题</dd>
                <dd style="text-indent:2em">教育部一般课题</dd>
                <dd><i></i>学术团体或研究机构项目</dd>
                <dd style="text-indent:2em">全国高等院校计算机基础教育研究会课题</dd>
```

```
                <dd style="text-indent:2em">全国高等学校计算机教育研究会课题</dd>
                <dd><i></i>校级教研项目</dd>
            </dl>
            <dl>
                <dt>教学成果<span></span></dt>
                <dd><i></i>高考情境化试题效度研究</dd>
                <dd><i></i>"双减"背景下高考试题选材边界研究</dd>
            </dl>
            <dl>
                <dt>在线教育<span></span></dt>
                <dd><i></i>中国大学MOOC_优质在线课程学习平台</dd>
                <dd><i></i>爱课程</dd>
            </dl>
        </article>
        <article class="details"><!----------------科研------------------->
            <dl class="current">
                <dt><span>......</span></dt>
                <dd><i></i>......</dd>
            </dl>
        </article>
    </section>
</main>
</body>
```

可以看出，在<main id="wrap">...</main>中，左侧的“头条新闻”栏目放在<section class="left">...</section>中，右侧的“重要内容”栏目放在<section class="right" id="right">...</section>中。实现左右布局的CSS代码设置如下：

```
    #wrap { position:relative;width:1665px;margin: 0 auto;}
    .left { position:relative;float:left;width:810px;height:495px;border:
1px solid #AAA;margin-right: 10px;}
    .right { position:relative;float:left;width:839px;height:495px;border:
1px solid #AAA;}
```

在右侧的<section class="right" id="right">...</section>中，位于页面顶端的五个“栏目选项卡”放在<ul class="menu" id="menu">...</ul>中，位于页面底端与其相关联的五个“栏目详细内容”放在<article class="details">...</article>中。实现上下布局的CSS代码设置如下：

```
    ul.menu { margin-left:17px;  margin-top:0px;  width:839px;}
    ul.menu li { width:133px;  height:47px;  margin-right:10px;  float:left;
            color:#fff;  font-size:18px;  text-align:center;  line-height:47px;
            background:cadetblue;  cursor:pointer;}
    ul.menu .current { background:#C20813;}     //当前栏目选项卡的颜色
```

五个“栏目详细内容”采用绝对定位的方式重叠在一起，设置“display:none;”属性隐藏它们：

```
    article { position:absolute;top:50px;right:5px;display:none;text-
decoration:none;}
    .details { width:817px;margin-top:2px;margin-left:17px;}
```

采用“current”类设置“.current { display:block;}”属性，只显示一个当前的“栏目详细内容”块。

最后，“栏目选项卡”与“栏目详细内容”在mouseover事件中相互关联、实现互动，要编写JavaScript代码来实现：

```
    <script>
        $(function(){
            //**************************************************选项卡
            $('#menu li').mouseover(function(){
                $(this).addClass('current').siblings().removeClass('current');
        //只选一个选项卡
                $('#right article').eq($(this).index()).addClass('current').
siblings().removeClass('current'); //只关联当前选项卡的详细内容块
            });
            //**************************************************显示或隐藏开关
            $('dt').click(function(){
                if($(this).parent().hasClass('current')){//隐藏或显示详细内容块中的条目
                    $(this).parent().removeClass('current');
                }else{
                    $(this).parent().addClass('current');
                };
                $(this).parent().siblings().removeClass('current'); //隐藏其他的条目
            });
        })
    </script>
```

主页焦点板块的代码设计基本完成，效果如图10-6所示。完整的代码请下载源代码查看。

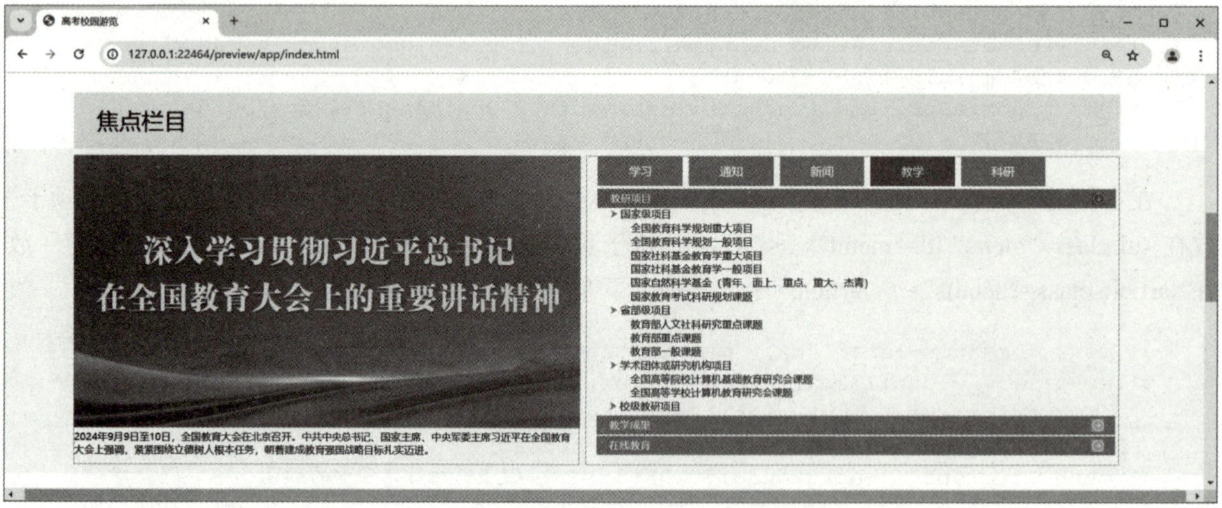

图10-6 主页焦点板块的浏览效果

10.5.5 任务四：主页的特色板块设计

在特色板块设计中，主要给高考学生展现教育教学方面的成果。其代码如下：

```
<div class="divBanner">教学成果</div>
<section class="divfrm4">
    <img src="Pics/获奖教材.jpg" width="1660" height="778" alt=""/>
</section>
```

图片“获奖教材.jpg”的原始尺寸为1 920×900 px，在Photoshop中将图像大小修改为宽度1 660 px，由于锁定了宽度与高度的比例，高度会自动设置为778 px，如图10-7所示。保存图像，将该图像插入网页中，其左右两端与网页的总体布局是对齐的。

图 10-7　应用 Photoshop 处理图像尺寸大小

10.5.6　任务五：主页的页脚设计

代码第13、14行的位置是主页的页脚部分，其详细代码如下：

```
<div><img src="Pics/链接导航.png" width="100%" height="100%" alt=""/></div>
<footer>
    <div style="line-height: 1.5;display: inline-block;vertical-
align: middle;">
        <span>Copyright ©2024 WebStudy </span><span> All rights reserved.</span>
<br>
        <span>Designed By webstudy.</span><br>
    </div>
</footer>
```

图片“链接导航.png”的原始尺寸为2 560×415 px，其宽度远超网页主体板块的尺寸。将其宽度和高度设置为相对值100%，这样在放大或缩小网页时，其左右两端始终与浏览器的左右两端是贴合的。

在<footer>...</footer>中是有关版权信息方面的内容。为footer容器设置的样式如下：

```
    footer { height: 100px;background-color: #2E8B57;text-align: center;line-
height: 100px;}
```

可见页脚采用了弹性布局的方式。

10.5.7 任务六：网站的测试、修改与发布

至此，主页设计的任务基本完成，二级页面的设计本章不再详细介绍。在主页的菜单中，链接相应的二级页面，就形成一个完整的网站。

最后，对整个网站进行测试、修改，完成后即可正式发布该网站。本网站完整的代码请下载源代码查看。

10.6 总结：相关知识剖析

10.6.1 <iframe>框架标签

在网站的设计中，常常应用<iframe>标签实现网页模块化，使得网页更加容易维护和扩展，开发人员可以独立地管理和更新每个模块。

例如，通过使用<iframe>，可以将一些常用的网页元素（如导航栏、页脚等）封装成一个独立的页面，然后在其他页面中引用。这样可以减少代码的重复编写，提高开发效率，并确保这些元素在多个页面间的一致性。<iframe>可以用于嵌入外部内容，如地图、视频播放器、社交媒体插件等，这使得网页能够提供更丰富的功能和用户体验，同时保持网站的外观和风格一致性。

在本项目主页中，Banner轮播图和焦点两个板块的设计就使用了<iframe>框架标签。应用<iframe>标签的语法格式示例如下：

```
    <iframe  src=" "  width=" "  height=" "  frameborder="0"> </iframe>
```

其中，frameborder取值为0表示不显示边框，取值为1表示显示边框。<iframe>标签的常用属性见表10-1。

表10-1 <iframe>标签的常用属性

属　性	值	描　述
height	pixels	规定 <iframe> 的高度
name	name	规定 <iframe> 的名称
sandbox	allow-forms，allow-same-origin allow-scripts，allow-top-navigation	对 <iframe> 的内容定义一系列额外的限制
seamless	seamless	规定 <iframe> 看起来像是父文档中的一部分
src	URL	规定在 <iframe> 中显示的文档的 URL
srcdoc	HTML_code	规定页面中的 HTML 内容显示在 <iframe> 中
width	pixels	规定 <iframe> 的宽度

10.6.2　冒泡事件

在JavaScript中，冒泡事件（event bubbling）是一种事件传播机制。它是指当一个元素触发了某个事件后，该事件会在父级元素中依次触发，直至触发到最外层的祖先元素为止。这个过程就像一个水泡从底部冒上来一样，因此被称为冒泡事件。当事件冒泡时，父级元素的事件处理程序会在子级元素的事件处理程序之后被触发。

冒泡事件的工作原理如下：

1. 事件触发

当用户与页面上的某个元素交互（如点击、按键等）时，会触发某一个事件。

2. 事件捕获阶段（可选）

事件首先会从文档的根元素开始，向下传播到目标元素。然而，在标准的冒泡机制中，这一阶段通常不是必需的，因为它与冒泡本身不同，而是与事件捕获（event capturing）相关。事件捕获允许在事件到达目标元素之前拦截并处理它。除非特别指定，否则大多数事件处理程序都是在冒泡阶段触发的。

3. 目标阶段

事件到达目标元素，即用户与之交互的元素。此时，绑定在该元素上的事件处理程序会被触发。

4. 冒泡阶段

事件从目标元素开始，向上冒泡到其父元素，然后再到更上一级的父元素，依此类推，直到传播到文档的根元素。在冒泡的每一级，如果父元素上有绑定相应的事件处理程序，那么这些处理程序也会被依次触发。

5. 阻止冒泡事件

有时候可能不希望事件继续冒泡。在这种情况下，可以使用event.stopPropagation()方法来阻止事件的进一步传播。这个方法会立即停止事件的传播，从而阻止它到达父元素或更上一级的元素。

总之，通过合理利用冒泡事件，可以简化代码、提高效率，并更好地处理复杂的交互逻辑。在本项目的网站中，菜单式导航栏目应用了冒泡事件，实现了菜单名称的动态交互效果。以“院系专业”为例加以具体说明，其HTML代码如下：

```
<ul class="ulbox nav1">
    <li class="navlist navlist1"><h3><a>院系专业</a></h3>
        <ul class="childbox nav2">
            <li class="navlist navlist2"><h3><a>计算机学院</a></h3>
                <ul class="childbox nav3">
                    <li class="navlist navlist3"><a>计算机科学与技术</a></li>
                </ul>
            </li>
        </ul>
    </li>
</ul>
```

当鼠标移到“院系专业”上方时，效果是“background-color: #AAA; color: #F00;”而不是

"background-color: #F0F; color: #FFF;"。当鼠标移到"计算机学院"上方时，由于冒泡的作用，"院系专业"的效果就是所需要的"background-color: #F0F; color: #FFF;"。当鼠标移到"计算机科学与技术"上方时，由于冒泡的作用，"计算机学院"效果就是"background-color: #FF0; color: #F00;"，"院系专业"的效果就是"background-color: #F0F; color: #FFF;"。这样就实现了正确的颜色动态变化，如图 10-8 所示。

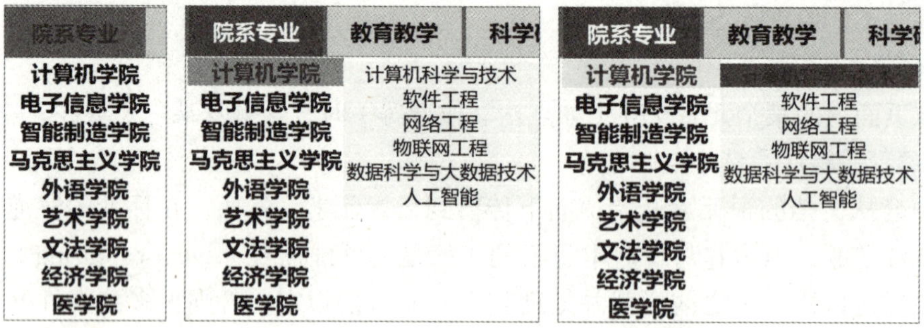

图 10-8 冒泡作用的效果图（颜色变化）

参考文献

[1] 杨蓓，李林．Web前端开发案例教程:HTML5+CSS3+JavaScript[M]. 北京：中国铁道出版社有限公司，2021.

[2] 吴志祥，雷鸿，李林，等．Web前端开发技术[M]. 武汉：华中科技大学出版社，2019.

[3] QST青软实训．Web前端设计与开发:HTML+CSS+JavaScript+HTML5+jQuery[M]. 北京：清华大学出版社，2016.

[4] 周文洁．HTML 5 网页前端设计[M]. 北京：清华大学出版社，2017.

[5] 温谦．HTML5+CSS3 Web开发案例教程：在线实训版[M]. 北京：人民邮电出版社，2022.

[6] 储久良．Web前端开发技术:HTML5、CSS3、JavaScript[M]. 3版．北京：清华大学出版社，2018.

[7] 黑马程序员．网页设计与制作项目教程：HTML+CSS+JavaScript[M]. 北京：人民邮电出版社，2017.